The SCIENCE *of* ANIMALS

INSIDE THEIR SECRET WORLD

世 界 最 美 的 動 物 圖 鑑

微距×動態×深海攝影，用科學觀察 360⁺ 動物的特徵及演化過程

世界最美的動物圖鑑

微距×動態×深海攝影，用科學觀察360⁺動物的特徵及演化過程

The SCIENCE of
ANIMALS

INSIDE THEIR SECRET WORLD

 Penguin Random House

世界最美的動物圖鑑：微距 × 動態 × 深海攝影，用科學觀察 360⁺ 動物的特徵及演化過程
THE SCIENCE OF ANIMALS：INSIDE THEIR SECRET WORLD

作者	DK
前言	克里斯・帕克漢（Chris Packham）
翻譯	張雅億
審訂	陳賜隆
責任編輯	謝惠怡
美術設計	郭家振
發行人	何飛鵬
事業群總經理	李淑霞
社長	饒素芬
圖書主編	葉承享

出版　城邦文化事業股份有限公司 麥浩斯出版
E-mail　cs@myhomelife.com.tw
地址　104 台北市中山區民生東路二段 141 號 6 樓
電話　02-2500-7578

發行　英屬蓋曼群島商家庭傳媒股份有限公司城邦
　　　分公司
地址　104 台北市中山區民生東路二段 141 號 6 樓

讀者服務專線　0800-020-299（09:30～12:00；13:30～17:00）
讀者服務傳真　02-2517-0999
讀者服務信箱　Email: csc@cite.com.tw
劃撥帳號　1983-3516
劃撥戶名　英屬蓋曼群島商家庭傳媒股份有限公司城邦分公司

香港發行　城邦（香港）出版集團有限公司
地址　香港灣仔駱克道 193 號東超商業中心 1 樓
電話　852-2508-6231
傳真　852-2578-9337

馬新發行　城邦（馬新）出版集團 Cite（M）Sdn. Bhd.
地址　41, Jalan Radin Anum, Bandar Baru Sri Petaling,
　　　57000 Kuala Lumpur, Malaysia.
電話　603-90578822
傳真　603-90576622

總經銷　聯合發行股份有限公司
電話　02-29178022
傳　真　02-29156275

定價　　　新台幣 1480 元／港幣 493 元
ISBN　　978-986-408-829-4
2022 年 11 月初版一刷

版權所有・翻印必究（缺頁或破損請寄回更換）
Original Title: The Science of Animals Copyright © Dorling Kindersley
Limited, 2019 A Penguin Random House Company

For the curious
www.dk.com

國家圖書館出版品預行編目（CIP）資料

世界最美的動物圖鑑：微距 × 動態 × 深海攝影，用科學觀察 360⁺ 動物的特徵
及演化過程 / DK 作；張雅億翻譯 . -- 初版 . -- 臺北市：城邦文化事業股份有
限公司麥浩斯出版：英屬蓋曼群島商家庭傳媒股份有限公司城邦分公司發行，
2022.11
　面；　公分
譯自：The science of animals : inside their secret world
ISBN 978-986-408-829-4(精裝)

1.CST: 動物圖鑑 2.CST: 通俗作品

385.9　　　　　　　　　　　　　　　　　　　　　111008128

撰稿人

潔米 · 安布羅斯 (Jamie Ambrose) 是一位作家與編輯，也是美國傅爾布萊特獎助計畫的研究學者 (Fulbright scholar)，特別關注的領域為自然史。她的著作包括 DK 所出版的《世界野生動植物》(*Wildlife of the World*)。

德瑞克 · 哈維 (Derek Harvey) 是一位博物學家，曾於利物浦大學 (University of Liverpool) 研讀動物學，特別關注的領域為演化生物學。他培育了一個世代的生物學家，並帶領學生到哥斯大黎加、馬達加斯加與澳大拉西亞 (Australasia) 進行考察。他的著作包括 DK 所出版的《科學百科：權威視覺指南》(*Science: The Definitive Visual Guide*) 以及《自然史大百科》(*The Natural History Book*)。

艾斯特 · 雷普利 (Esther Ripley) 曾是一位責任編輯，以一系列的文化題材作為撰寫主題，包括藝術與文學。

N **NATURAL HISTORY** MUSEUM

自然歷史博物館

倫敦的自然史博物館 (Natural History Museum) 擁有世界級的收藏，當中保存了超過 8 千萬件標本，年代從太陽系的形成一直到現今，橫跨了 46 億年。該博物館也是首屈一指的科學研究機構，在超過 68 個國家內進行史無前例的研究計畫。超過 300 位科學家任職於此，負責研究珍貴的館藏，以更深入了解地球上的生物。每年都有來自各個年齡層和不同興趣程度的民眾蒞臨參觀，來訪人數超過 5 百萬人。

半書名頁圖片：北極熊（學名 *Ursus maritimus*）

書名頁圖片：七星瓢蟲（學名 *Coccinella septempunctata*）

上圖：日本四國森林中的螢火蟲

目錄頁：藍岩鬣蜥（學名 *Cyclura lewisi*）

目錄

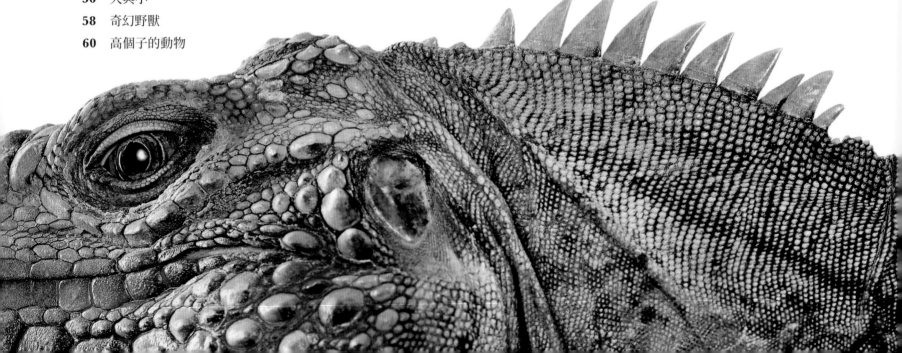

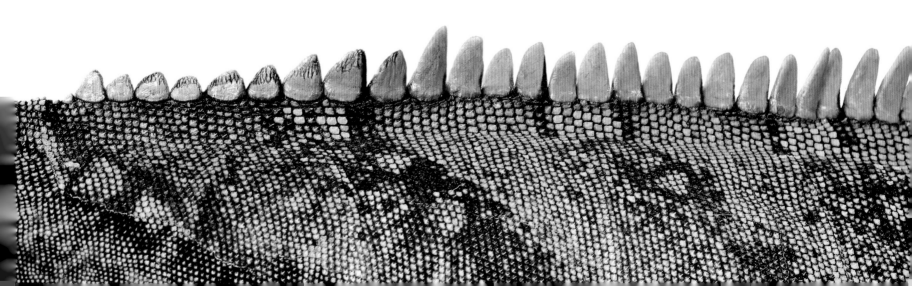

AMERICAN FLAMINGO Phoenicopterus ruber

foreword前言

　　美的事物令人著迷，真相是我們生存的基石，而藝術無疑是人類對這些理想最純粹的反饋。但另一個壓抑不了的人類特徵——好奇心，又該如何解釋呢？對我而言，好奇心是科學的燃料，科學則是嘗試理解美與真相的一門藝術。這本精美的書完美融合了這些美好的事物，不僅頌揚藝術、揭示驚人真相，也燃起人們對自然科學的好奇。

　　生命中，所有的形式都必須有其作用；它可以是某種正在轉變的狀態，但絕對不會是多餘的存在。這表示從幼年時期起，我們就能夠研究與探詢自然形體的外形與結構，試著弄清楚這些事物的功用與運作方式。我還記得自己曾仔細檢視一根羽毛，感受其重量，將羽毛梳理乾淨，折彎、扭轉以觀察反射的虹光由綠轉為紫，整個過程都在設法理解羽毛之於鳥類飛行與行為，為何是一項重要的資產。這樣的調查工夫或許是博物學家應掌握的最基本技能，以及科學家應具備的必要技術。接著我嘗試畫出這根羽毛，其純然之美是藝術的靈感泉源。

　　自然形體也使我們得以辨識出物種之間的關係，並為他們的演化提出解釋，進而讓我們充分理解要如何歸類這些物種。當然也免不了會遇到受騙上當的情況：比方說竟然有哺乳類有喙還會下蛋！要是能查明我們的祖先是如何被這些與眾不同的奇特動物所矇騙，想必會很有趣，不過要是能揭露真相，得知這些動物為何會演化成如此古怪的形態，一定會令人更加滿足。

　　這本書顯現出自然其實不乏這類令人驚奇的事物，讓我們永遠保持著好奇心與期待，因為關於生命，總是會有更多等著我們去學習與理解之處。

克里斯·帕克漢CHRIS PACKHAM
博物學家、廣播節目主持人、
作家以及攝影師

the animal kingdom 動物界

動物：一種生物，由許多通常會協同作用以形成組織與器官的細胞所組成，並且會攝取有機物質（例如植物或其他動物）以獲得營養與能量。

單細胞的親戚

許多複雜的單細胞生物，例如這隻屬於纖毛蟲的綠草履蟲（學名 *Paramecium bursaria*），一度被歸類為動物，並且被稱為「原生動物」。然而 DNA 證據顯示牠們只是動物界的遠親。

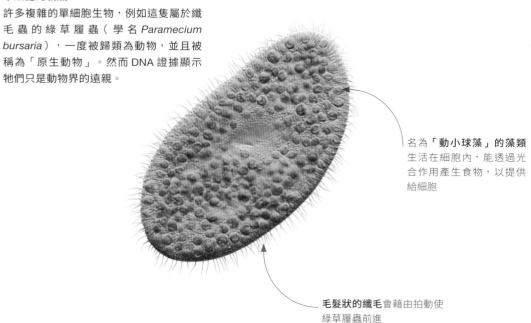

名為「動小球藻」的藻類
生活在細胞內，能透過光合作用產生食物，以提供給細胞

毛髮狀的纖毛會藉由拍動使綠草履蟲前進

什麼是動物?

動物界有別於其他兩種多細胞生物界（真菌界和植物界），原因在於其身體構造不同。動物具有膠原蛋白，能將細胞連結成組織。除了構造最簡單的動物外，所有的動物都有神經和肌肉，能幫助牠們移動。雖然有些動物和植物一樣永遠固定在同一地點，但大多數的動物都會覓食：牠們藉由攝取其他生物來獲得營養，而非像真菌那樣吸收已死的物質，或是像植物那樣行光合作用。

最簡單的動物

海綿是現今存在的動物中結構最簡單的一種。不同於結構較複雜的動物，海綿成體的細胞不會有固定用途，而是具有全能性——每一個細胞都能再生成完整的個體。有些海綿細胞發展出毛髮狀的鞭毛，藉由鞭毛的振動產生水流以便濾食。這些細長的鞭毛和單細胞生物「領鞭毛蟲」的鞭毛幾乎一模一樣，而這點意味著最早的動物是從類似的生物演化而來。

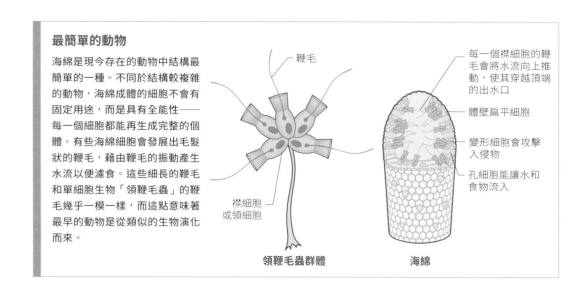

鞭毛

每一個襟細胞的鞭毛會將水流向上推動，使其穿越頂端的出水口

體壁扁平細胞

變形細胞會攻擊入侵物

孔細胞能讓水和食物流入

襟細胞或領細胞

領鞭毛蟲群體　　海綿

會掠食的花

某些動物（包括許多在熱帶海洋中的動物）酷似植物，具有大量的「分枝」，會從類似植物莖的柄向上延展。但這隻海百合（就和許多動物一樣）具有掠食性，會利用其羽狀腕足困住微小的浮游生物，藉由消化系統分解這些獵物。

羽枝是腕足上的羽狀延伸物；腕足將水中能食用的微粒困住後，這些微粒會被送往身體中央的口部。

眶前孔是位於眼窩前面的頭骨開口，有助於減輕頭骨的重量；現代鳥類仍具有此一結構

長有鋸齒狀牙齒的顎，不同於現今顎無齒的鳥類

演化

現今存在的所有動物都是經由演化過程，從過去不同的動物發展而來。演化並非發生在單一個體，而是整個族群累積許多代的差異所造成。突變（也就是偶發的遺傳物質複製錯誤）是變異傳承的根源，而其他的演化過程，特別是自然選擇（也就是適者生存），則決定了哪些變異體留存與複製。數百萬年來，微小的變化逐漸累積成較大的改變，這解釋了新物種的出現。

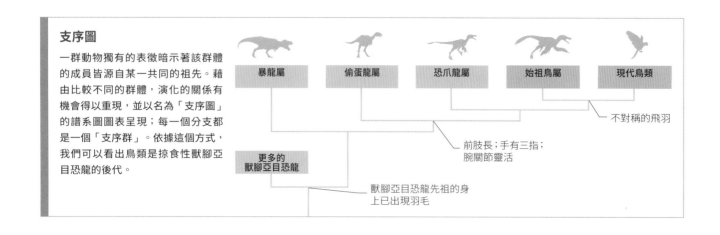

支序圖

一群動物獨有的表徵暗示著該群體的成員皆源自某一共同的祖先。藉由比較不同的群體，演化的關係有機會得以重現，並以名為「支序圖」的譜系圖圖表呈現；每一個分支都是一個「支序群」。依據這個方式，我們可以看出鳥類是掠食性獸腳亞目恐龍的後代。

暴龍屬　　偷蛋龍屬　　恐爪龍屬　　始祖鳥屬　　現代鳥類

更多的獸腳亞目恐龍

不對稱的飛羽

前肢長；手有三指；腕關節靈活

獸腳亞目恐龍先祖的身上已出現羽毛

脊椎和一些骨頭內部充滿空氣，或稱「氣室化」，作用是減少重量，而在現今的鳥類身上也能提升呼吸效率

來自從前的動物

將史前動物的化石與現今存在的動物做比較，就能追溯其年代，並用來確立演化的關係。來自6千6百萬年前的暴龍是一種直立行走的恐龍，具有刀刃般銳利的牙齒——顯示出牠是掠食性動物。然而其骨骼的細節則說明了牠是現存鳥類的遠親。

利用雙足移動是所有獸腳亞目恐龍的共通點，鳥類也遺傳了這項特徵

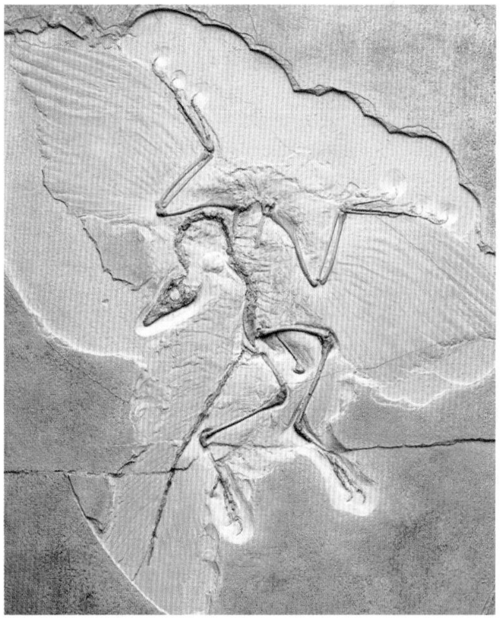

早期的鳥類

始祖鳥的化石展現出小型獸腳亞目恐龍的骨骼樣貌，但其他特徵（包括發展完善的羽毛翅膀）則顯示出牠具有飛行能力。

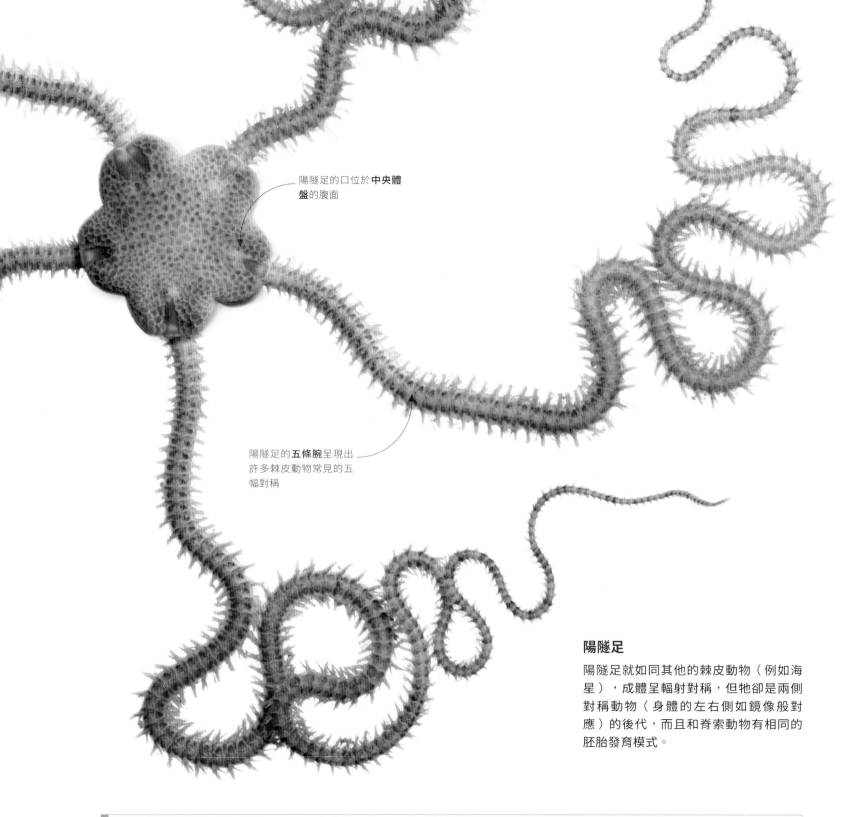

陽隧足的口位於**中央體盤**的腹面

陽隧足的**五條腕**呈現出許多棘皮動物常見的五幅對稱

陽隧足

陽隧足就如同其他的棘皮動物（例如海星），成體呈輻射對稱，但牠卻是兩側對稱動物（身體的左右側如鏡像般對應）的後代，而且和脊索動物有相同的胚胎發育模式。

動物界

傳統上，動物被分為無脊椎（沒有骨幹）與有脊椎（有骨幹）兩類，但這樣的分類忽略了其演化的模式。大多數的動物都沒有骨幹；從動物界的支序圖（譜系圖）可以看出，所有的脊椎動物集結形成的只是脊索動物底下的一個子群——而脊索動物也只是譜系圖眾多分支中的一個支序群。在此譜系圖中，最深最古老的分歧都是隨著體型對稱形式轉變而產生。

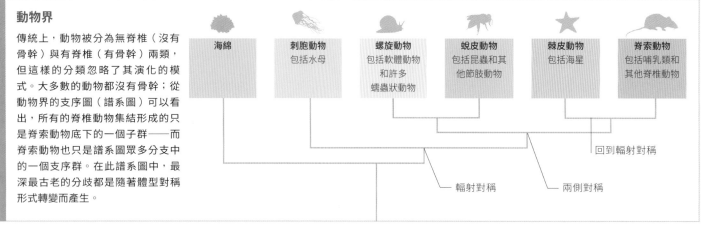

| 海綿 | 刺胞動物 包括水母 | 螺旋動物 包括軟體動物和許多蠕蟲狀動物 | 蛻皮動物 包括昆蟲和其他節肢動物 | 棘皮動物 包括海星 | 脊索動物 包括哺乳類和其他脊椎動物 |

回到輻射對稱

輻射對稱　　兩側對稱

每一條長管都是海綿群體的一部分；海綿群體的結構鬆散，裂成碎片還是能存活

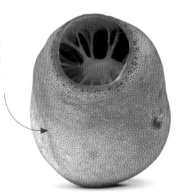

體表的被囊以纖維素支撐；纖維素是一種通常能在植物中找到的纖維狀物質

管狀海綿

海綿沒有永久的身體組織，因此很早就從動物界譜系圖的根部偏離，並且被視為所有其他類群（身體組織較複雜的動物）的「姊妹群」。

海鞘

脊椎動物和海鞘都屬於同一類──脊索動物。大多數的海鞘成體固著在海底，幼體則外形如蝌蚪，能自由游動，身體以桿狀的脊索作為支撐，脊椎動物的骨幹就是從脊索演化而來。

雙瓣鉸接的殼能支撐內部的軟體動物

具關節的腿是節肢動物（現存動物中最多樣化的類群）的一項特徵

蛤蜊

根據 DNA 證據，蛤蜊等軟體動物聯合蚯蚓與其他近親，皆屬於螺旋動物。許多成員都有同一種早期發育形式，包括正在發育的胚胎在卵裂階段，細胞會呈螺旋狀排列。

蝗蟲

物種最豐富的動物種類是蛻皮動物，其中包含節肢動物（例如昆蟲與甲殼類）以及線蟲。牠們在生長的過程中都會蛻皮──堅韌的表皮或外骨骼脫落。

動物的種類

科學家已描述了約 150 萬個動物物種。他們將這些多元的物種歸納成不同類群；成員的共有特徵意味著牠們擁有相同的祖先。有些（例如棘皮動物）體型呈星形的輻射對稱，有些則和我們有著類似的身體構造──具有頭尾兩端。大多數的動物普遍稱為無脊椎動物，因為牠們沒有骨幹。不過無脊椎動物之間的差異能大到像海綿和昆蟲那樣，除了皆無骨幹外，其他方面毫無相同之處，因此科學家並未將無脊椎動物視為一個自然類群。

科群

甲蟲約有兩百個科；在此展示的是前四大科。最大的是隱翅蟲科，涵蓋5萬6千個已描述物種——將近脊椎動物的總數。其他三個科則各有3萬到5萬個物種。很可能還有90%的甲蟲物種尚待發掘。

短翅鞘

隱翅蟲科

金屬藍隱翅蟲
學名*Plochionocerus simplicicollis*

顎強而有力的食肉甲蟲

步行蟲科

六星步行蟲
學名*Anthia sexguttata*

金屬色的翅鞘在金花蟲身上很常見

金花蟲科

粗腿金花蟲
學名*Sagra buqueti*

棲息地帶來的多樣性

幾乎所有能維持生物生命的陸地或淡水棲息地（除了最寒冷的極區外）都有自己的甲蟲物種。生態豐富的雨林棲息地有可能容納數十萬個未被發現的物種。大部分的海洋中不見甲蟲的身影，不過有些甲蟲在海邊確實能夠存活。

霧氣在身上凝結成水珠，使這種甲蟲得以飲用，而這正是其名的由來

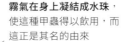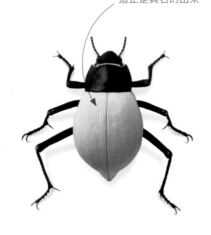

沙漠棲息地

雙色沐霧甲蟲
學名*Onymacris bicolor*

突出的大眼用來在白天搜索獵物

高沼地棲息地

綠虎步行蟲
學名*Cicindela campetris*

外骨骼會反射光，使這種甲蟲看起來是金色的

雨林棲息地

金色聖甲蟲
學名*Chrysina resplendens*

甲蟲的行為

如同任何成功的動物類群，甲蟲的勝利歸結於牠們有能力以不同的方式生存。在每一種情況下，牠們多樣化的口器都有可能咀嚼任何東西。有些物種以樹葉和植物其他部位為食，有些則會捕食獵物。也有甲蟲是靠蜂蠟、真菌和動物糞便等食物茁壯成長。

頭盾和角用來在搶糞球時保護自己

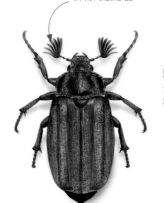

滾糞球的甲蟲

藍突背蜣螂
學名*Oxysternon conspicillatum*

扇形觸角支撐著用來偵測食物的感應器

食葉與根的甲蟲

大栗鰓角金龜
學名*Melolontha melolontha*

頭部的殼具有虹彩光澤；顏色會依據觀看的角度而改變

鑽木的甲蟲

雙斑紅頂吉丁蟲
學名*Chrysochroa rugicollis*

甲蟲多樣性

儘管動物在海裡和陸上的生活範圍廣泛到令人驚奇，然而在所有已描述的物種當中，有四分之一皆隸屬於單獨一種昆蟲類群——甲蟲。如同任何一個分類群，甲蟲的身體構造也有共同的特點：牠們全都有堅硬的翅鞘和咀嚼式口器。不過在 3 億年的演化過程中，牠們已發展出各式各樣的形態。

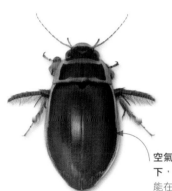

曲膝狀的觸角
與長鼻狀的吻突是象鼻蟲的特徵

象鼻蟲科
藍帶寶石象鼻蟲
學名*Eupholus schoenherri*

空氣儲存在翅鞘底下，因此這種甲蟲能在水中呼吸

淡水池
巨緣龍蝨
學名*Dytiscus marginalis*

鮮豔的顏色用來警告較大型的掠食者牠有毒

掠食性的甲蟲
七星瓢蟲
學名*Coccinella septempunctata*

收藏家的珍藏

許多博物學家驚豔於甲蟲豐富的多樣性，進而成為熱衷的甲蟲收藏家。奧地利的專家卡爾·海勒（Karl Heller）將圖中的這種長角甲蟲命名為「威氏天牛」（*Rosenbergia weiskei*），以紀念1898年在新幾內亞叢林發現牠的德國探險家埃米爾·威斯克（Emil Weiske）。

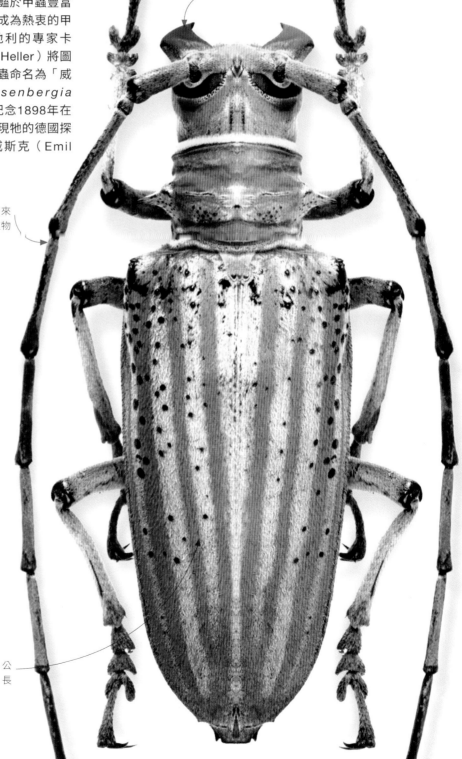

口器能汲取無花果樹的樹液

極長的牛角狀觸角用來偵測食用植物

頭部和身體可達 5 公分（2 英吋）長

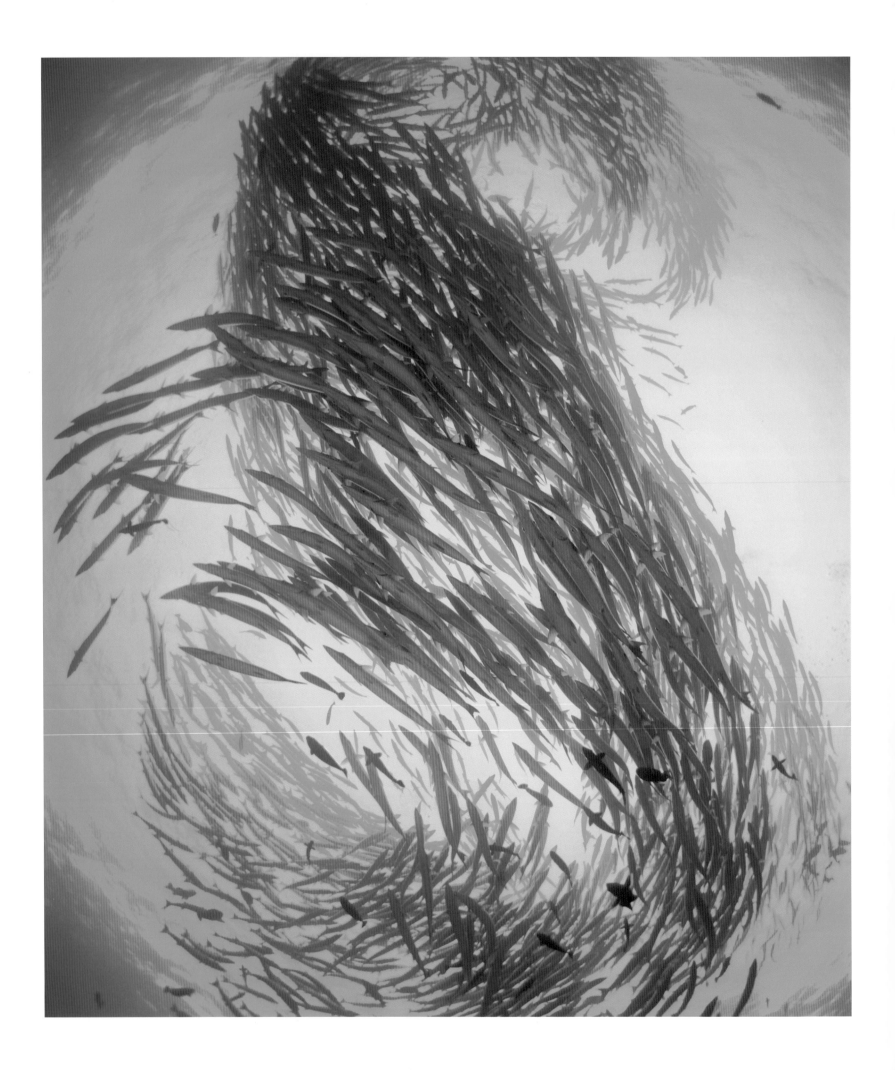

魚類與兩棲類

最早出現的脊椎動物是魚類，而現今在 6 萬 9 千種左右的脊椎動物物種中，大約有一半仍保有魚的體型。典型的魚擁有利於產生水動力的外形，能幫助牠們在水中活動；牠們還有具鱗片的皮膚、能穩定與控制活動的鰭，以及用來吸收氧氣的鰓——不過有許多類型的魚都已偏離這樣的構造設計。兩棲類是其中一個肉鰭魚類群的後代，也是最早在陸地上行走的脊椎動物。

踏上乾燥的陸地

大多數的兩棲類，例如圖中的這隻斑點鈍口螈（學名 *Ambystoma maculatum*），成體具有能行走的四肢與能呼吸空氣的肺。不過就和許多其他的兩棲類一樣，這隻蠑螈也必須要回到水中繁殖，這是牠們水生的遠祖所遺留下來的一項特性。

前肢有四指，就和大多數其他的現代兩棲類一樣

後肢有五趾

濕潤的皮膚不具鱗片，能輔助肺進行氣體交換

起源於海洋

史上第一隻魚是出現在5億年前的海洋裡。布氏金梭魚（學名*Sphryraena putnamae*）以及其他的現代魚類，都和那些早期無頜的先驅極其不同。由於擁有收縮較快速的肌肉、控制浮力的鰾以及上下頜，金梭魚和其他掠食性的群集魚類得以主宰牠們的水下世界。

從水中到陸地上

魚類無法形成一個自然類群，或稱「支序群」。支序群涵蓋源自同一祖先的所有後代，然而魚類的後代包括生活在陸地上的脊椎動物。魚類屬於一種演化「等級」，也就是處於演化趨勢中的一個階段；在此情況下牠們的身體有脊椎，也有鰭和鰓。兩棲類是葉鰭魚的姊妹群，而葉鰭魚是肉鰭魚的支序群，而肉鰭魚如今僅包含肺魚和腔棘魚兩類。

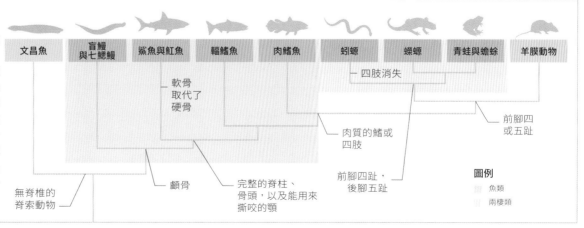

文昌魚	盲鰻與七鰓鰻	鯊魚與魟魚	輻鰭魚	肉鰭魚	蚓螈	蠑螈	青蛙與蟾蜍	羊膜動物

四肢消失

軟骨取代了硬骨

肉質的鰭或四肢

前腳四趾，後腳五趾

前腳四或五趾

無脊椎的脊索動物

顎骨

完整的脊柱、骨頭，以及能用來撕咬的顎

圖例

魚類

兩棲類

堅硬的鱗片形成於皮膚
的表面上皮，這點和生
長較深入的魚鱗不同

爬行的身體

最早的爬蟲類四肢具有 5 趾，但許多
現代的爬蟲類（例如圖中的這隻森蚺，
學名 *Eunectes* sp.）在演化過程中腿
逐漸消失，改以腹部爬行。所有的蛇
皆無四肢，許多科的蜥蜴也因為獨立
的趨同演化現象而變成不具四肢。

蛇的眼睛沒有眼瞼，這
點和大多數蜥蜴的眼睛
不同

爬蟲類與鳥類

隨著脊椎動物變得更加適應離開水中的生活，爬蟲類的出現意味著身體結
構出現了重大轉變。相較於牠們的兩棲類祖先，爬蟲類獲得了更堅硬的有
鱗皮膚，能夠防止水分散失；此外，牠們的受精卵具有硬殼，使其能在陸
地上發育成長。巨大的爬蟲類恐龍稱霸地球 1 億 5 千萬年，而恐龍的後代
鳥類在今日更是與現存的爬蟲類物種數量不相上下。

飛行須具備的特徵

擁有一身羽毛的灰冠鶴（學名
Balearica regulorum）很明顯是
一種鳥類。牠適於飛行生活，是
因為具有前肢特化而成的翅膀，
以及重量很輕的空心骨頭。

爬蟲類與後代

如同魚類，爬蟲類代表的是動物生命
中的一個演化等級（見第 25 頁），而
不是支序群，這是因為鳥類與哺乳類
都是牠們的後代。最早的爬蟲類分成
兩個主要的分支，其中一個分支發展
出哺乳類，另一個分支則孕育出所有
現存與史前的爬蟲類，後者包括水生
的蛇頸龍、會飛的翼龍以及恐龍。鳥
類起源於一群直立行走的掠食性恐龍，
稱為「獸腳亞目」恐龍（第 14-15 頁）。

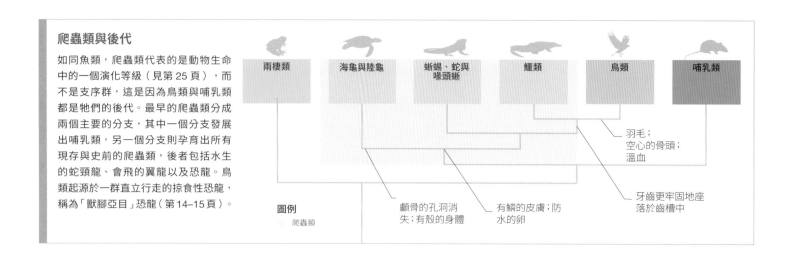

兩棲類　海龜與陸龜　蜥蜴、蛇與喙頭蜥　鱷類　鳥類　哺乳類

羽毛；
空心的骨頭；
溫血

牙齒更牢固地座
落於齒槽中

圖例

爬蟲類

顱骨的孔洞消
失；有殼的身體

有鱗的皮膚；防
水的卵

許多鳥類利用**顏色**宣告領域和求偶

羽毛是由角蛋白（皮膚內的一種堅硬蛋白質）所構成，並且可能是從爬蟲類的鱗片演化而來

哺乳類的關係

如同鳥類和現存的兩棲類（但不同於爬蟲類與魚類），哺乳類構成的是支序群：一個自然類群，當中包含源自同一祖先的所有後代。就現存的哺乳類而言，最古老的劃分方式是將牠們分為卵生的單孔類（包括鴨嘴獸與針鼴）以及胎生的哺乳類（包括有袋類與胎盤類）。在現今的哺乳類物種當中，有 95% 都是胎盤類。

爬蟲類	單孔類	有袋類	胎盤哺乳類

└─ 胎生

└─ 分泌乳汁

圖例
▨ 哺乳類

大腦的力量

溫血能為身體組織的運作持續提供最理想的條件——這點顯然有助於增加哺乳類的大腦尺寸。相較於蜥蜴，山魈（學名 *Mandrillus sphinx*）解決問題的技巧較好，也較能成為得心應手的父母。

哺乳類

哺乳類源自一群在恐龍時代來臨前發展興盛的爬蟲類。真正的、有毛皮的哺乳類最早是和恐龍生活在同一時期，但當時維持嬌小的體型，而且長相類似鼩鼱。直到恐龍滅絕後，牠們才開始變得多樣化。如同鳥類，哺乳類也演變成溫血動物，能夠調節體溫維持恆定，因此即使在寒冷的天氣裡也能保持活力。然而不同於鳥類的是，大多數的哺乳類捨棄卵生而改行胎生，並且藉由以其名稱命名的哺乳腺分泌奶水以滋養胎兒。

族群

在某種程度上，哺乳類填補了許多由恐龍所空出的生態棲位。哺乳類成為了最大的陸生動物，而草食動物——例如圖中的這隻平原斑馬（學名 *Equus quagga*），形成的族群則成為了地球上生物量數一數二大的動物群聚。

有色毛皮所形成的花紋
可能是重要的社交訊號或保護色

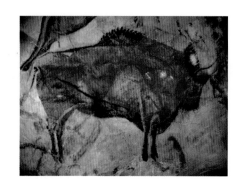

馬群與公牛（約公元前1萬5千年–1萬3千年）
在拉斯科洞穴（Lascaux）的公牛大廳（great hall of bulls）裡，可以看到一隻紅黑相間的馬，還有從牠旁邊經過的公牛身影和一排小馬。世界上最大的洞穴動物壁畫就位於這座大廳內，是一隻身長5.2公尺（17英呎）的公牛。

母野牛（約公元前 1 萬 6 千年 –1 萬 4 千年）
西班牙的阿爾塔米拉洞穴（Altamira cave）壁畫展現出純熟的作畫技巧，包括野牛角和蹄上的線畫，以及用來製造陰影的刮畫。

藝術作品中的動物

史前繪畫

過去 2 百年來的發現顯示出史前繪畫的技巧純熟，也進而消弭了舊石器時代與現代藝術之間的差距。動物與人物壁畫點綴著西歐與世界各地數百個洞穴，而這些畫所展現的遠超乎簡單的描繪。它們意味著 3 萬多年來，基於某些神秘的目的，洞穴壁畫一直是人類生活中不可或缺的要素。

專家花了超過20年的時間，才證實在阿爾塔米拉洞穴的岩壁與頂部刻畫出動物生命周期的生動景象，是屬於史前的畫作。1870年代，他們在西班牙的坎塔布里亞（Cantabria）發現洞穴壁畫後，某位評論家堅稱那些壁畫是非常近期的作品，他甚至可以用一根手指就把上面的顏料抹掉。

在大約70年後，4名青少年鑽過一個狹窄的散兵坑，進入了南法蒙提涅克（Montignac）附近的拉斯科洞穴。他們成爲了1萬7千年來首次走過洞穴內部走廊的

人。全長235公尺（770英呎）的走廊壁畫描繪了近2千件動物、人物以及抽象的符號。在這兩個地點，神聖的動物壁畫是在人工照明下，利用赭土與土壤中的二氧化錳所製成的顏料，畫在進出困難又難以接近的壁面上——這意味著這些壁畫具有私密的信仰意義。毫無意外的是，這兩處洞穴皆獲得了「史前藝術的西斯廷教堂」（the Sistine Chapel of Prehistoric Art）這樣的稱號。

> **❝** 隨著阿爾塔米拉洞穴壁畫的出現，
> 繪畫成就達到了無法超越的巔峰。**❞**
>
> 路易斯·佩里科特–賈西亞（LUIS PERICOT-GARCIA），
> 《史前與原始藝術》（*PREHISTORIC AND PRIMITIVE ART*），1967年

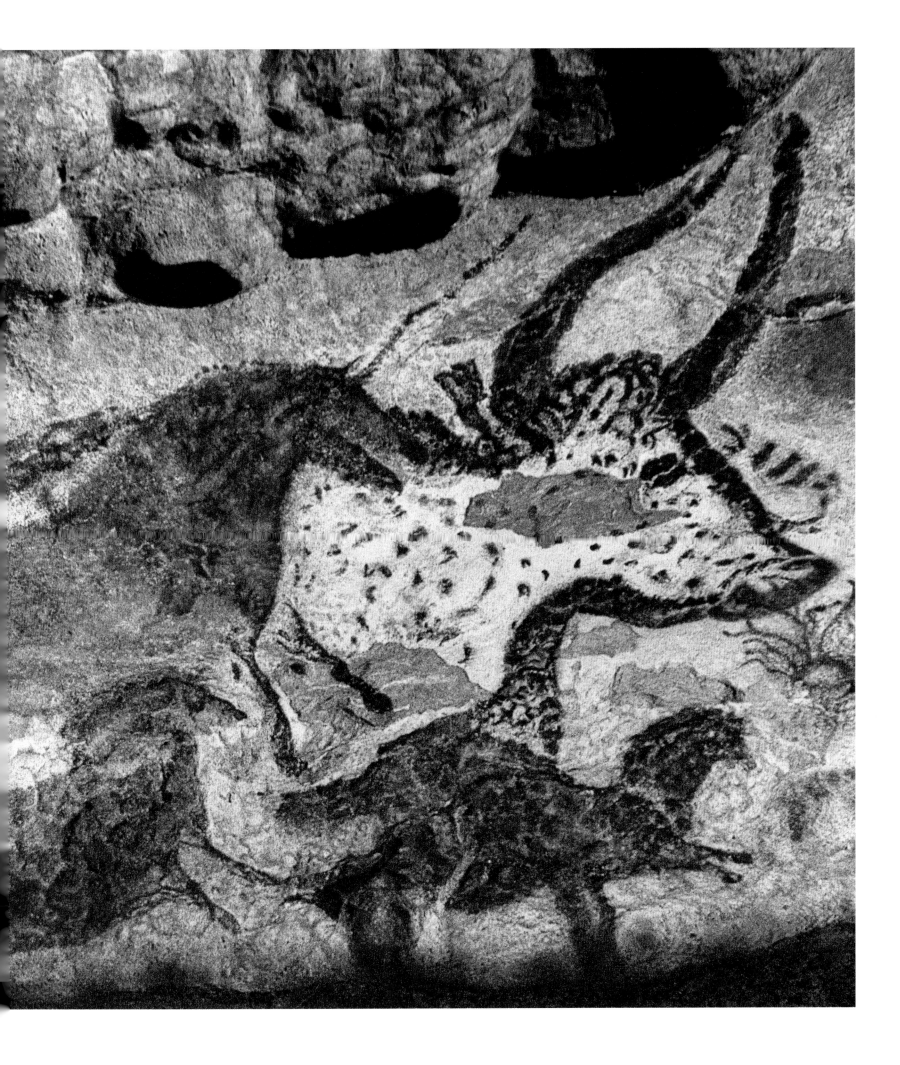

shape.and
size

外形與尺寸

外形：動物的外部物理形態或輪廓

尺寸：動物的空間維度、比例或範圍

對稱與不對稱

一隻動物有前後上下之分,這似乎是一件很基本的事,不過對於某些構造最簡單的動物(例如海綿)來說,這樣的區別卻不存在。海綿沒有形成組織或器官所需的複雜細胞結構。牠們生長成美麗的外形:花瓶狀、桶狀或樹枝狀,但結構簡單也意味著缺乏對稱。儘管如此,菟葵等動物已發展出較複雜的細胞結構,使牠們能生長成放射狀的外形。

動物花園

數百隻白色菟葵(學名*Parazoanthus* sp.)棲息在這隻蜘蛛海綿(學名*Trikentrion flabelliforme*)的亮紅色樹狀分枝上。從外表看來,這兩種生物都長得像植物,但牠們卻是貨真價實的動物。

菟葵的觸手是靠收縮肌肉來移動,而肌肉的收縮則是由神經細胞所控制

菟葵具有觸手,能用來捕捉食物

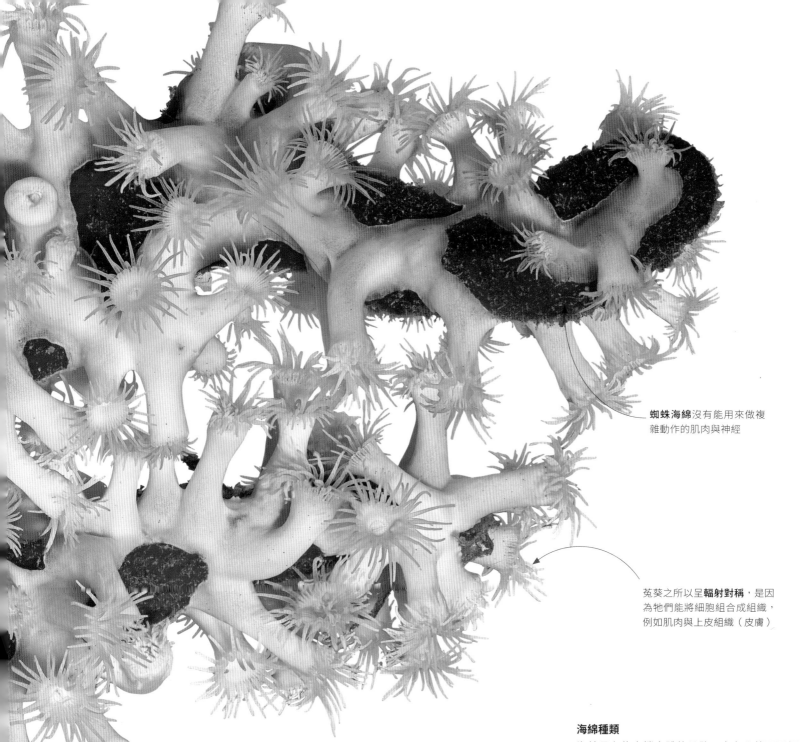

蜘蛛海綿沒有能用來做複雜動作的肌肉與神經

菟葵之所以呈**輻射對稱**，是因為牠們能將細胞組合成組織，例如肌肉與上皮組織（皮膚）

海綿種類

海綿具有能支撐身體的骨骼，夾在內外兩層細胞之間。大多數海綿的骨骼主要成分是鈣，其他海綿則具有玻璃纖維狀的矽質骨骼，或是（在尋常海綿內）以蛋白質構成的較軟骨骼。

出水口周圍的**骨刺**能嚇阻掠食者

矽質骨刺上的**織網花樣**

扇形瓣葉構成不對稱的外形

鈣質海綿

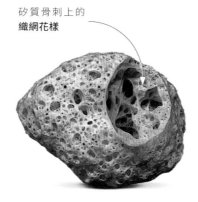

玻璃海綿

尋常海綿

整個珊瑚群體是
從一個附著在岩
石上的共同基底
開始增長

軟珊瑚群體

疊瓦花菜軟珊瑚（學名 *Capnella imbricata*）能藉由其家族成員「珊瑚蟲」在攝食上的共同努力而獲益。珊瑚蟲用觸手捕捉浮游生物，而來自浮游生物的養分則透過連接珊瑚蟲消化腔的群體輸送網絡共享。

每一隻珊瑚蟲都有 8 隻觸手，因此疊瓦花菜軟珊瑚也稱為「八放珊瑚」

柔軟的肉質分枝能夠彎曲，利於承受強勁洋流的衝擊

細小的分枝可能會斷掉，並且被洋流帶到其他地方建立起新的群體

群體的發展

群體指的可能是任何一群生活在一起的動物，但在珊瑚的例子中，成員間的連結格外緊密。每一個珊瑚群體皆從單一受精卵開始發育，因此群體中所有分枝與珊瑚蟲的基因完全相同。

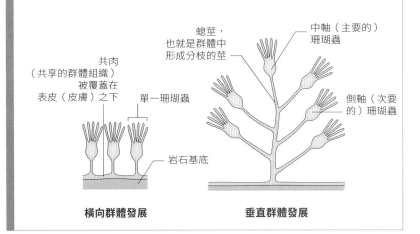

共肉
（共享的群體組織）
被覆蓋在
表皮（皮膚）之下

蝸莖，
也就是群體中
形成分枝的莖

中軸（主要的）
珊瑚蟲

單一珊瑚蟲

側軸（次要的）珊瑚蟲

岩石基底

橫向群體發展　　　　**垂直群體發展**

形成群體

靠觸手捕食的動物要設法使身邊有更多的水流動，藉以獲得更多食物。許多類似海葵的動物會產生分枝以達成此一任務，進而形成了水螅體群體。有些分枝如樹木般向上增長，有些向側邊擴展形成地毯狀，至於石珊瑚則是會製造礁石（見第 64–65 頁），作為構築珊瑚礁的基礎。

特化的珊瑚蟲

某些群居動物（例如屬於微生物水螅蟲的「藪枝蟲」）會產生功能不同的水螅體。藪枝蟲的水螅體有些負責攝食，有些則負責製造卵和精子以利繁殖。

狀似燒瓶的生殖個體是具繁殖功能的水螅體，能夠製造大量的卵

可伸縮的生殖個體是負責攝食的水螅體，擁有可捕捉浮游生物的觸手

構造最簡單的神經系統

在沒有任何跡象顯示刺胞動物有頭或尾的情況下，其神經系統也與其他動物的不同，並未集中在腦部，而是以散布全身的神經細胞纖維作為腸道與外層體壁間的簡單網絡。至於在其他動物的例子中，感受器會利用電神經衝動傳遞訊號給肌肉細胞，以協調行為。

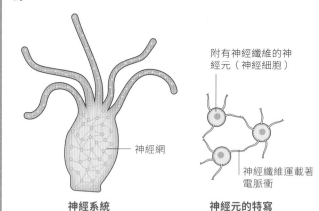

附有神經纖維的神經元（神經細胞）

神經網

神經纖維運載著電脈衝

神經系統　　　　　**神經元的特寫**

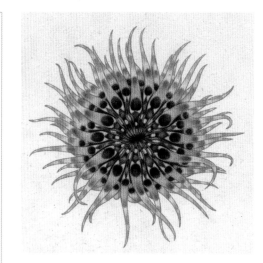

俯瞰海葵的中軸

海葵的身體部位皆圍繞著中軸排列。中軸的位置在海葵的腸道。腸道只有一個朝上的開口，位於觸手的正中央。此一開口同時具有攝食與排泄的用途。

改變體型

巨大異輻海葵（學名 *Heteractis magnifica*）成體的身軀圍繞著一個中心點排列。然而，如同許多其他輻射對稱的動物，在生命之初牠的幼體也是兩側對稱。

觸手靠肌肉的收縮移動，藉以將獵物送往口器，或是在遇到威脅時往後縮

觸手的尖端含有名為「刺絲胞」的特化刺細胞，能麻痺微小的獵物

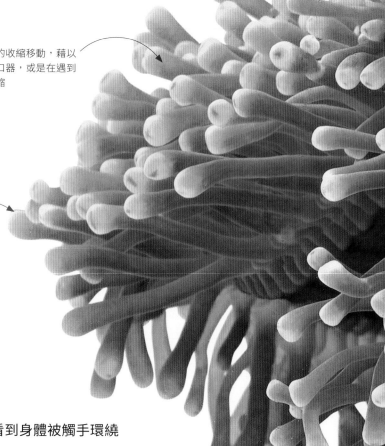

輻射對稱

5 億年前，在史前海洋裡發現的早期動物當中，很常看到身體被觸手環繞的動物，而直到今日，依然有許多現存的動物具有如此構造。刺胞動物（包含海葵、珊瑚與水母的一群動物）沒有前後之分，而是具有放射狀的身體，能同時從所有方向偵測外界。牠們全都是水生動物，必須仰賴在水中浮動的觸手，以困住經過的獵物。

動作中的對稱

一隻動物若能擺脫海底、生活在開闊的水域中，身邊就會充滿可能性——不過牠同時也會面臨新的挑戰。水母是海葵的親戚，但能夠自由游動。大多數的水母都有一圈圈的觸手，從柔軟、漂浮的鐘形身體垂掛下來。牠們雖然無法穩固地停靠在一處，必須冒著被沖走的風險在水中漂移，但卻能運用膠質身體中的肌肉逆流移動，盡情享用來自四面八方的浮游生物大餐。

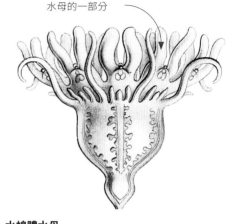

觸手會成為新的水母的一部分

水螅體水母

水母雖然能自由游動，但在生命週期的其中一個階段，會以微小且類似海葵的「水螅體」附著在海底。幼小的水母會透過出芽的方式從水螅體分離出來，然後游走。

能自由游動的掠食者

太平洋黃金水母（學名 *Chrysaora fuscescens*）透過規律脈動的鐘形體所產生的推力，拖著帶刺的觸手向上穿越水體。這種水母沒有能用來主動追捕獵物的偵測機制，因此需仰賴長長的觸手向外延伸，以困住小型的魚蝦。

鐘形體的脈動使水母每天能移動長達 1 公里（0.6 英哩）的距離

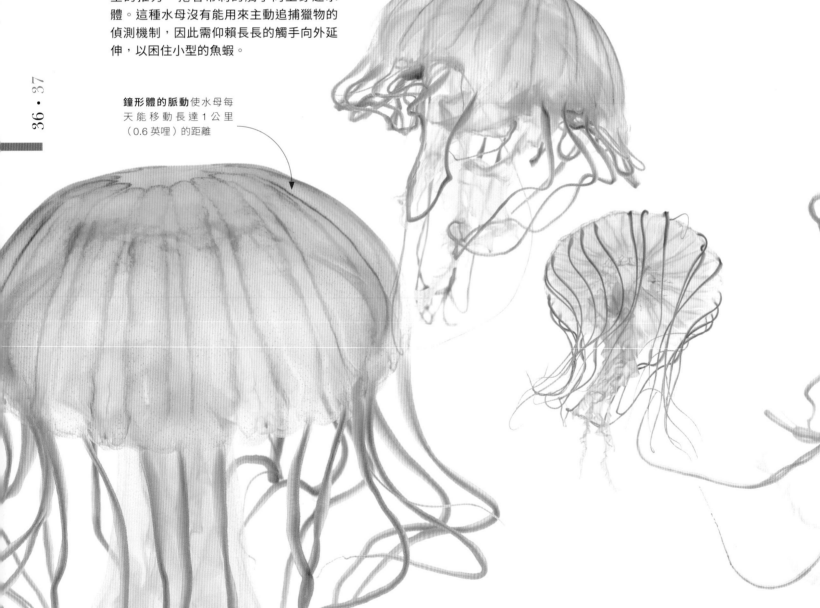

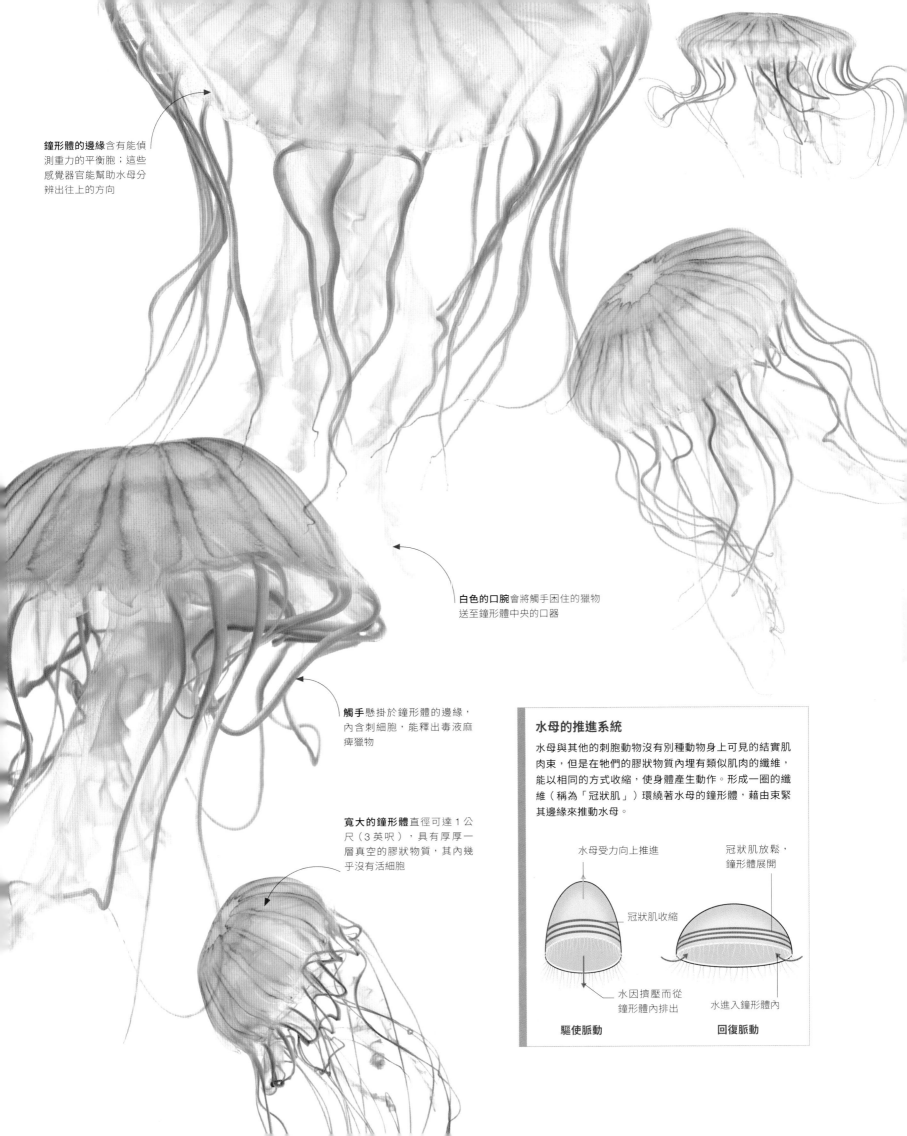

鐘形體的邊緣含有能偵測重力的平衡胞；這些感覺器官能幫助水母分辨出往上的方向

白色的口腕會將觸手困住的獵物送至鐘形體中央的口器

觸手懸掛於鐘形體的邊緣，內含刺細胞，能釋出毒液麻痺獵物

寬大的鐘形體直徑可達 1 公尺（3 英呎），具有厚厚一層真空的膠狀物質，其內幾乎沒有活細胞

水母的推進系統

水母與其他的刺胞動物沒有別種動物身上可見的結實肌肉束，但是在牠們的膠狀物質內埋有類似肌肉的纖維，能以相同的方式收縮，使身體產生動作。形成一圈的纖維（稱為「冠狀肌」）環繞著水母的鐘形體，藉由束緊其邊緣來推動水母。

水母受力向上推進

冠狀肌收縮

水因擠壓而從鐘形體內排出

驅使脈動

冠狀肌放鬆，鐘形體展開

水進入鐘形體內

回復脈動

Gamochonia. — Trichterkraken.

頭足類

生物學家恩斯特・海因里希・海克爾（Ernst Heinrich Haeckel，1834–1919年）的插畫涵蓋數千種新物種，體現了科學與藝術的完美結合，圖中這些精心編排的頭足類（舊的分類名稱是gamochonia，現稱為cephalopods）就是其中一例。這位演化理論學家於1904年發表的重要著作《自然界的藝術形態》（*Kunstformen der Natur*）中，探索了不同體型的對稱與結構階層。

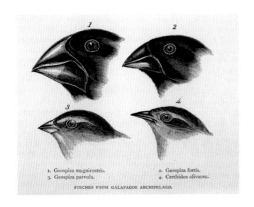

達爾文雀（Darwin's finches，1845年）

約翰・古爾德（John Gould）觀察到達爾文多樣化的鳥類標本（從加拉巴哥群島的不同島嶼收集而來）皆隸屬於裸鼻雀科，而這樣的發現也成為了達爾文提出「自然選擇」（natural selection，或譯為天擇）理論的主要原因。

藝術作品中的動物

達爾文主義者

對於生活優渥、收入充裕的 19 世紀年輕男士而言，研究自然史不僅是提升自我的途徑，也是環遊世界的好理由。而查爾斯・達爾文（Charles Darwin）隨小獵犬號展開動物學探索之旅的所見所聞，以及最終針對人類起源所提出的開創性理論，更加深了這些年輕人對探索自然的興趣。

小鶆鶇（Small rhea，1841年）

古爾德是英國鳥類學家，也是藝術家。他鑑定與描繪了達爾文在搭乘小獵犬號（H.M.S. Beagle）航行期間遇到的許多鳥類，包括他命名為「達爾文鶆鶇」（學名 *Rhea darwinii*）的一種小型美洲鴕鳥。

　　儘管大多數的自然史學會與組織都是由外行人負責經營，但自從林奈提出全世界通用的植物(1753年)與動物(1758年)分類系統，科學方法論在其後的一百年間變得越來越流行。在林奈的影響下，英國皇家海軍找來博物學家一同參與航行，以收集與記錄新發現的動植物，而達爾文也受邀加入小獵犬號。

　　追求知識的嚴謹態度促使新的藝術表現手法產生：描繪動物的圖畫必須要精準和公式化，才能藉以比較不同物種的結構。在19世紀期間，倫敦動物學會（London Zoological Society）委任藝術家繪製了數百幅素描與彩繪畫作。

　　其中一位藝術家是約翰・里夫斯（John Reeves）。他是束印度公司旗下的茶商，1812年遠赴中國，在澳門待了19年，和當地的中國藝術家一起繪製動植物的圖畫。

　　鳥類學家與標本剝製師約翰・古爾德為達爾文的《小獵犬號航海記》（*The Voyage of the Beagle*，1839年）擔任主要插畫家，並透過自己的畫提供深刻的見解。另一名為達爾文的著作貢獻己力的是倫納德・詹寧斯牧師（Reverend Leonard Jenyns）。一群在劍橋受教育的博物學家活躍於動物學、植物學與地質學的黃金年代，而詹寧斯正是其中一人。他為其著作《劍橋郡的動物觀察筆記》（*Notebook of the Fauna of Cambridgeshire*）任用在地的插畫家，並注意到人們對稀有物種深感興趣，以致「較低階層」的人會收集和販賣沼澤地的昆蟲，藉以貼補生計。

　　德國的博學之士恩斯特・海克爾跟隨達爾文的腳步，不僅繪製出生物演化關係的系譜樹、創造出「生態學」（ecology）、「系統發生」（phylogeny）等生物學術語，也針對無脊椎動物創作出令人大開眼界的著作。他的生物學插畫展現出非凡的藝術性，對新藝術派的藝術家而言無疑是很大的啟發。

> 66 在同一分類中，所有生物的類同之處有時會以一棵大樹來表現。我認為這種比喻很好地展露出真實的情況。 99

查爾斯・達爾文，《物種起源》（*ON THE ORIGIN OF THE SPECIES*），1859年

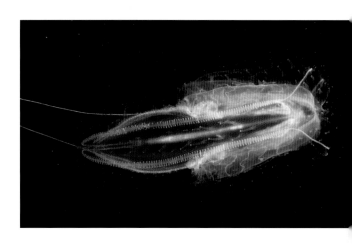

微小的航行者
淡海櫛水母身長僅 10–18 公分（4–7 英吋），通常可見於上層開闊海域，範圍從大西洋和地中海一直延伸到亞熱帶水域。

聚焦物種

櫛水母

漂移在海洋中的櫛水母大小有可能如微生物一般，也可能長達 2 公尺（6英呎）。牠們經常被誤認為是水母（見第 36–37 頁）。儘管這兩種凝膠狀無脊椎動物皆已存活了至少 5 億年，而且擁有許多共同點，但牠們卻是截然不同的動物。

櫛水母的英文ctenophore字義是「帶有梳齒狀飾物的」，用來描述這些動物如毛髮般的纖毛──櫛水母不但會利用纖毛產生推進力，也是已知會這麼做的動物當中最大型的一種。這些纖毛排列成群，形成了名為「櫛板」的梳齒狀結構；底部融合在一起的櫛板共有8行，分布於櫛水母的身體各側。

如同水母，櫛水母的身體有95%是水分，由稱為「外胚層」的薄層細胞所包覆。另一層稱為「內胚層」的內部細胞包圍住櫛水母的腸腔。中間的透明凝膠狀夾層則稱為「中膠層」。櫛水母的中膠層含有3種細胞：可收縮細胞（或稱肌肉細胞）、神經細胞與間質細胞。間質在複雜的生物體中會發展成一連串的組織，但在櫛水母體內單純只是結締組織。

櫛水母可見於所有海洋之中，包括赤道附近和極地的水域。目前已知的物種只有187個，而且外形不一，從葉狀到長帶狀都有。有些甚至具備帶有流蘇的可收縮觸手，上面佈滿了細胞，能分泌黏膠狀物質以捕捉獵物。櫛水母屬於雌雄同體，能同時排出精子與卵子，藉著水流使它們與其他的精子卵子結合。櫛水母是捕食性的食肉動物，身體的一端有口器，另一端則有兩個用來排泄的肛孔。有一種櫛水母，個體在一小時內就能吃下5百隻橈足類動物（極小的甲殼類動物），而且已知有能力徹底消滅魚類族群，原因是牠們不會留下任何食物給任何一隻存活的幼魚或魚苗。

燈光秀

淡海櫛水母（學名*Leucothea multicornis*）的成體會形成兩枚透明瓣葉以及梳齒狀結構（或稱櫛板）；後者因折射與反射光線而發出虹彩。

頭部
構造簡單的**身體**

考慮到輻射對稱動物在開闊水域中似乎舉步維艱，由腦袋從前方帶領著身體前進，這樣的發展可說是一種策略性的能力提升。扁蟲是最早有能力以此方式移動的動物之一。牠們有明顯的前後端，身體呈左右對稱，也就是左側和右側如鏡像般對應。儘管在外形上有其限制，牠們仍逐漸演化成大型且浮誇的形態。

扁蟲的**身體非常單薄**，以致氧氣只要從體表滲入，就能直接到達所有的細胞

精緻之美

扁蟲以寬闊的頭部面朝前滑行於礁岩上，而圖中的這隻海曼偽角扁蟲（學名*Pseudobiceros hymanae*）也不例外。其英文名稱Hyman's polyclad當中的polyclad意思是「許多分枝」，用來表示海曼偽角海扁蟲如何利用如樹枝般分歧的腸道，在不需要靠血液循環的情況下，就能將食物傳送到薄如紙片的身體各處。

扁蟲越靠近尾端體形就越尖細

在前方引路

向前移動的動物在身體前端（或頭部）會有較多的感覺器官，因為那裡是最需要它們的地方。在所有動物中，扁蟲具有最簡單的中樞神經系統。集中在其頭部的神經細胞（或稱神經元）負責處理輸入的資訊，接著再透過含有一條條神經元的神經索與神經用來聯絡身體的其他部位。

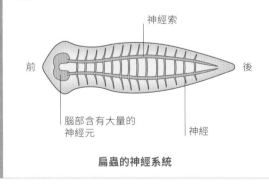

神經索

前　　　　　　　　　　　　後

腦部含有大量的神經元　　　神經

扁蟲的神經系統

位於下側的腺細胞會釋放**滑滑的黏液**，用來幫助扁蟲順利滑行於海底

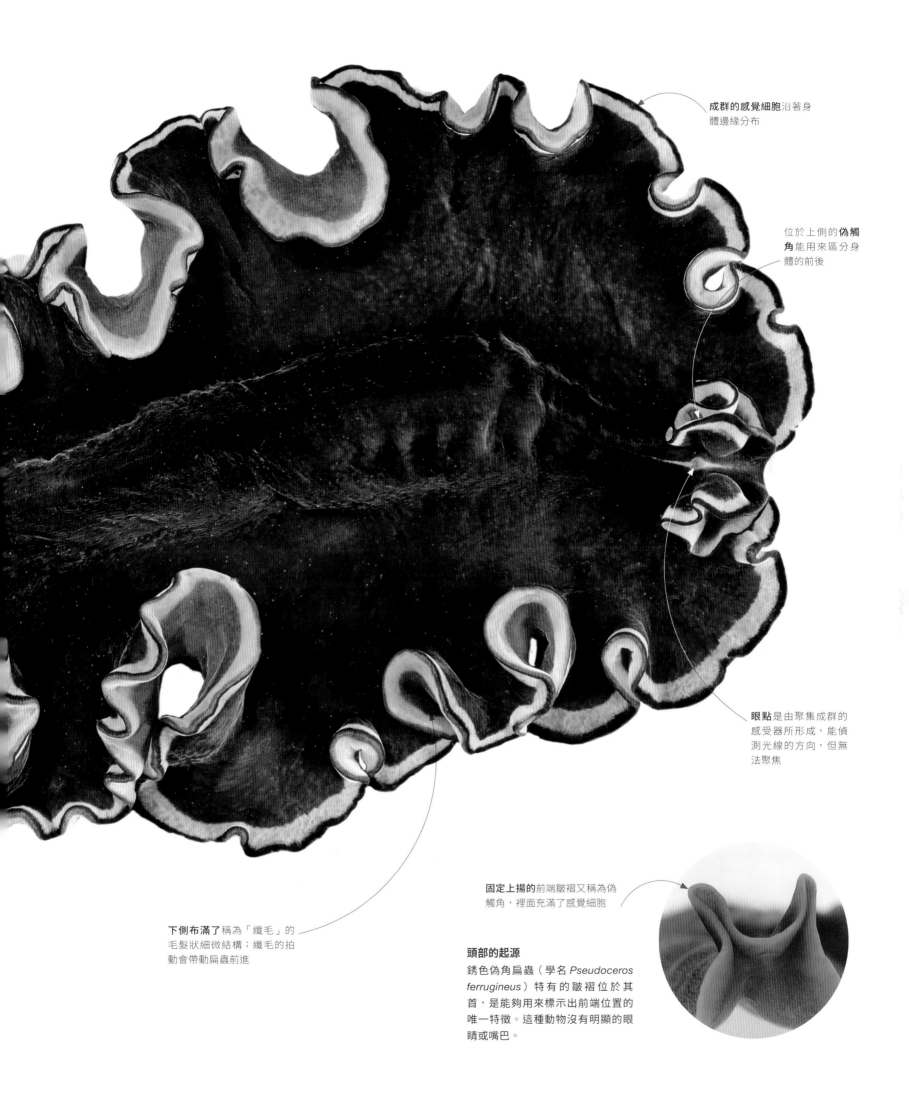

成群的**感覺細胞**沿著身體邊緣分布

位於上側的**偽觸角**能用來區分身體的前後

眼點是由聚集成群的感受器所形成,能偵測光線的方向,但無法聚焦

固定上揚的前端皺褶又稱為偽觸角,裡面充滿了感覺細胞

下側布滿了稱為「纖毛」的毛髮狀細微結構;纖毛的拍動會帶動扁蟲前進

頭部的起源
銹色偽角扁蟲(學名 *Pseudoceros ferrugineus*)特有的皺褶位於其首,是能夠用來標示出前端位置的唯一特徵。這種動物沒有明顯的眼睛或嘴巴。

鬃毛保護著獅子的頸部，以防在與其他雄獅發生衝突時受傷

頭和臉周圍的毛可長達 16 公分（6¼ 英吋）；某些研究暗示最成功的雄獅鬃毛往往最長

雄獅的鬃毛顏色與長度不僅與遺傳有關，也受到氣候、疾病、傷害、營養、年紀與荷爾蒙的影響

性別差異

許多動物因受到遺傳或環境的影響而發展成雄性或雌性。性成熟的個體會展現出性別上的差異，以宣告自己準備好要繁衍後代。就某些動物而言，這樣的雌雄異型反映在體型大小上。在許多哺乳類當中，雄性的體型會大於雌性。此外，雄性的體型越大，也越容易受到挑剔的雌性所青睞。在其他的物種當中（例如某些魚類），體型較大的雌性則可能產出更多的卵或更壯碩的後代，進而增加牠們的生存機會。

雄性與雌性

雄獅（學名*Panthera leo*）的鬃毛是一個很明顯的指標，能用來表示牠是否適合繁殖後代，原因在於鬃毛的厚度與睪丸激素的濃度有關。鬃毛較濃密就代表生殖力較高也較有自信，而這些特質都有可能遺傳給幼獅。

等待長大

所有的幼獅長相都很類似；雄性要到 12 個月大時才會開始長鬃毛，不過性別發展是在出生前就已經由遺傳所決定。如同所有的哺乳類，雄性幼獅擁有 XY 性染色體，而雌性則擁有 XX 性染色體。具備 Y 染色體會使身體出現雄性特徵，反之則會出現雌性特徵。

雌獅的體型比雄獅要小 30 ～ 50%

每一隻獅子臉上**由斑點與鬍鬚所排成的花紋**都是獨一無二的

性別上的極端

在某些深海的鮟鱇魚物種身上，雌雄異型不得不以極端的方式體現，以致雄魚的體型竟比雌魚要小 10 倍之多。微小的雄魚如寄生蟲般附著在雌魚身上，而這樣的行為（在動物界中可能只有牠們會這麼做）能促使雙方達到性成熟。體型較大的雌魚只有在受精後才能產卵。

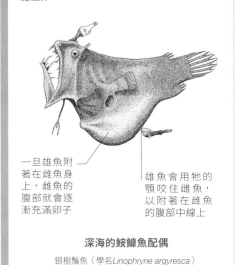

一旦雄魚附著在雌魚身上，雌魚的腹部就會逐漸充滿卵子

雄魚會用牠的顎咬住雌魚，以附著在雌魚的腹部中線上

深海的鮟鱇魚配偶

銀樹鬚魚（學名*Linophryne argyresca*）

熊的頭部（Head of a Bear，約 1480 年）

李奧納多 · 達文西（Leonardo da Vinci）的素描本透露出他對熊的著迷，其中有許多熊是生活在義大利的托斯卡尼（Tuscany）與倫巴底（Lombardy）山中。這幅縮小比例的寫生是以金屬尖筆在準備好的紙上描繪而成，畫中的熊可能被囚禁了。

藝術作品中的動物

文藝復興時期的敏銳觀察

在古典黃金時代沉寂許久後，文藝復興時期的藝術家以水彩與素描描繪動物，展現出對自然界深刻的敏銳覺察。大自然是文藝復興時期的新興宗教，而某些古希臘著作因提倡動物研究方法應合乎道德與科學，在經過重新翻譯後，更加深了人們對大自然的狂熱。

文藝復興時期的天才達文西以動物的解剖畫作與洞察動物行為的素描，為他的重要作品做準備。北方的文藝復興代表阿爾布雷希特 · 杜勒（Albrecht Dürer）也跟隨達文西的腳步，以動植物水彩畫作為前置作業。這些水彩畫展現出人與大自然的深入接觸，無疑為其油畫、木刻版畫與蝕刻版畫中的宗教故事，傳達出更鮮明的宏景。

《歐亞鶯的畫作》
（Three Studies of a Bullfinch，1543 年）
杜勒將細節與結構上的精準觀察概括呈現於他的水彩畫中；這些畫通常是用來為重要作品做準備的畫作。

人文學者重新探索亞里斯多德等希臘哲學家的著作，進而促使人們對動物產生了新的感受。亞里斯多德與中世紀的人對動物的看法形成強烈對比；前者敬重動物的生命，後者則認為動物無情且具有撒旦特質。如此衝突的結果導致自然史的研究激增。瑞士博物學家康拉德 · 格斯納（Conrad Gessner）借鑒亞里斯多德（Aristotle）的著作，撰寫出他的5卷巨著《動物史》（*Historia Animalium*，1551–1558年），當中記載了所有已知的動物與奇幻生物。他的著作收錄了大量插畫，包括杜勒將犀牛刻畫成金屬裝甲野獸的木刻版畫。當時歐洲沒人見過犀牛：唯一的實體（葡萄牙國王送給教宗利奧十世（Pope Leo X）的禮物）在1616年溺死於船難。

《野兔》（The Young Hare，1502年）

畫中的幼小野兔眼神充滿生氣，幾乎能讓人感受到其毛皮的柔軟，令這幅畫作成為了杜勒極其受人推崇的作品之一。杜勒很可能是透過實地觀察，加上在某位標本剝製師的工作室中觀察標本，再以水粉顏料與水彩作為素材，在他位於紐倫堡的畫室中完成了他的野兔畫作。

“ 每一種動物都會向我們展現某種自然與美好。”

亞里斯多德，《論動物的組成》第1卷，（*ON THE PARTS OF ANIMALS BOOK 1*），公元前350年

每一對**雙體節**都被包覆在一圈鈣
化的外骨骼內，使其格外堅固

微小的蟎與馬陸之間有互利
關係，會以其外骨骼上的碎
屑為食

馬陸受威脅時，會將**脆
弱的頭部**隱藏於蜷縮的
身體內

溫柔的巨人

馬陸具有雙體節，意思是牠們大多數
的體節都融合成對，每對體節有4隻
足用來行走。非洲巨馬陸（學名
Archispirostreptus gigas）是世界上
最大的馬陸物種，體長可達38公分
（15英吋），擁有超過250對足。

短足意味著速度受限，但龐大的
數量使馬陸有足夠的力氣在泥土
或腐爛的樹木上推進

分節的身體

有些動物在生長期間會藉由反覆複製體節而變大。在蠕蟲狀動物的演化中，這樣的分節形態意味著體節能獨立活動（見第 66–67 頁）。身體堅硬的節肢動物（包括馬陸和蜈蚣）從蠕蟲狀的祖先那裡遺傳了這種分節的身體結構，但又多了節肢，使牠們的移動變得更有效力。

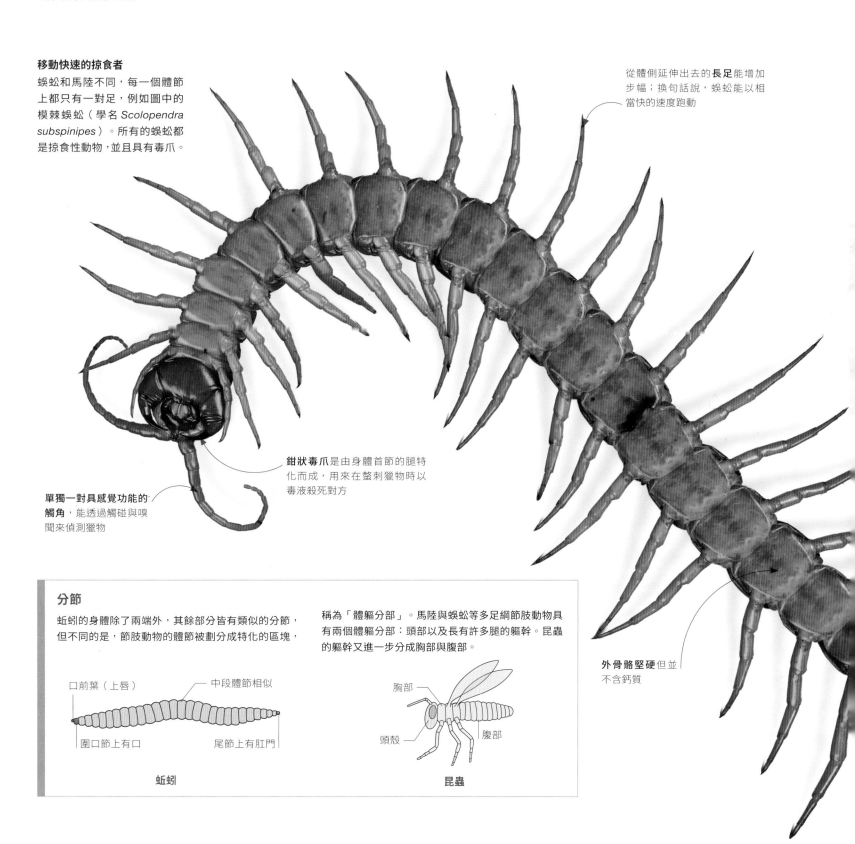

移動快速的掠食者
蜈蚣和馬陸不同，每一個體節上都只有一對足，例如圖中的模棘蜈蚣（學名 *Scolopendra subspinipes*）。所有的蜈蚣都是掠食性動物，並且具有毒爪。

從體側延伸出去的**長足**能增加步幅；換句話說，蜈蚣能以相當快的速度跑動

鉗狀毒爪是由身體首節的腿特化而成，用來在螫刺獵物時以毒液殺死對方

單獨一對具感覺功能的**觸角**，能透過觸碰與嗅聞來偵測獵物

外骨骼堅硬但並不含鈣質

分節

蚯蚓的身體除了兩端外，其餘部分皆有類似的分節，但不同的是，節肢動物的體節被劃分成特化的區塊，稱為「體軀分部」。馬陸與蜈蚣等多足綱節肢動物具有兩個體軀分部：頭部以及長有許多腿的軀幹。昆蟲的軀幹又進一步分成胸部與腹部。

口前葉（上唇）
中段體節相似
圍口節上有口
尾節上有肛門

蚯蚓

胸部
頭殼
腹部

昆蟲

脊椎動物的身體

脊椎（或稱脊柱）不僅為身體提供堅實的支撐，同時也具彈性，使身體得以彎曲。之所以能做到這點，是因為脊柱是由較小骨塊（也就是椎骨）鉸接組成，而這些骨塊則是由軟骨或硬骨所構成。彎曲的力量來自位於脊柱兩側的肌肉塊，名為「肌節」。最早出現的脊椎動物是魚類，其脊椎會蜿蜒起伏地左右搖擺；這樣的動作使牠們能成功適應水中生活，後來也使牠們的四足後裔得以爬上陸地。

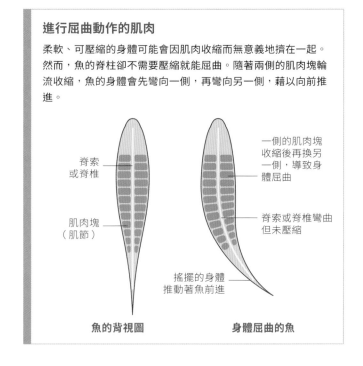

進行屈曲動作的肌肉

柔軟、可壓縮的身體可能會因肌肉收縮而無意義地擠在一起。然而，魚的脊柱卻不需要壓縮就能屈曲。隨著兩側的肌肉塊輪流收縮，魚的身體會先彎向一側，再彎向另一側，藉以向前推進。

脊索或脊椎

肌肉塊（肌節）

一側的肌肉塊收縮後再換另一側，導致身體屈曲

脊索或脊椎彎曲但未壓縮

搖擺的身體推動著魚前進

魚的背視圖　　　　身體屈曲的魚

文昌魚

文昌魚（學名 *Branchiostoma lanceolatum*）的長相近似魚，背部具有如橡膠般有彈性的背脊作為支撐；骨質或軟骨質的脊椎就是從脊索演化而來。脊索存在於脊椎動物的胚胎時期，在發育過程中逐漸被脊柱所取代。

背部以夾在兩排肌節中間的脊索作為支撐

肌肉塊（肌節）形成體壁上隱約可見的 V 字形紋路

腸道能消化從水中過濾的微小食物分子

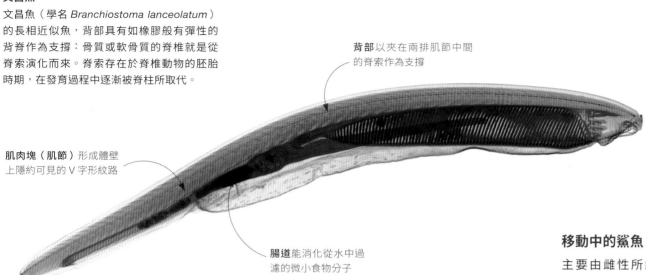

移動中的鯊魚

主要由雌性所組成的大群路易氏雙髻鯊（學名*Sphyrna lewini*）白天時聚集在加拉巴哥群島（Galápagos Islands）附近，到了晚上就會分散開來獨自獵食——牠們就和5億年前最早出現的脊椎動物一樣，以尾部左右搖擺的方式向前推進。

青蛙的演化

青蛙體型演化的其中一部份是椎骨數量減少至9或8塊。現存少數有9塊椎骨的青蛙皆屬於「古老蛙類」，或稱「始蛙亞目」；其中有兩種青蛙仍保有像是尾巴的構造，但那其實是一種內無骨頭的交配器官。中蛙亞目處於中間過渡的演化階段，而多樣化的新蛙亞目（其原文Neobatrachian 意指「新型的青蛙」）則具備較多典型的青蛙特徵，牠們有舌頭，而且會發出聲音。

尾巴是雄性泄殖腔的一部分，用於行體內受精

始蛙亞目
尾蟾
學名*Ascaphus truei*

口內沒有可活動的舌頭，這點和許多中蛙亞目的成員一樣

中蛙亞目
非洲爪蟾
學名*Xenopus laevis*

具有**鼓膜**，這點和許多新蛙亞目的成員一樣

新蛙亞目
歐洲林蛙
學名*Rana temporaria*

生活方式

僅管對青蛙與蟾蜍而言皮膚維持濕潤很重要，不過牠們還是能符合多種棲息地的要求。大多數的青蛙與蟾蜍需要水源來繁殖（見第 316–17 頁），但即使在沙漠中仍能見到牠們的身影：會挖洞的物種會在地底下熬過旱季，而且通常會將自己裹在繭裡以保持濕潤。許多蛙類會在林床上埋伏獵物，其他蛙類則是機動且善於爬樹的狩獵者。

每一根手指（和腳趾）上都有**具黏性的吸盤**，用來幫助攀爬

捕食蒼蠅
紅眼樹蛙
學名*Agalychnis callidryas*

斑紋模擬凋落葉，也就是白天時這種青蛙躲藏的地方

以蠕蟲狀動物為食
亞洲錦蛙
學名*Kaloula pulchra*

寬大的口適用於坐等型的無齒掠食者，因為牠必須要吞下一整隻大型獵物

捕食老鼠
鐘角蛙
學名*Ceratophrys ornata*

尺寸差異

青蛙與蟾蜍的大小變化就和牠們的數量一樣多；每當發現小型物種時，尺寸範圍的下限經常會因而下修。現存最小的蛙類是巴布亞紐幾內亞的阿馬烏童蛙（學名 *Paedophryne amauensis*），身長僅 7.7 公釐（¼ 英吋）；最大的則是非洲巨蛙（學名 *Conraua goliath*），身長 30 公分（13½ 英吋）且重達 3.3 公斤（7磅3盎司）。

身體的顏色在陽光下會變白，並且帶有黑邊黃點

3–3.3公分（1⅛ 英吋）
白斑蘆蛙
學名*Heterixalus alboguttatus*

長長的「頸部」使青蛙的頭能夠左右擺動

4.1–6.2公分（1¾–2 ⅓ 英吋）
紅椒蛙
學名*Phrynomantis microps*

皮膚控制水分的蒸發，使青蛙能適應季節性的潮濕氣候或乾燥的棲息地

7–11.5公分（2¾–4½英吋）
綠雨濱蛙
學名*Litoria caerulea*

色彩繽紛的攀爬好手

迷彩箭毒蛙（學名*Dendrobates auratus*）原產於中南美洲的雨林，主要生活在地面上，但能攀爬超過50公尺（164英呎）的高度，以抵達樹洞中的季節性積水池。

吸盤顯示出此一物種善於攀爬，儘管牠們花較多時間待在林床上

短鈍的吻是為了進入白蟻丘尋找獵物而逐漸演化而來

鮮豔的顏色用來警示掠食者其皮膚有毒

以螞蟻為食
異舌穴蟾
學名*Rhinophrynus dorsalis*

眼睛後方的**隆起物**是充滿毒液的腺體

可達22公分（8⅔英吋）
海蟾蜍
學名*Rhinella marina*

青蛙的體型

青蛙和蟾蜍是地球上最成功的兩棲類，蹤跡遍及南極洲以外的每一洲。牠們的體型在 2 億 5 千萬年來大致上維持不變：頭部由單獨一塊頸椎骨連接到身體上，後肢修長，長大後成體的尾巴被融為一體的椎骨所取代，稱為「尾桿」。

背甲（上半身的護甲）
由盾板構成，透過具有
彈性的皮膚鉸接

3 條鱗甲帶分隔了骨
盆與肩膀區域的盾板

橫跨背部的肌肉收
縮以拱起身體

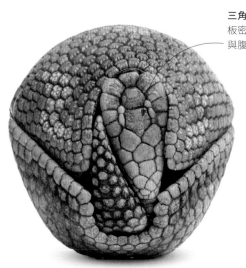

三角形的頭部與尾巴的盾
板密合到位，以保護臉部
與腹部

躲避掠食者的保護
機制完成

會變形的動物

任何動物只需要有強壯的肌肉和一定程度的柔軟度，就能隨著動作改變外形，但
某些動物在遇到危險時，甚至能做到戲劇性的大幅變形。所有的犰狳原本就有覆
蓋於上半身的骨板作為保護，而當遭受危險時，牠們大多會四肢內縮地平躺在地
上。然而，三帶犰狳（共兩種）具有足夠的柔軟度，為了自衛還能將身體捲成一
顆球。

在主要的盾板**底下有空間**，使犰狳捲起身體時能將四肢藏入

尾巴是犰狳**唯一一個**上下表面皆有鱗片的**部位**

裝甲的保護機制

拉河三帶犰狳（學名*Tolypeutes matacus*）的背甲是由骨板（或稱皮內成骨）所構成，上面覆有角質表皮。這些骨板僅部分與身體連接，使內部留有空間能讓犰狳將四肢完全縮入，這樣才能捲成一顆球。

瀕臨絕境的生活

大象的龐大體型能在無法預測的環境中發揮緩衝作用。牠行動緩慢，而且能儲存大量能量，使牠能靠極少的營養撐過數周。但體型最小的哺乳類動物，像是重量能輕到只有 2 公克（¾ 盎司）的鼩鼱，不僅無法儲存能量，還會因輻射散熱而失去更多能量，因此需要幾乎無間斷地進食，才不致餓死。

鼩鼱科

非洲象的**耳朵**從上到下可長達 2 公尺（6 英呎 6 英吋）

血管網絡輸送溫熱的血液到皮膚表面，藉以降溫

為適應熱帶生活而改變

非洲象（學名*Loxodonta africana*）是世界上最大的陸生動物，為了有助於散除因龐大體積而產生的大量體熱，皮膚上只有稀疏的毛髮。雖然牠缺乏其他哺乳類身上用來分泌油脂的腺體，但泥巴浴能潤澤皮膚，皺紋也有助於鎖住水分。

耳朵的表皮層（皮膚的最外層）只有兩公釐厚，比身體其他部位的表皮層薄了 10 倍

輕傷所造成的「**裂紋**」能用來辨識個別的大象

大與小

相較於渺小到能棲息在針頭上的無脊椎動物，現存最大的動物（大象與鯨魚）顯得雄偉碩大。大尺寸為牠們帶來好處——較大的動物能擊退掠食者與威嚇競爭者，但同時也會消耗較多的食物與氧氣。向下拉的重力也使牠們的身體必須承受巨大的壓力與張力，因此牠們需要非常強壯的骨骼與有力的肌肉，才有辦法移動。

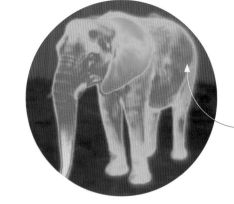

熱成像顯示出大象的身體大部分是溫熱的（紅色），但耳朵尖端是冷的（藍色）

保持涼爽

哺乳類產生體熱是為了要維持重要機能。過熱對這種龐大的溫血動物來說可能會產生問題，但牠們能拍動耳朵使通過的血液冷卻，藉以達到散熱目的。

馬拉巴的獨角獸

義大利探險家馬可・波羅宣稱在遊歷亞洲的24年間，他曾遇見獨角獸。然而根據他的描述，那隻在泥巴中打滾的醜陋動物很可能是犀牛。在《馬可・波羅遊記》（*Livre des Merveilles du Monde*）的15世紀版本中，插畫家選擇描繪的是一隻較傳統的獨角獸，身旁圍繞著印度馬拉巴（Malabar）的原生動物。

重塑大象
在13世紀的《羅切斯特動物寓言集》（Rochester Bestiary）中，大象被賦予了豐富的色彩、喇叭形狀的象鼻，以及野豬般的樣貌。圖中的戰象以塔形象轎載著士兵。

藝術作品中的動物

奇幻野獸

動物寓言集指的是中世紀時根據信仰所彙編的生物名錄；當時的信仰認為世上的野獸、鳥類、魚類甚至岩石，都具有神所賦予的特性與特色。對中世紀的人來說，野生動物天生存在著善惡的故事是很容易理解的教誨。許多動物寓言集內容豐富、具華麗的泥金裝飾且附有動物插圖；即便讀者目不識丁，這些插圖也將持續留存於他們的想像中。

許多的歐洲動物寓言集主要是以拉丁文寫成，在法國的話則是以法文寫成。這些寓言集的起源是《博物學者》（Physiologus），這是一部古老的亞歷山大學派教科書，很可能寫於公元第2世紀與第4世紀之間。在該書中，自然界純真的野獸被賦予了基督或魔鬼的行為與特徵。舉例來說，該書描述鵜鶘能用自己的血使死去的雛鳥起死回生，使鵜鶘成為了基督復活的有力象徵。

在13世紀的動物寓言集中，鯨魚是一種巨大且多鰭的魚，而且會假裝是一座島嶼，以引誘船隻開到牠的背上。當不知情的水手在牠覆蓋著沙的皮膚上生火時，感受到灼熱而發怒的鯨魚就會將他們拖進深海裡：如此場景令人聯想到魔鬼的誘惑與罪人墜入地獄。刺蝟被描寫成會以打滾的方式使葡萄插在刺上，再將葡萄帶去給牠們的幼子。吼叫的豹則是會從口中呼出香甜的氣味，吸引所有的動物向牠靠近。

寓言集中大多數的插畫是出自未受繪畫訓練的修道士之手；他們根據口述和雕刻品，嘗試畫出充滿異國風情的奇特動物。長著狗頭的鱷魚就像獨角獸一樣奇幻。

即使有13世紀探險家馬可・波羅（Marco Polo）的第一手觀察，中世紀的人也幾乎沒有因此對遙遠國度的野生動物有更多了解。這位來自威尼斯的探險家將24年來的旅行經歷，口述給他在熱那亞監獄的獄友魯斯蒂謙（Rustichello da Pisa）。這本在歐洲成為暢銷書的遊記附有稀奇古怪的動物與鳥類袖珍畫，馬可・波羅提到「每一樣事物皆與眾不同……而且無論尺寸美感皆超群絕倫」，這段敘述就見仁見智了。

> ❝ 為了馴服獨角獸以順利將牠捉住，必須安排一名處女現身於牠所行經之路。❞

《羅切斯特動物寓言集》，13世紀

高個子的動物

頭部位置高能讓動物有較好的視野以察覺危險，也能使牠取得競爭者構不到的食物。就這點而言，沒有任何動物比得上長頸鹿。長頸鹿的高個子歸功於其修長的脖子與特別長的小腿骨。但這樣的身高也必須要搭配較強壯的心臟，才能抵抗重力泵血到距離遠的部位；此外，血壓也必須要是一般哺乳類的兩倍，才能使心臟持續跳動。

高人一等

長頸鹿（學名*Giraffa camelopardalis*）在現存動物中個子最高——雄性從地面到頭頂的高度可達6公尺（20英呎）。數種因素促成了牠們的演化：高大的身材使牠們更有警覺，也能吃到較高處的枝葉；而牠們的外形則提供了較大的表面積以輻射散熱，使牠們能夠保持涼爽。

頸部的血液循環

長頸鹿的血管壁富有彈性。當牠低頭時，大腦底部的血管網絡（即「動脈網」）會擴張以幫助吸收大量湧入的血液，否則大腦可能會因而受損。在此同時，沿著頸靜脈分布的一連串單向閥門會關閉，以防止血液在重力的壓力下倒流。

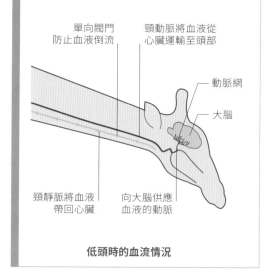

單向閥門防止血液倒流

頸動脈將血液從心臟運輸至頭部

動脈網

大腦

頸靜脈將血液帶回心臟

向大腦供應血液的動脈

低頭時的血流情況

側向的眼睛使長頸鹿擁有寬闊的視野

修長的頸部僅含有 7 塊頸椎骨，和其他哺乳類的數量相同，但長度多出許多

頸部內有狹窄的氣管，能讓每次吸氣時，必須被替換的閉塞舊空氣減到最少

頭上的**短角**（或稱皮骨角）表面以皮膚包覆，最初是由軟骨形成，並且與頭骨融合在一起

頭骨內的**鼻道**有一層內裡，作用是使血液冷卻，以幫助無法喘氣的長頸鹿散熱

深色斑點含有高密度的大型汗腺與表面血管，藉以幫助散熱

相較於身高，**長頸鹿的脖子太短**，以致必須要張開腿才能喝到水

相較於其他的有蹄類，長頸鹿脖子的**底部（或稱支點）**位置較後也較高，因為這樣能為其修長的脖子提供穩固的基底

冒著生命危險喝水

長頸鹿的腿骨太長，迫使牠必須要張開前腿，才能喝到水池裡的水。這種不穩的站姿使長頸鹿更容易受到掠食者攻擊，因此牠們喝水時通常會聚在一起互相保護。

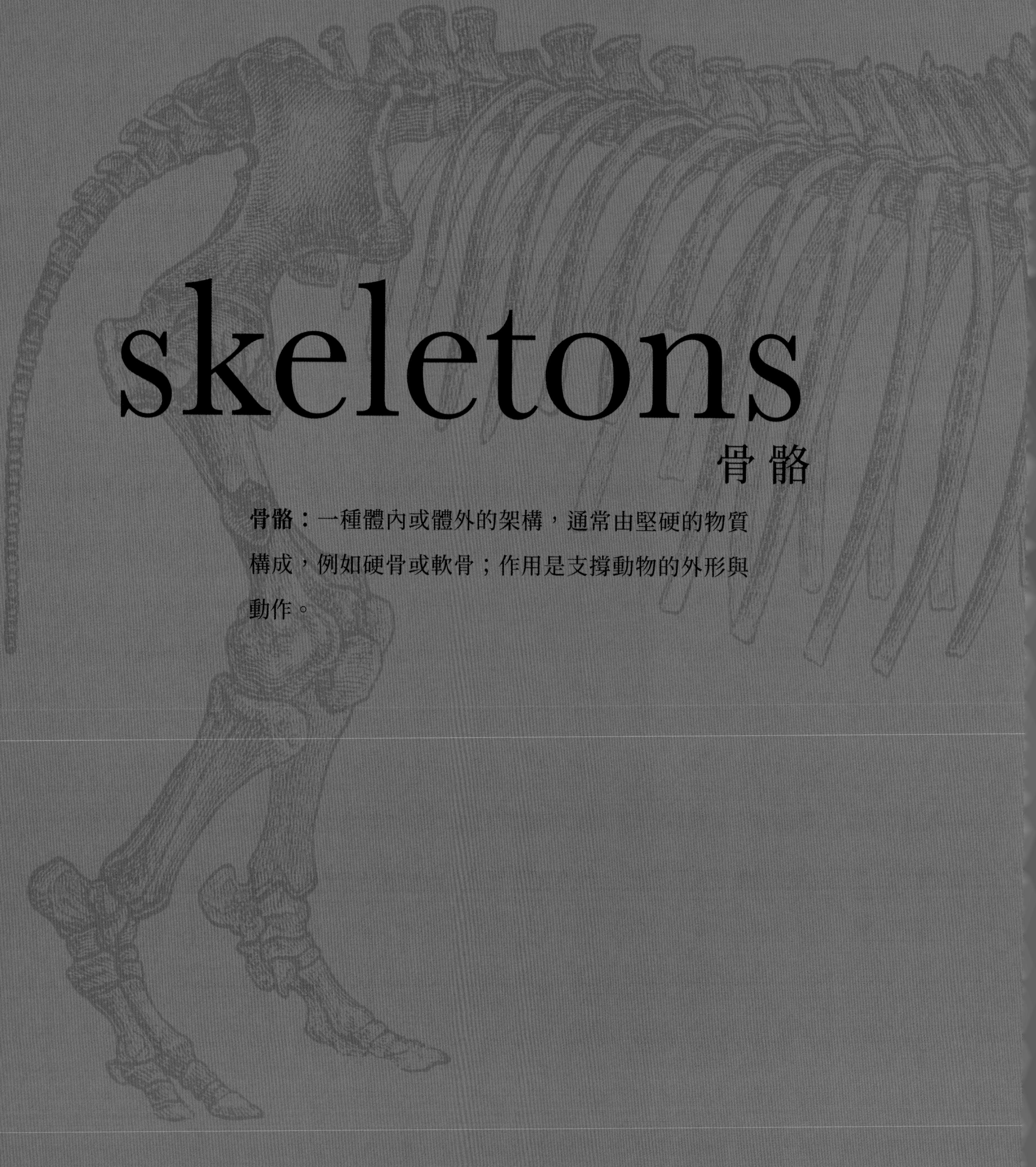

skeletons

骨 骼

骨骼：一種體內或體外的架構，通常由堅硬的物質
構成，例如硬骨或軟骨；作用是支撐動物的外形與
動作。

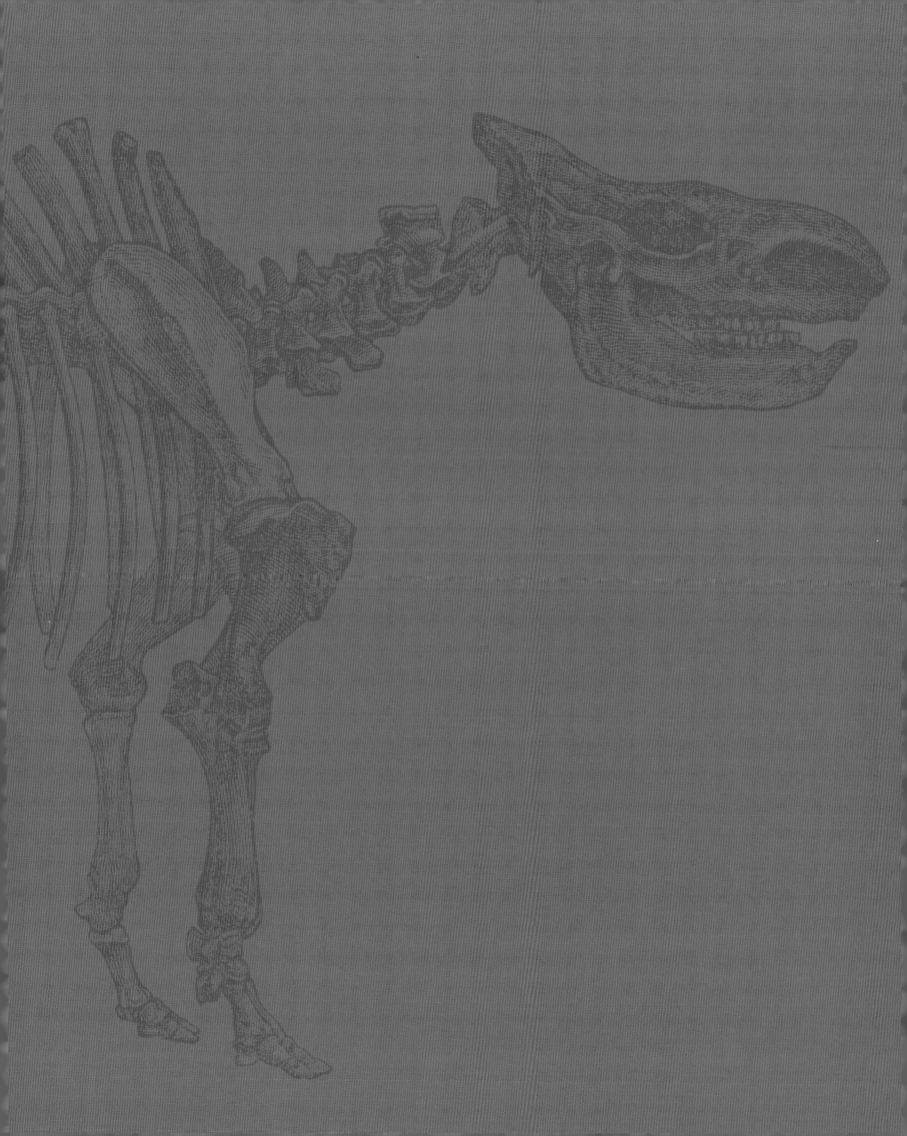

海扇

銀樹柳珊瑚（學名*Muricea* sp.）以角質物質「柳珊瑚素」所形成的空心管來強化結構；其強韌程度足以抵抗洋流的衝擊。圖中黃色海扇（軟格柳珊瑚，學名*Annella mollis*）的扇狀外形也有助於抵擋洋流。

柳珊瑚的**共有骨骼**有助於該珊瑚群體形成豎立的分枝，使珊瑚蟲得以接觸到更多浮游生物

具有密集羽狀群體的**柳珊瑚**較容易被強流連根拔起，因此生長在較平靜、較深的水域裡

珊瑚蟲

珊瑚或柳珊瑚的骨骼是無生命的基礎構造，但能夠支撐附著於表面的活珊瑚蟲。每一隻珊瑚蟲都座落於屬於自己的堅硬杯狀結構中；這種名為「珊瑚孔」的結構能保護珊瑚蟲柔軟的身體。

每一隻觸手都覆蓋著刺細胞，使珊瑚蟲得以擊昏獵物

共有的**骨骼**

骨骼就如同支托葉叢的樹幹與樹枝，能有效地支撐不規則伸展的群體。珊瑚與牠們的親戚善於製造大量骨骼，以承載數千隻微小的珊瑚蟲（見第 32-33 頁）。這些骨骼由角質蛋白質、堅硬的礦物質與幾丁質（在蟹殼中也能找到的相同物質）所構成，能夠長得很厚；骨骼上方有薄薄一層皮膚，連結著所有生活在其表面的珊瑚蟲。

透過活組織連結的**珊瑚蟲**沿著骨骼排列

柳珊瑚的**扇形分枝**朝著盛行流側向生長，增加了困住浮游生物的機會

第一體節又稱「圍口節」，上面有口器

肉質的延伸構造又稱「觸鬚」，用於感知和嘗味道

捕食顎藏於體節內，但會噴射出來攫取水藻，將之撕碎以進食

體節以隔膜區隔

每一體節上都長有**一對槳狀附肢**，又稱「疣足」

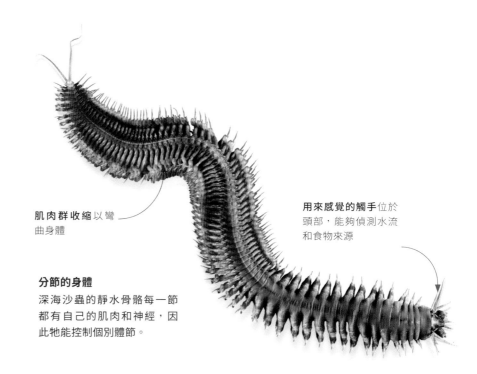

肌肉群收縮以彎曲身體

用來感覺的觸手位於頭部，能夠偵測水流和食物來源

分節的身體
深海沙蟲的靜水骨骼每一節都有自己的肌肉和神經，因此牠能控制個別體節。

水骨骼

環節動物（蚯蚓所屬的動物群）並不是靠堅硬的骨頭或結實的護甲來支撐身體，而是具有充滿水的（靜水力）柔韌骨骼。水或許是最完美的骨骼物質，因為它無法被壓縮，而且能流動形成各種形狀。正因如此，環節動物能藉由調節使肌肉向充滿水的身體部位擠壓，進而使身體向前移動。

蠕蟲之王
深海沙蟲（學名*Alitta virens*）具有由一連串充滿水的骨段所組成的靜水骨骼。肌肉群朝向這些液囊收縮與放鬆，以幫助深海沙蟲在水、沙與沉積物中移動。身體兩側的肉質板狀或槳狀附肢使牠能夠抓住地面。

波浪形移動
沙蟲會交替收縮身體兩側的肌肉群，並且在一側收縮的同時，對側放鬆與伸長，藉以使身體形成向前行的 S 形橫波，幫助牠在沙中或水中移動。

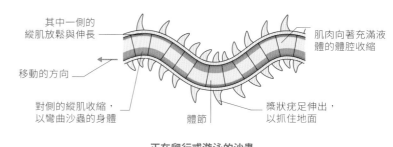

其中一側的縱肌放鬆與伸長

肌肉向著充滿液體的體腔收縮

移動的方向

對側的縱肌收縮，以彎曲沙蟲的身體

體節

槳狀疣足伸出，以抓住地面

正在爬行或游泳的沙蟲

擁有護甲的倖存者

圓尾鱟（學名*Carcinoscorpius rotundicauda*）是
一種活化石，牠們是從5億年前最早出現的一群裝
甲無脊椎動物中殘存而來；這群無脊椎動物是昆
蟲、蜘蛛與甲殼類的祖先。

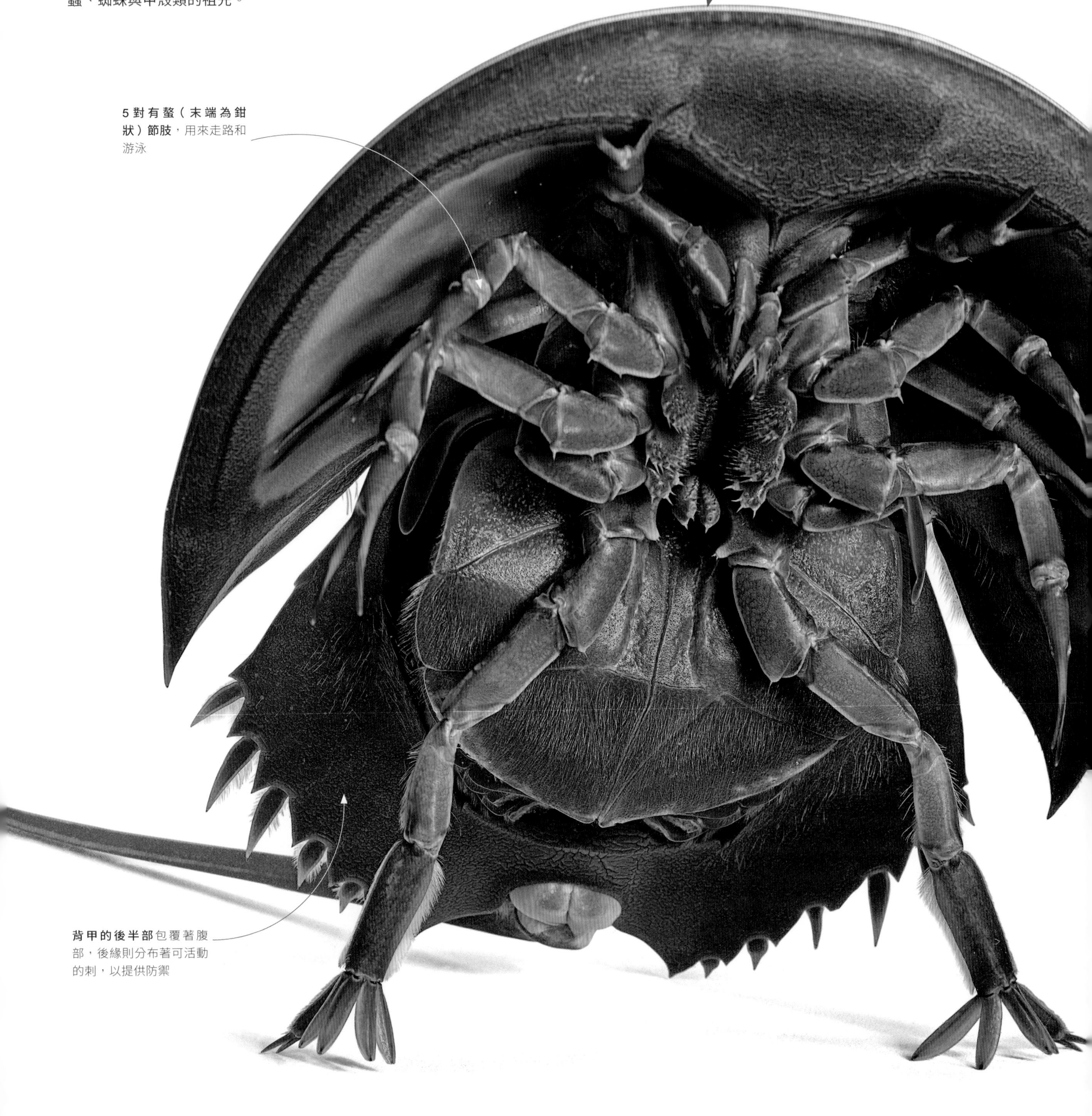

寬大的盾包覆著融為
一體的頭部和胸部，構
成了背甲的前半部

**5對有螯（末端為鉗
狀）節肢**，用來走路和
游泳

背甲的後半部包覆著腹
部，後緣則分布著可活動
的刺，以提供防禦

冒牌的螃蟹

鱟雖然又稱為「馬蹄蟹」，但牠們其實和蛛形綱動物的關係較親近，和真正的螃蟹反而關係較遠。如同蛛形綱動物，鱟沒有觸角，而且身體分成兩個部分：前體部（融合的頭部與胸部）以及後體部（腹部）。

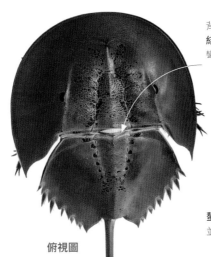

背甲內有**靈活的鉸合結構**，使身體中央能夠彎曲

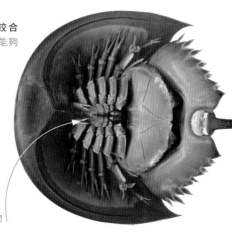

螯肢用於捕捉獵物並將之送入口中

俯視圖

仰視圖

如尾巴一般的硬挺尾劍能幫助鱟控制方向，其內含有能偵測光線的感應器

外骨骼

許多身體鬆軟的水生動物同時藉由體外與體內的水來支撐身體。但堅硬的骨骼能提供更堅固的架構，使動物的外形維持不變。以外殼（稱作「外骨骼」）支撐的動物較能控制牠們的動作，不僅能移動地更快，也能長得更大。外骨骼就像是一套盔甲，圍繞著動物的身體發育；而這也表示它們必須定期蛻換，才能使動物有足夠的空間成長。

圓尾鱟的外骨骼不含碳酸鈣，這點不同於許多其他的水生節肢動物

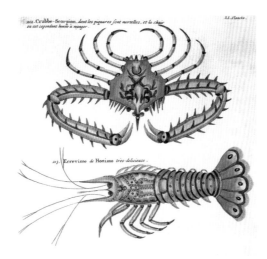

強化的外骨骼

節肢動物的堅硬外骨骼是由一種名為「幾丁質」的物質所構成。許多水生節肢動物（特別是甲殼類）的外骨骼也因為碳酸鈣等礦物質的加固作用，而變得更強壯，但同時也更沉重。不過，幸好水生節肢動物周遭的水能夠支撐其外骨骼的重量。

陸生動物的 外骨骼

5 億年前，最早移居陸地的動物具有堅硬的體外骨骼（或稱「外骨骼」），在靈活的關節處接合。這樣的護甲能保護牠們的身體免於外傷，甚至還能形成蠟質層，有助於預防脫水。不過對這些陸生動物來說有一大缺點：由於少了水的浮力，護甲變得十分笨重。現今發現最大的裝甲無脊椎動物仍生活在海裡（見第 68-69 頁）。那些已適應陸地的則侷限於小型動物，例如球木蝨。但蜘蛛以及最值得一提的昆蟲，牠們的外骨骼具備較好的防水能力和呼吸孔（見方框），以數量和多樣性彌補了體型的不足。

昆蟲的外骨骼

骨骼的特化使昆蟲得以成為稱霸陸地的節肢動物。牠們不僅擁有較佳的防水能力，其外部的「殼」更具備呼吸孔系統（氣門），能透過充滿氣體的微小管道，將氧氣直接傳送給肌肉。

氣門，或稱呼吸孔

上角質層浸漬在防水的蠟中

具感覺功能的剛毛

角質層，其表面已硬化

表皮層

氣管，或稱呼吸管

腺細胞會分泌用來形成角質層的物質

形成剛毛的細胞會連結到表皮層的神經細胞

昆蟲具保護作用的身體外層

胸區以 7 片骨板保護，每一片皆懸於一對胸肢之上

6 片腹部骨板 保護著類似鰓的呼吸構造

體節之間的**接合構造**使
鼠婦得以將身體捲起來

觸角和口器會內縮以
加強保護

大角度拱起的身體使鼠婦
得以形成幾近完美的球形

防禦機制
鼠婦不同於其他的球木蝨物種,因為牠們具有額外的
防禦策略,那就是能夠將身體捲成一團——這點有助
於保護牠們免受掠食者侵害。

對碰觸敏感的突起物又稱
「感器」,在外骨骼的每
一個區塊上排列成行

如頭盔般的頭殼保護著
腦部與相關器官

口器因具有堅硬的外骨
骼而變得堅固,就如同
腿和其他的附肢

呼吸空氣的甲殼類

鼠婦(學名*Armadillidium vulgare*)雖然不具備
昆蟲為適應乾地而特化的構造,但牠卻是極為成
功的陸生甲殼類。鼠婦的裝甲比大多數昆蟲和蜘
蛛都還要顯著,而且其外形似蝦的祖先所擁有的
鰓在牠身上已經過特化,使牠能從空氣而非水中
吸取氧氣。

揮舞的棘刺

以外殼（殼體）的骨板連結組合成骨骼，這意味著機
動性會跟著降低。然而就海膽而言，比方說圖中的刺
冠海膽（學名*Diadema setosum*），其肌肉能移動棘
刺以驅逐入侵者，身體底下還有末端吸盤狀的管足
（見第212–213頁），能牽引著牠在海底移動。

每一根棘刺的底部皆與骨骼的其
他部分靈活銜接，使棘刺能夠左
右擺動

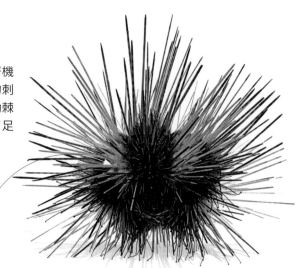

側視圖

白堊般的骨骼

海星與海膽屬於「棘皮動物」──其英文 echinoderm 的意思是「多刺
的皮」。此一名稱指的是這類動物如白堊般的獨特骨骼。牠們的骨骼組
成成分是碳酸鈣結晶，有可能是鬆散地構成棘皮動物的粗糙皮膚（例如
海星），或是結合在一起形成名為「殼體」的外殼（例如海膽）。棘皮
動物雖然呈星形的輻射對稱，但卻是親緣關係之中最接近脊椎動物的現
存動物。

末端有吸盤的長管稱為管足，長度
超越棘刺，用來附著在海底與爬行

**頂端堅硬、用於防禦的棘
刺**中空且易碎，破裂時會
釋放輕微的毒液

五幅對稱的身體結構

大多數的棘皮動物呈五幅對稱，意思是牠們的身體分成 5
個部分，並且圍繞著一個中心點排列。這種對稱方式從典
型海星的 5 隻腕足最能明顯看出，在已死海膽身上的殼狀
骨板也顯而易見，以及其它有親緣關係的動物，例如陽燧
足（見第 212–213 頁）與海參。

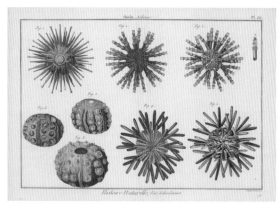

海膽與殼體

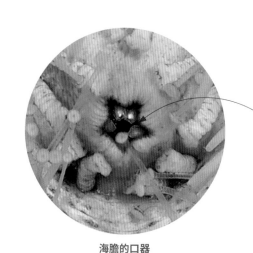

海膽的口器

5 顆牙齒從顎突出，
以幫助海膽刮掉岩石
上的水藻

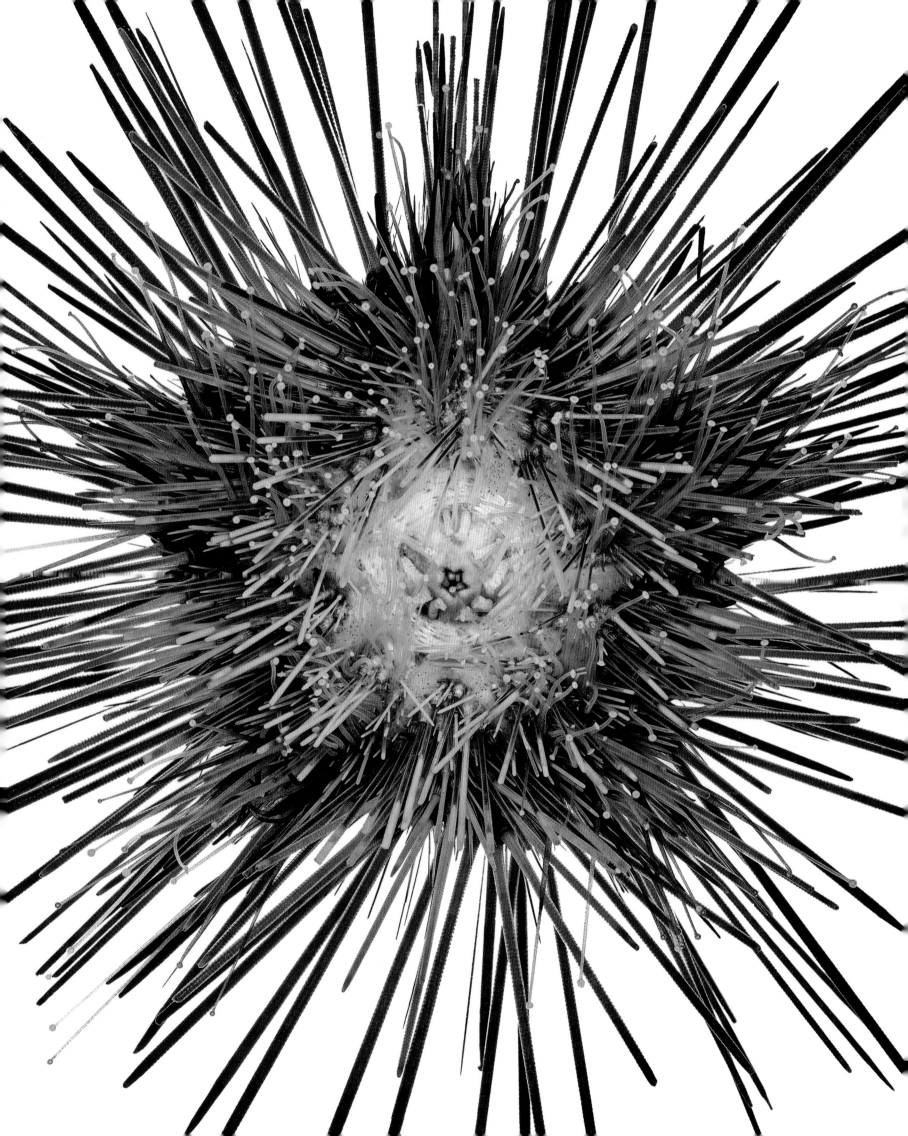

內骨骼

脊椎動物的身體裡有結實、接合的骨架,其四周由肌肉所圍繞。牠們的內骨骼是從體內建構,這點不同於無脊椎動物的外骨骼。內骨骼與身體一起發育,因此不需要經歷蛻換的過程。而之所以能做到這點,都是因為堅固硬骨與柔韌軟骨的演化所致:活組織在發育過程中會不斷塑造與重塑骨骼。

染色的組成部分

這副保存下來的喉盤魚(學名 *Gobiesox* sp.,以吸盤狀腹鰭命名的沿岸魚類)成體骨骼主要是以硬骨(染成紫色的部分)組成,不過也保留了以較柔軟的軟骨(藍色)所構成的部分,喉盤魚的胚胎時期完全是靠軟骨支撐。

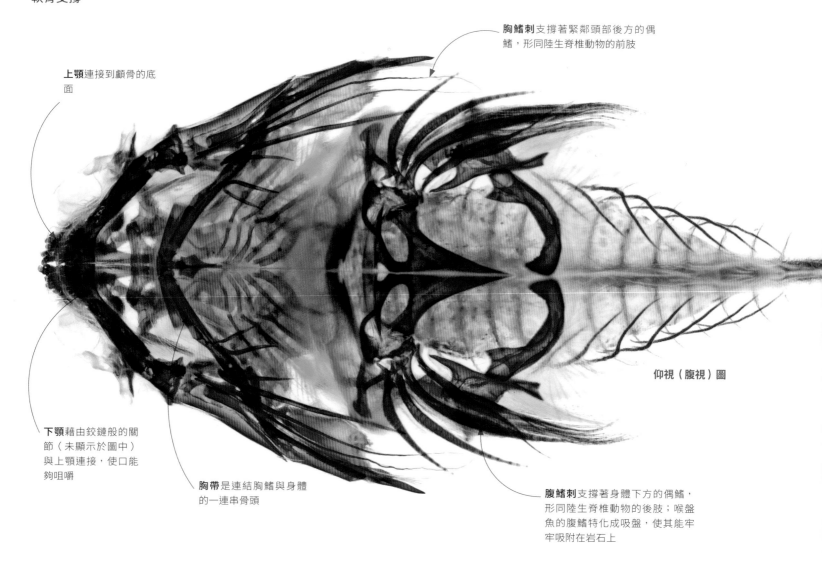

脊柱是由名為「椎骨」的骨質單位反覆接續而成,能為身體的肌肉提供柔韌的支撐軸

胸鰭刺支撐著緊鄰頭部後方的偶鰭,形同陸生脊椎動物的前肢

上顎連接到顱骨的底面

下顎藉由鉸鏈般的關節(未顯示於圖中)與上顎連接,使口能夠咀嚼

胸帶是連結胸鰭與身體的一連串骨頭

腹鰭刺支撐著身體下方的偶鰭,形同陸生脊椎動物的後肢;喉盤魚的腹鰭特化成吸盤,使其能牢牢吸附在岩石上

仰視(腹視)圖

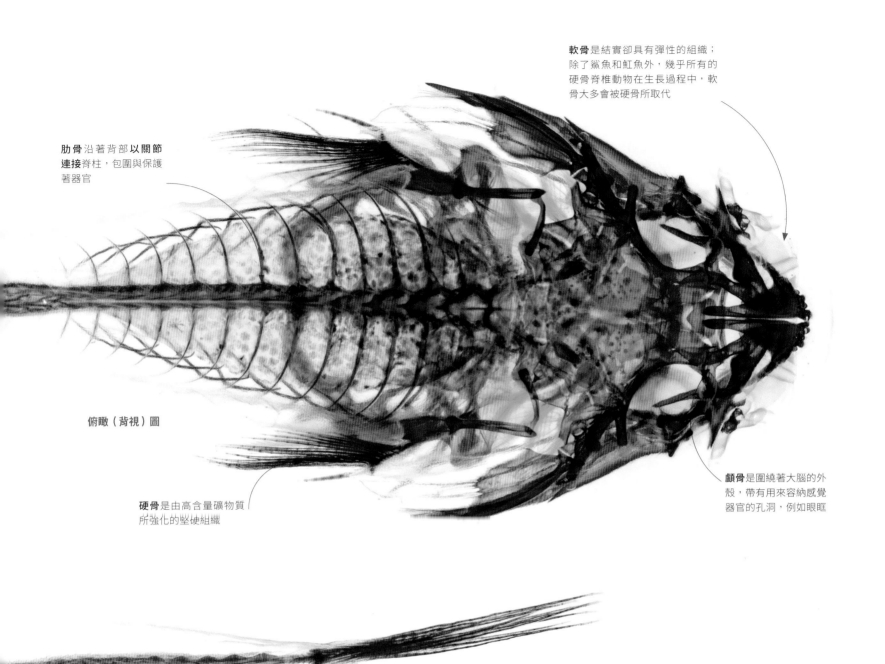

軟骨是結實卻具有彈性的組織；除了鯊魚和魟魚外，幾乎所有的硬骨脊椎動物在生長過程中，軟骨大多會被硬骨所取代

肋骨沿著背部以關節連接脊柱，包圍與保護著器官

俯瞰（背視）圖

硬骨是由高含量礦物質所強化的堅硬組織

顱骨是圍繞著大腦的外殼，帶有用來容納感覺器官的孔洞，例如眼眶

脊椎動物的骨骼

脊柱（又稱為骨幹或脊椎）支撐著脊椎動物的身長，也包圍住脊髓，而顱骨則保護著大腦，兩者合起來形成了中軸骨骼，而連接中軸骨骼的是有助於移動的「附肢骨骼」。最早出現的脊椎動物（全都是魚類）有鰭，但後來逐漸演化成用來行走的四肢。

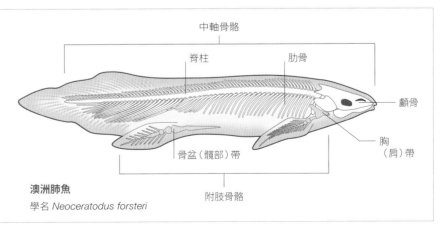

澳洲肺魚
學名 Neoceratodus forsteri

中軸骨骼

脊柱　　　肋骨

顱骨

胸（肩）帶

骨盆（髖部）帶

附肢骨骼

蛇頸龜

繪有兩隻蛇頸龜的樹皮畫運用了多種澳洲原住民的作畫技巧，包括傳統的交叉排線法，又稱為「拉克」（rarrk）。原住民相信這種畫法會賦予蛇頸龜聖靈的力量。

藝術作品中的動物
原住民的深刻洞察

岩石露頭數千年來庇護著澳洲原住民族，而上頭的壁畫則訴說了這些民族賴以維食的原生魚類和動物有著什麼樣的故事。在這些史前藝術家當中，有許多人運用了 X 光透視效果，以顯露出他們所獵捕的動物體內運作與構造為何，以及他們對這些動物的每一部位有著多麼徹底的了解。

最早的人類移民據信是在超過5萬年前踏上澳洲的土地，就此為歷史上最古老的連續文化揭開了序幕。有關其文明的最早記錄包括現已滅絕動物（例如袋狼，或稱塔斯馬尼亞虎）的木炭畫（約公元前2萬年），不過要到澳洲北部阿納姆地（Arnhem Land）的烏比爾洞穴（Ubirr caves）見識較近期的洞廊藝術，才能從中一覽原住民生活與信仰傳續的全貌。

烏比爾洞穴內部的牆面上遍布著種類豐富的動物和魚畫；牠們皆來自附近的東部鱷河（East Alligator River）與納達布沖積平原（Nadab flood plain），以一種X光透視畫風描繪，最早可追溯到8千年前。這些壁畫大多創作於兩千年前的「淡水時期」（freshwater period），當中刻畫了大量的魚、貽貝、水禽、袋鼠、巨蜥與針鼴。

這些藝術家所使用的顏色是來自木炭與赭土，後者是一種產於當地的硬黏土，有紅色、白色、黃色和粉紅色，偶爾也會出現藍色。赭土被磨成粉末後，混合蛋、水與花粉，或者是動物的油脂或血液，以製成顏料。骨頭和器官（對獵人來說就和活生生的動物一樣熟悉）被詳盡刻畫於每一隻生物傳神的輪廓內。數個世紀以來，原住民藝術在澳洲的不同地區展現出多樣的面貌，包括風行於中部與西部沙漠地區的原住民代表性點畫、北領地的X光透視藝術，以及阿納姆地的「拉克畫」特有的精細交叉排線畫風。這些主題經常被描繪在一張張樹皮的內側。藝術家會使用以蘆葦或人類頭髮製成的纖細刷毛，小心翼翼地在動物畫像的輪廓內填滿細線。他們相信這項繪畫技巧會賦予畫中主角靈性。

澳洲動物的象徵性聯想意義是夢世紀（Dreamtime）的核心所在。此一創世神話的基礎在於人們相信河川、溪流、土地、丘陵、岩石、植物、動物和人類都是由聖靈所創；聖靈將工具、土地、圖騰與夢想帶給了每一個民族。

透過跳舞、繪畫、歌唱與說故事的方式，引領著信仰、民族行為與道德法則的神聖規範傳承了下來。橫跨過去數個世紀，祖先在許多洞廊中留下的藝術結晶已被新畫所覆蓋，但當中的核心訊息仍維持不變。

> 66 洞穴……不可動搖。無人能改變那座洞穴，因為它編織著夢想。它訴說著故事，也捍衛著律法。99
>
> 大比爾・內德傑（BIG BILL NEIDJIE），布尼居族（BUNIDJ CLAN）

袋鼠壁畫

一隻尾骨與脊椎清晰可見的袋鼠裝飾著烏比爾洞穴的牆壁。烏比爾洞穴位於北領地的卡卡杜,在持續有人居住的庇護所當中歷史非常古老。作為食物來源的動物被描繪於此已有數千年之久。

從裡到外的刺食蟻獸

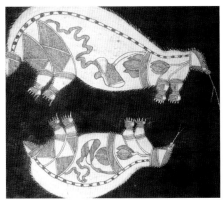

繪於一片細長樹皮內側的兩隻針鼴(又稱「刺食蟻獸」)為我們上了一堂解剖課。這幅來自澳洲阿納姆地西部的交叉排線畫以 20 世紀的 X 光透視畫風,詳細地描繪了針鼴的胃、腸道與心臟。

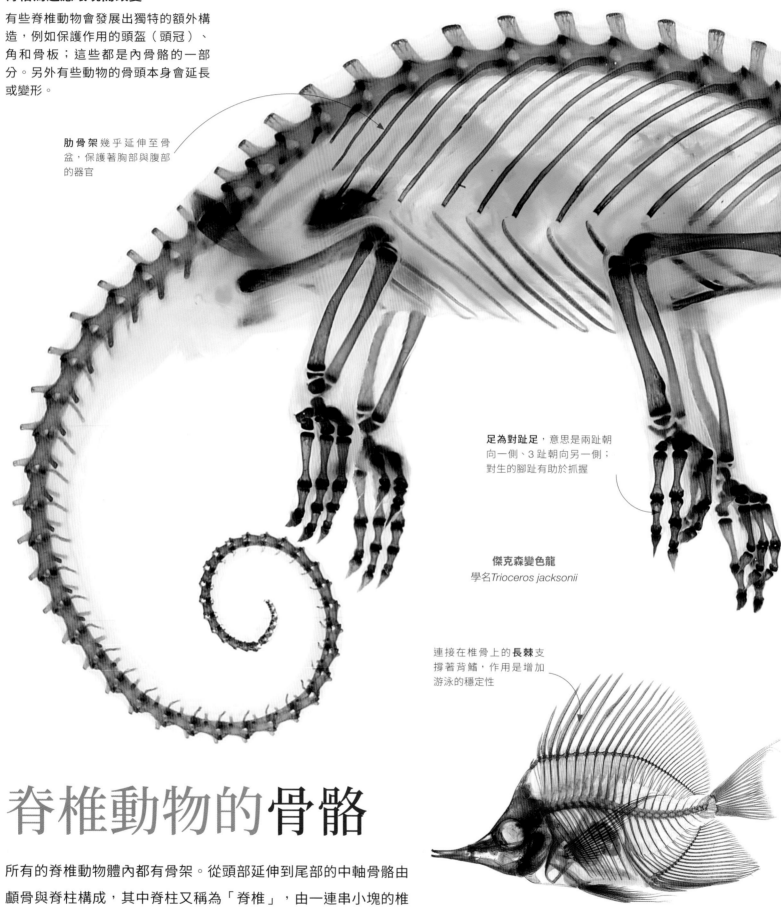

骨格為適應環境而改變

有些脊椎動物會發展出獨特的額外構造，例如保護作用的頭盔（頭冠）、角和骨板；這些都是內骨骼的一部分。另外有些動物的骨頭本身會延長或變形。

肋骨架幾乎延伸至骨盆，保護著胸部與腹部的器官

足為對趾足，意思是兩趾朝向一側、3趾朝向另一側；對生的腳趾有助於抓握

傑克森變色龍
學名 *Trioceros jacksonii*

連接在椎骨上的**長棘**支撐著背鰭，作用是增加游泳的穩定性

黃鑷口魚
學名 *Forcipiger flavissimus*

脊椎動物的骨骼

所有的脊椎動物體內都有骨架。從頭部延伸到尾部的中軸骨骼由顱骨與脊柱構成，其中脊柱又稱為「脊椎」，由一連串小塊的椎骨組成。連接到脊柱上的是附肢骨骼，作用是支撐四足動物的四肢、魚類的鰭以及鳥類的腳與翅膀。

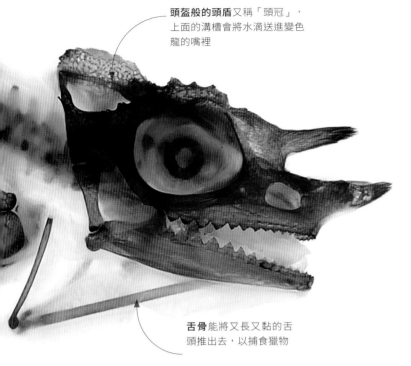

頭盔般的頭盾又稱「頭冠」，
上面的溝槽會將水滴送進變色
龍的嘴裡

靈活的膝關節會控
制起跳的角度，使
蛙能夠水平與垂直
地跳躍

日本樹蟾
學名*Hyla japonica*

舌骨能將又長又黏的舌
頭推出去，以捕食獵物

家鼷鼠的顱骨從頂
端到底部只有 6 公
釐（1¼ 英吋）

彈性極佳的肋骨架意味著只要
是家鼷鼠的頭能擠進去的洞
口，牠都能順利通過

額外的頸骨（頸椎）能
增加靈活度，並且使鳥
能用喙理毛

鳥喙與顱骨上充滿
空氣的孔洞能減輕
頭部的重量

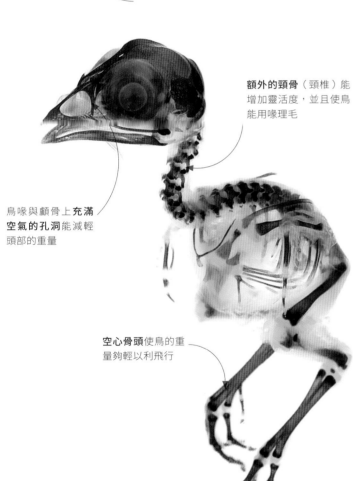

空心骨頭使鳥的重
量夠輕以利飛行

家鼷鼠
學名*Mus musculus*

骨質的上下殼包圍與保
護著內骨骼以及器官

鵪鶉
學名*Coturnix japonica*

日本石龜
學名*Mauremys japonica*

骨頭所形成的甲殼

如同其他的龜鱉目動物，印度星龜（學名*Geochelone elegans*）的上殼（背甲）與下殼（腹甲）是由相扣的骨板所構成；這些骨板與生長在皮膚內的皮骨相互對應。骨板上方是一層質地如角的角蛋白，其內充滿了色素。

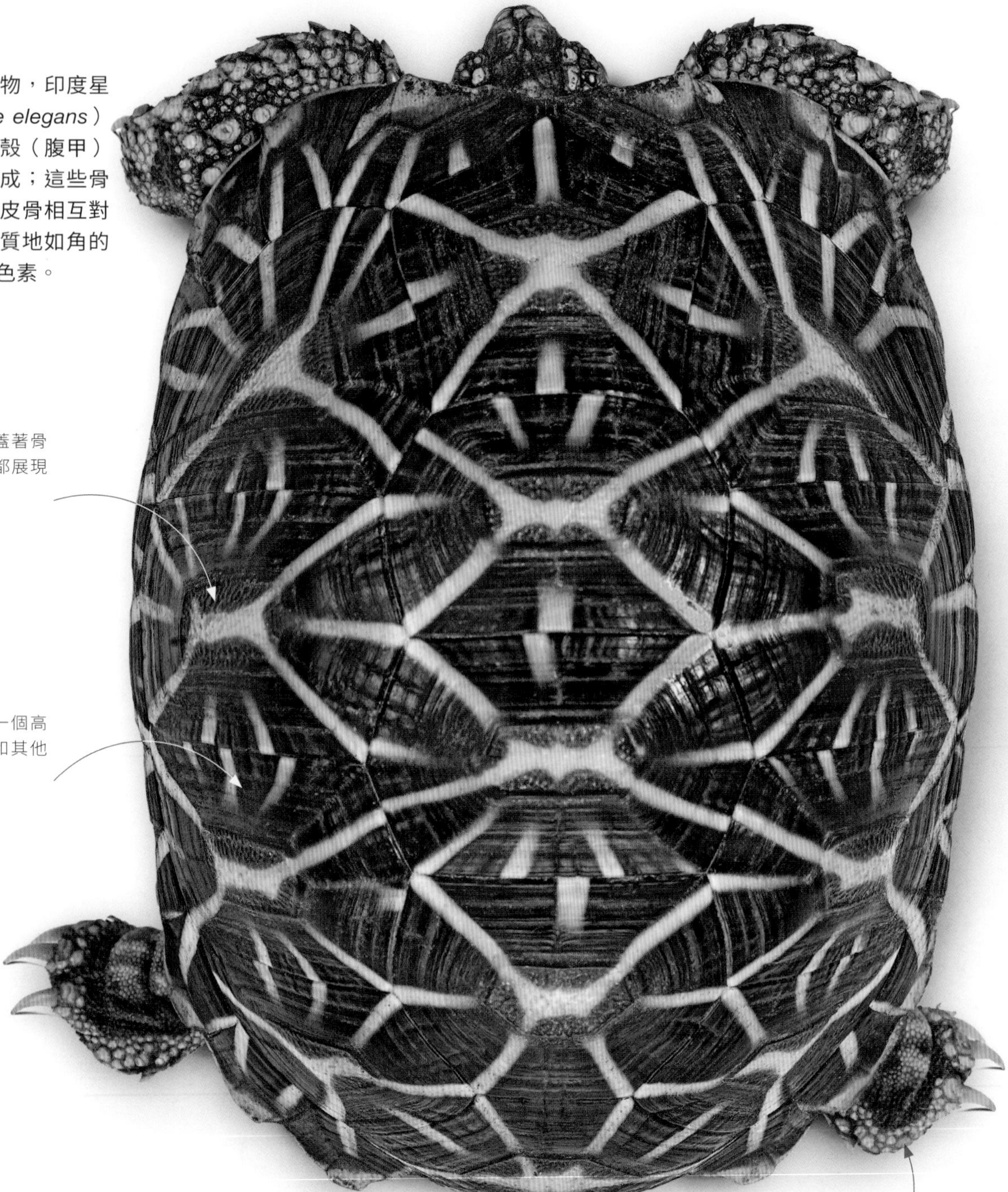

每一塊盾片（覆蓋著骨板的角質外層）都展現出星形的圖案

背甲（上殼）有一個高高的圓頂，這點和其他的陸龜一樣

厚實粗壯的四肢帶有爪子，能增加抓地力

脊椎動物的甲殼

在脊椎動物中，龜鱉目動物（包括海龜與陸龜）的甲殼提供了一種獨特的保護形式：牠們的身體大部分被包覆在骨頭內。這樣的構造使牠們在面對掠食者時有了強大的保護，但同時也因為笨重與僵硬犧牲了機動性。比起其他爬蟲類，龜鱉目動物的頸部必須要更長也更靈活，才能伸出去覓食。另一方面，牠們格外強壯的四肢肌肉則增加了牠們在陸上或水中的推進力。

甲殼上的**洞**夠寬，使
四肢能夠前後擺動

平坦的**腹甲**（下殼）
是由擴張變平的腹部
肋骨與胸骨所構成

身體的護甲

龜鱉目動物具有脊椎與肋骨融合形成的甲
殼（肩胛骨與髖骨被包覆在肋骨架內），
因此身體幾乎完全受到保護；許多龜鱉目
動物甚至能將四肢與頭部縮回殼內。然而，
牠們無法做到擴張與收縮肋骨架這種常見
的呼吸方式，而是會藉由肩帶前後擺動使
肺部通氣。

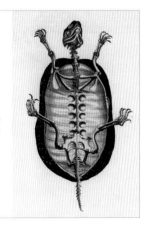

陸龜的骨骼（腹甲移除後）

頸部側彎，使頭部能安
置於殼緣底下

縮回頸部

有些龜鱉目動物會將頸部彎成 S 形，
使頭部能縮進殼內；有些則會將頸部和
頭部摺向一側，例如圖中的這隻稜背蟾
頭龜（學名 *Mesoclemmys gibba*）。

鳥類的骨骼

鳥類雖然物種豐富繁多（超過 1 萬種），但大多數的身體結構都相當類似，這主要是由飛行上的物理限制所致。牠們的雙腳用於行走與棲息，前肢為適應飛行而特化成翅膀，另外還有一些脊椎骨、鎖骨與髖骨融合在一起，以承受跳躍與著陸的壓力。大部分的骨頭都有氣室，也就是內部充滿空氣，藉以使重量降到最輕（見方框），因而能減少飛行所耗費的能量，孵蛋時也不會把蛋壓破。

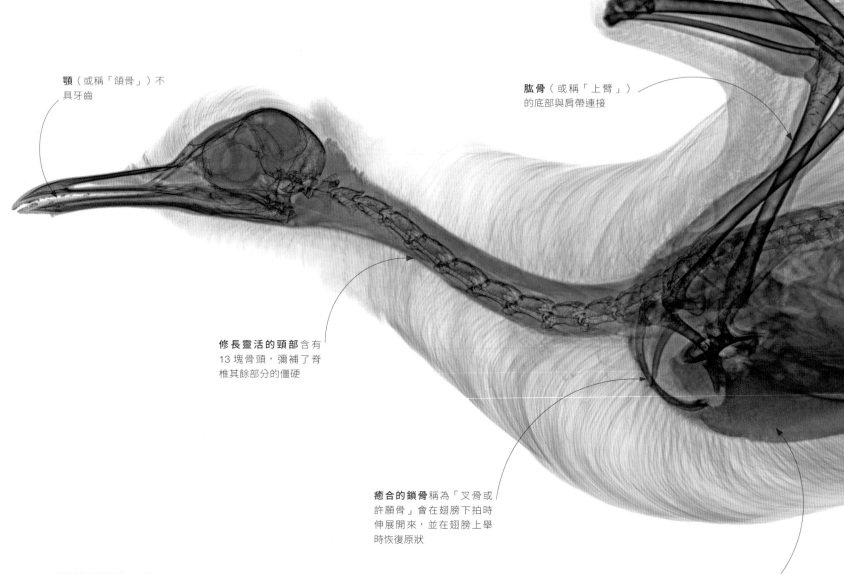

顎（或稱「頜骨」）不具牙齒

肱骨（或稱「上臂」）的底部與肩帶連接

修長靈活的頸部 含有 13 塊骨頭，彌補了脊椎其餘部分的僵硬

癒合的鎖骨 稱為「叉骨或許願骨」會在翅膀下拍時伸展開來，並在翅膀上舉時恢復原狀

巨大的龍骨突（或稱胸骨的隆脊）是飛行肌肉的接合點

適於飛行的骨骼

此一剝製的黑頭鷗（學名 *Larus melanocephalus*）標本展現出翅膀是如何繞著胸（肩）帶的骨頭軸轉。相較於牠們的爬蟲類祖先，鳥類的身體骨骼較短也較小巧，而且重心轉移到後肢上。

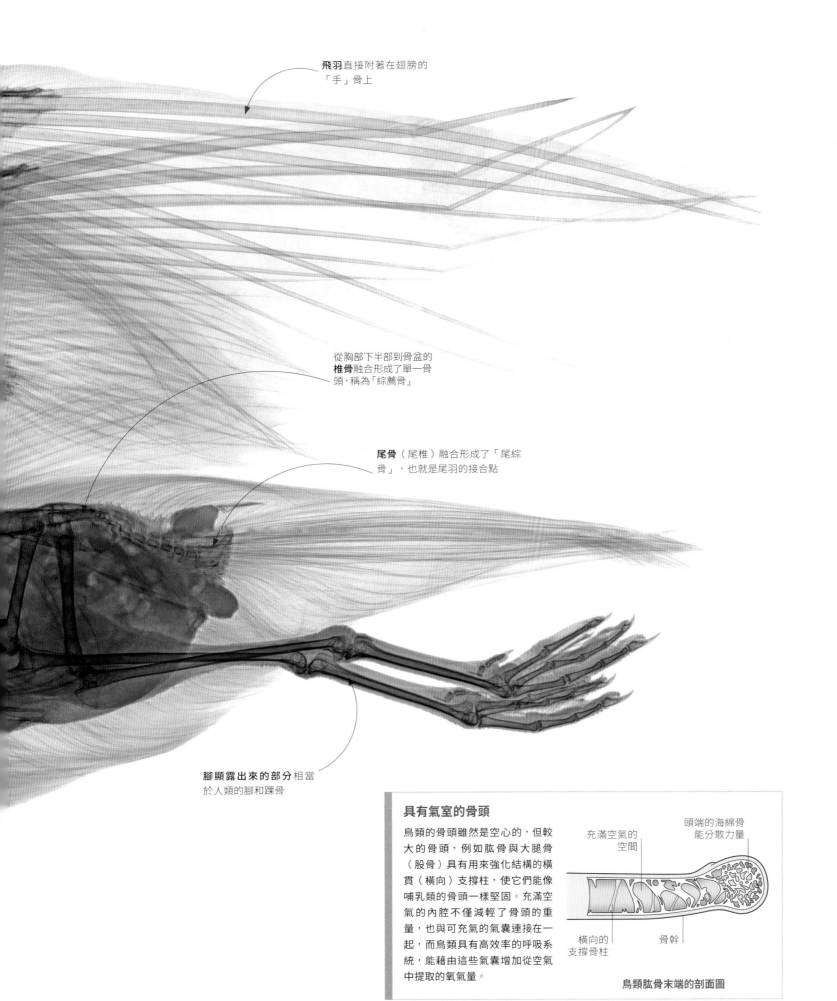

飛羽直接附著在翅膀的
「手」骨上

從胸部下半部到骨盆的
椎骨融合形成了單一骨
頭，稱為「綜薦骨」

尾骨（尾椎）融合形成了「尾綜
骨」，也就是尾羽的接合點

腳顯露出來的部分相當
於人類的腳和踝骨

具有氣室的骨頭

鳥類的骨頭雖然是空心的，但較
大的骨頭，例如肱骨與大腿骨
（股骨）具有用來強化結構的橫
貫（橫向）支撐柱，使它們能像
哺乳類的骨頭一樣堅固。充滿空
氣的內腔不僅減輕了骨頭的重
量，也與可充氣的氣囊連接在一
起，而鳥類具有高效率的呼吸系
統，能藉由這些氣囊增加從空氣
中提取的氧氣量。

充滿空氣的
空間

頭端的海綿骨
能分散力量

橫向的
支撐骨柱

骨幹

鳥類肱骨末端的剖面圖

獵豹

許多食肉動物仰賴埋伏或團隊合作，但獵豹（學名 *Acinonyx jubatus*）卻是利用急速衝刺的方式捕捉獵物。獵豹的脊椎具有彈性，利於闊步奔躍，因此能達到 102 公里／小時（63 英哩／小時）的速度，成為跑得最快的四腳動物。

獵豹源自非洲與伊朗的少數幾個地方，居住的棲息地種類廣泛，從旱生林、灌木叢林地到草原甚至沙漠，全都包含在內。牠們通常獵食小型羚羊，例如湯氏瞪羚（學名 *Eudorcas thomsonii*）：這些動物會和狩獵牠們的獵豹共同演化，因此跑得也很快，同時也很警戒。瞪羊群很快就會發現掠食者的蹤影，並且會緊盯著對方，以防對方突然襲擊；獵豹必須在適當時機發動攻擊，否則就會浪費寶貴的精力卻徒勞無獲。

獵豹以鬼鬼祟祟和掩蔽躲藏的方式，蹲伏著身子緩緩接近獵物，若是被看見就會瞬間靜止動作。等到牠夠接近獵物時，理想狀況是距離不到50公尺（165英呎），牠就會突然衝刺。在牠鎖定逃跑的瞪羚後，短短幾秒內速度就達到了60公里／小時（37英哩／小時），呼吸速率也超出了平時的兩倍。當牠追上獵物後，就會揮舞著爪子攻擊，用露爪將對方打倒在地。

爆發性的速度並不保證會換得飽餐一頓。全速追趕獵物是一種會耗盡精力的狩獵策略，而且獵豹會比瞪羚還要早感到疲累。要是沒有在300公尺（985英呎）內擊倒目標，獵豹就會放棄追逐。

如果狩獵成功，獵豹會用爪子緊緊抓住犧牲者的喉嚨使牠窒息，同時透過擴張的鼻孔喘息，直到恢復為止。即使是在那時，也還無法確定大餐會進到肚子裡——獵豹的獵物經常會被花豹、獅子或鬣狗搶走（導致幼獵豹損傷慘重的同樣也是這群掠食者）。將獵物屍體拖去藏匿就和盡快完食一樣重要：一隻獵豹能一口氣吃光多達14公斤（30磅）的肉。

逼近以發動獵殺

一般而言，衝刺狩獵有半數的結果是獵殺成功，但如果目標是幼鹿，例如圖中的這隻湯氏瞪羚，那麼成功率就能達到百分之百。

骨骼的適應性改變

高速衝刺需仰賴大步幅與有力的四肢肌肉。有彈性、可伸縮的脊椎以及按比例較其他貓科動物長的四肢，使獵豹的步幅能長達 9 公尺（30 英呎）。在每跨出一步的時間內，獵豹的四隻腳至少會同時離地兩次，而在此同時，腳上隆起的肉墊能預防打滑，微微展平的尾巴則能在急速轉彎時保持平衡。

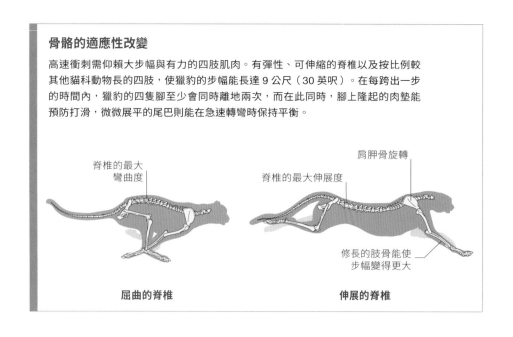

脊椎的最大彎曲度

屈曲的脊椎

肩胛骨旋轉

脊椎的最大伸展度

修長的肢骨能使步幅變得更大

伸展的脊椎

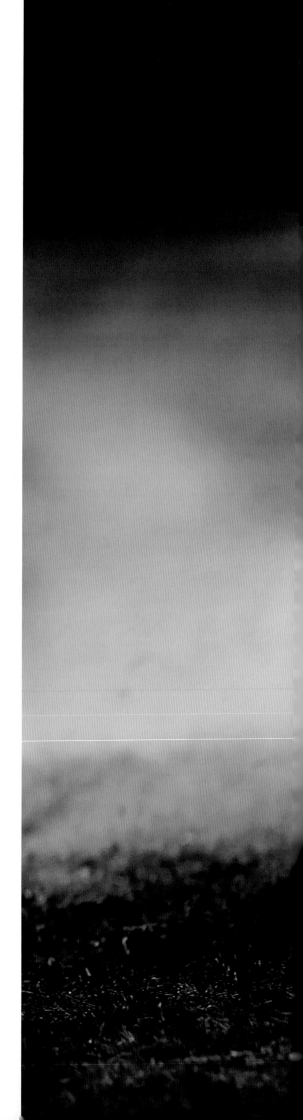

龐大的多樣性

依據物種的不同，牛科動物的洞角可能是筆直的、螺旋形的，亦或彎曲的。除了四角羚（學名 *Tetracerus quadricornis*，圖右偏下）以外，野生牛科動物的洞角總是呈單獨一對生長。

突起的圓環又稱「環狀構造」，沿著外層角鞘的長邊分布

了不起的洞角

雄性黑馬羚（學名*Hippotragus niger*）的洞角長度可達將近1公尺（3英呎）；雌羚的洞角則短了25%，底部也比較細。一隻具主宰地位的雄性牛科動物頭上長有巨大的洞角，因此將會受到更多具繁殖能力的雌性所青睞。為了威嚇競爭者，雄性會昂首巡視自己的領域，並且用洞角敲打植被。

具保護作用的外層角鞘是由角蛋白（也就是存在於蹄內的蛋白質）所形成

洞角的核心部分是從顱骨中的額骨延伸而來

雄羚的洞角有可能因為長度而變得比雌性的彎曲

完整的黑馬羚顱骨

哺乳類的洞角

許多動物身上都有突出的部分，包括亞馬遜腐肉聖金龜（見第 115 頁）和某些身上有角質鱗片的蜥蜴，但只有有蹄的哺乳類（例如羚羊）才具有真正的洞角，而這些洞角都是顱骨的骨質延伸物。雄性一般具有較大的洞角，雌性則經常不具洞角。洞角不同於雄鹿的分歧叉角（見第 88–89 頁），是永久存在且不具分枝的固定構造，用來在戰鬥中確立雄性優勢，或是防禦掠食者的侵擾。

洞角與叉角

真正的洞角是牛科動物（包括牛、羚羊與山羊）的產物。只有鹿科的鹿有叉角。新的叉角每年都會長出，從一層稱為「茸皮」的皮膚汲取養分，然後在繁殖季末脫落。相形之下，洞角則是在牛科動物的一生中持續生長，而且外層有質地如角的角蛋白所形成的乾燥角鞘。

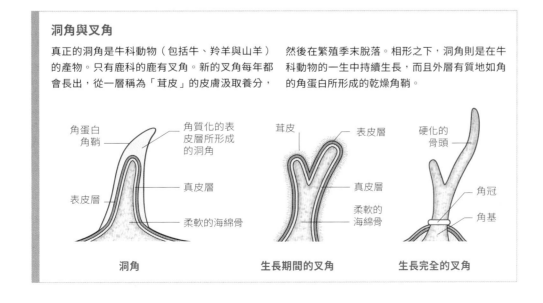

| 洞角 | 生長期間的叉角 | 生長完全的叉角 |

角蛋白角鞘　角質化的表皮層所形成的洞角　　茸皮　表皮層　　硬化的骨頭

表皮層　真皮層　　　真皮層　　　角冠

柔軟的海綿骨　　柔軟的海綿骨　　角基

分歧叉角的**柄**稱
為主幹

鹿角尖會隨著叉角生
長而從主幹分歧出來

當覆蓋於其上的表皮層
（也就是「茸皮」）磨損
時，**裸骨**就會顯露出來

鹿的叉角

沒有任何骨頭能像鹿的叉角一樣長這麼快。叉角從雄鹿的顱骨長出，並
在幾個月內分枝形成龐大的外觀，用來進行戰鬥以爭奪雌鹿。叉角是靠
皮膚內充裕的血液供給而獲得營養；這層皮膚之後會變得乾癟，使骨頭
暴露在外。等到繁殖期結束時，叉角就會脫落——因此隔年必須長出新
的叉角。

就紅鹿而言，叉角**主幹**的橫切面是渾圓的，至於某些其他種類的鹿，比方說駝鹿，橫切面則是平坦呈鏈狀的

叉角在受到荷爾蒙的刺激後，會從顱骨的其中一個區域生長出來，這個區域稱為「角基」；而到了交配季末，叉角也會從同一個地方脫落

發情期

叉角是力量與剛強的象徵。除了馴鹿以外，在所有的鹿當中只有雄性會長出叉角。在繁殖（或發情）季節，體能處於最佳狀態的雄性紅鹿（學名*Cervus elaphus*）在爭奪雌鹿的交配權時，會用叉角互相撞擊與箝制。只有勝利的一方才會在當季生育幼鹿。生長叉角需要耗費大量精力，但是這些投入將有機會幫助牠們贏得的報酬（也就是繁殖成功）。

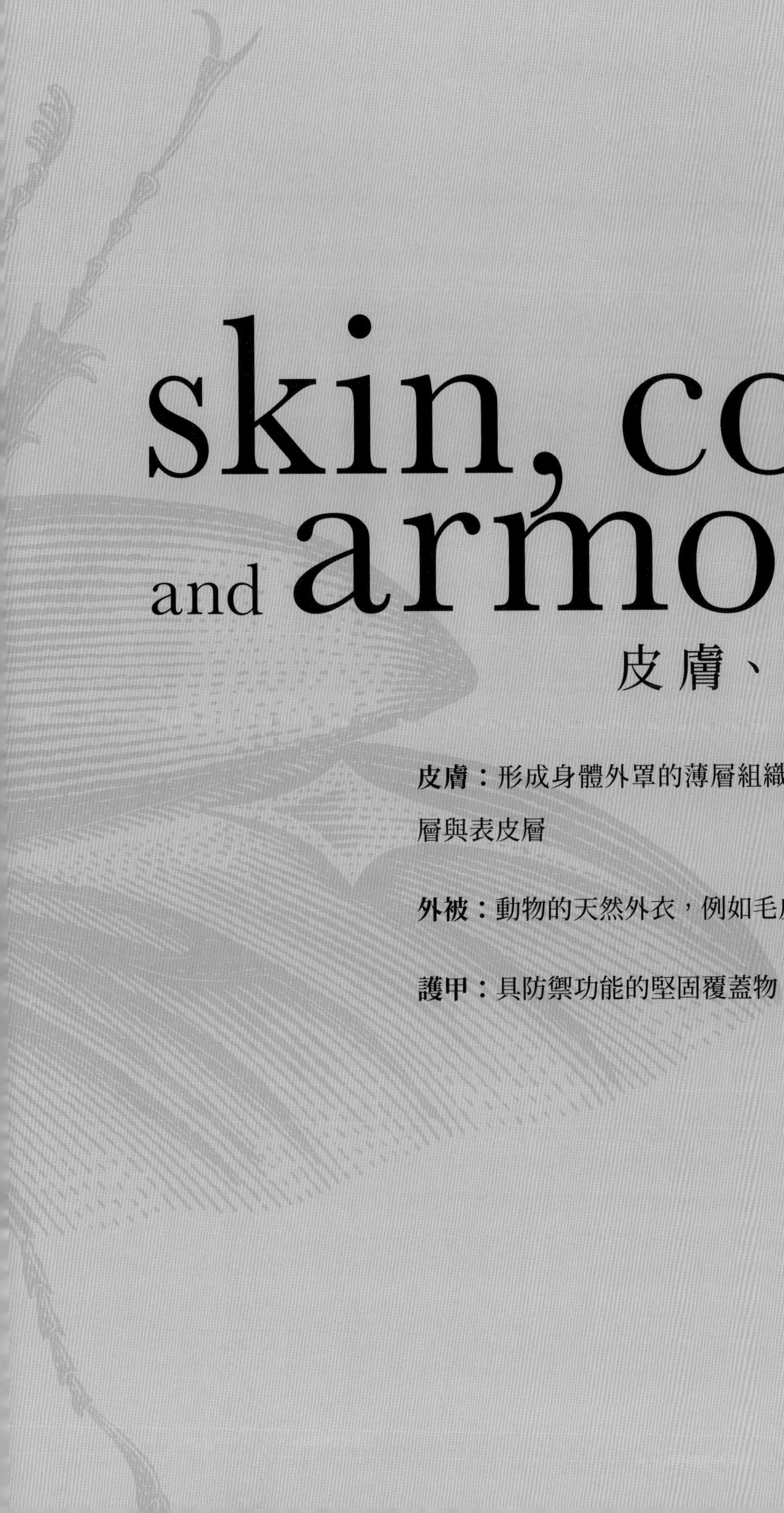

skin, coats, and armour

皮膚、外被與護甲

皮膚：形成身體外罩的薄層組織，通常含有兩層——眞皮層與表皮層

外被：動物的天然外衣，例如毛皮、羽毛、鱗片或殼體

護甲：具防禦功能的堅固覆蓋物，能保護身體免於受傷

透明的皮膚

兩棲類用來收集氧氣的兩種方式在拉帕爾馬玻璃
蛙（學名 *Hyalinobatrachium valerioi*）身上顯而
易見。大部分氧氣由其透明通透的皮膚負責吸收，
而剩餘的所需氧氣則是透過肺輸送到血液中。

水底之蛙

低溫的水帶有更多的氧氣。的的喀喀湖蛙（學
名 *Telmatobius culeus*）生活在南美洲高聳的
安地斯山脈，一身充滿皺褶的鬆弛皮膚使牠無
須倚靠肺部，就能讓氧氣吸收量達到最大值，
因而有辦法待在湖中寒冷的深水處。

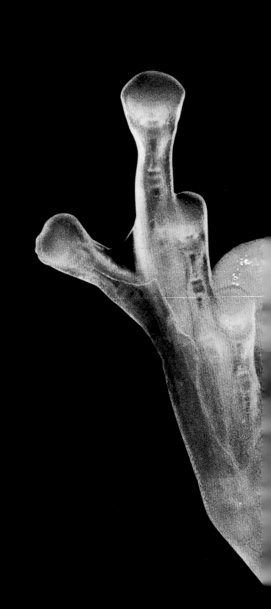

具有通透性的皮膚

皮膚是具保護功能的屏障，用來區隔體內柔弱細緻的活組織與外界嚴苛
易變的環境。它替身體阻隔感染，並且能在受損時自行修復。不過完全
密封住身體並非全然有益，通常至少會有少量的氧氣直接從外部的水或
空氣滲入皮表。對許多動物而言，這種所謂的「皮膚氣體交換」是不可
或缺的活動。兩棲類所汲取的氧氣可能有超過一半都是以此方式獲得，
也因此皮膚必須具備足夠的通透性，使氧氣能暢通無阻地穿透。

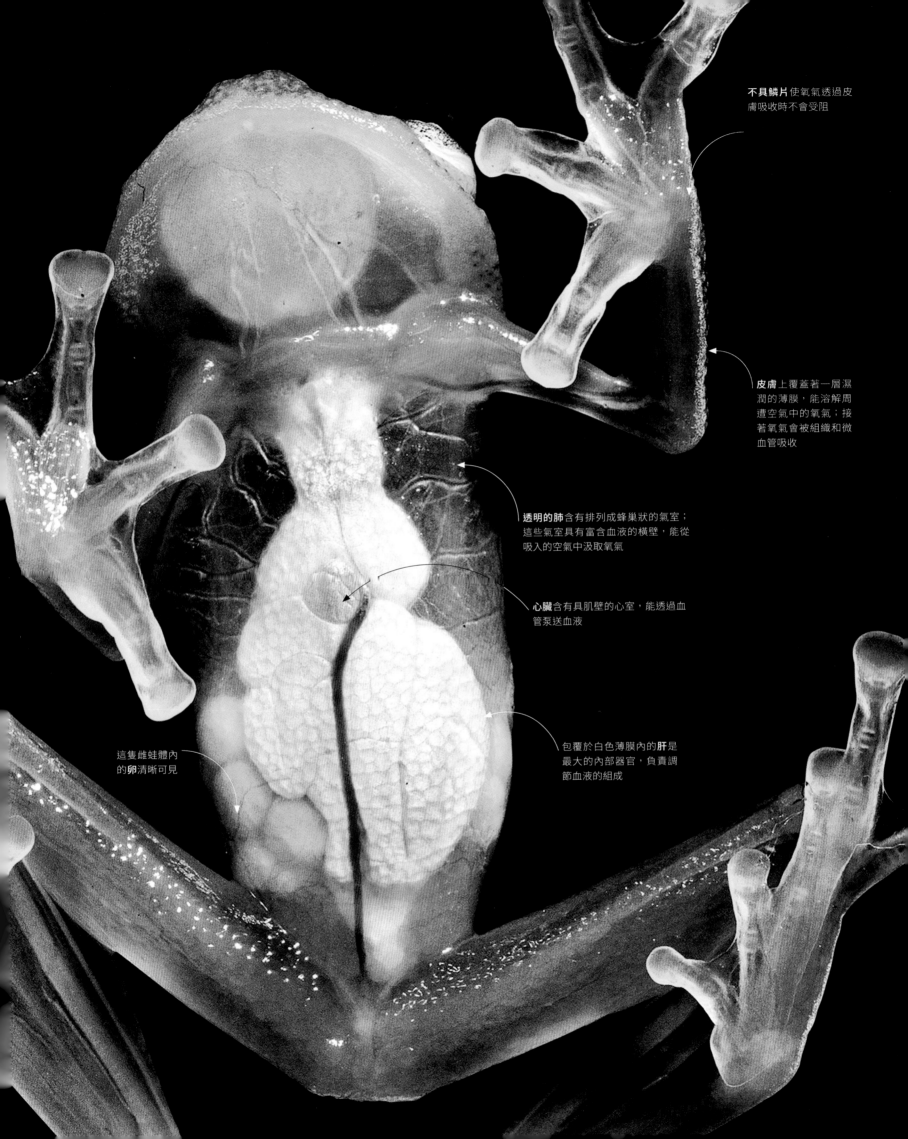

不具鱗片 使氧氣透過皮膚吸收時不會受阻

皮膚上覆蓋著一層濕潤的薄膜，能溶解周遭空氣中的氧氣；接著氧氣會被組織和微血管吸收

透明的肺含有排列成蜂巢狀的氣室；這些氣室具有富含血液的橫壁，能從吸入的空氣中汲取氧氣

心臟含有具肌壁的心室，能透過血管泵送血液

包覆於白色薄膜內的肝是最大的內部器官，負責調節血液的組成

這隻雌蛙體內的**卵**清晰可見

取得氧氣

呼吸作用的化學過程會釋放營養物中的能量,而幾乎所有的動物都會利用氧氣做到這點。動物將周遭環境中的氧氣攝入體內,再將無用的二氧化碳排出體外。這樣的呼吸活動進行在屏障單薄的廣大表面積上會最有效力。最簡單的途徑是透過皮膚,但單靠這種方式通常只能滿足最小型的動物。對體型較大的動物而言,專門的呼吸器官——鰓和肺會使氣體交換更有效率。

具穿透性的皮膚能幫助海蛞蝓吸收穿越全身體表的一些氧氣

色斑能幫助海蛞蝓在海床上掩護自己

呼吸器官

鰓是身體的延伸部分,用來在水中吸收氧氣;肺則是充滿空氣的囊袋,用來在陸地上呼吸。兩者都有大表面積的薄層上皮內襯,下方有充沛的血液供給,使氧氣攝取量和二氧化碳排放量達到最大值。

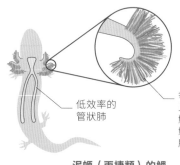

低效率的管狀肺

每一條有效率且富含血液的鰓都是由許多鰓瓣(鰓絲)所組成

泥螈(兩棲類)的鰓

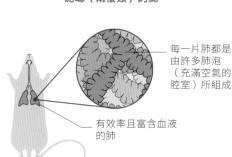

每一片肺都是由許多肺泡(充滿空氣的腔室)所組成

有效率且富含血液的肺

老鼠(哺乳類)的肺

露鰓是某些海蛞蝓身上的突出構造,不僅內含防禦用的刺細胞,也有助於進行氣體交換

西班牙披肩海蛞蝓
學名*Flabellinopsis iodinea*

雙羽狀的鰓有助於海蛞蝓收集更多氧氣

雞冠多角海蛞蝓
學名*Nembrotha cristata*

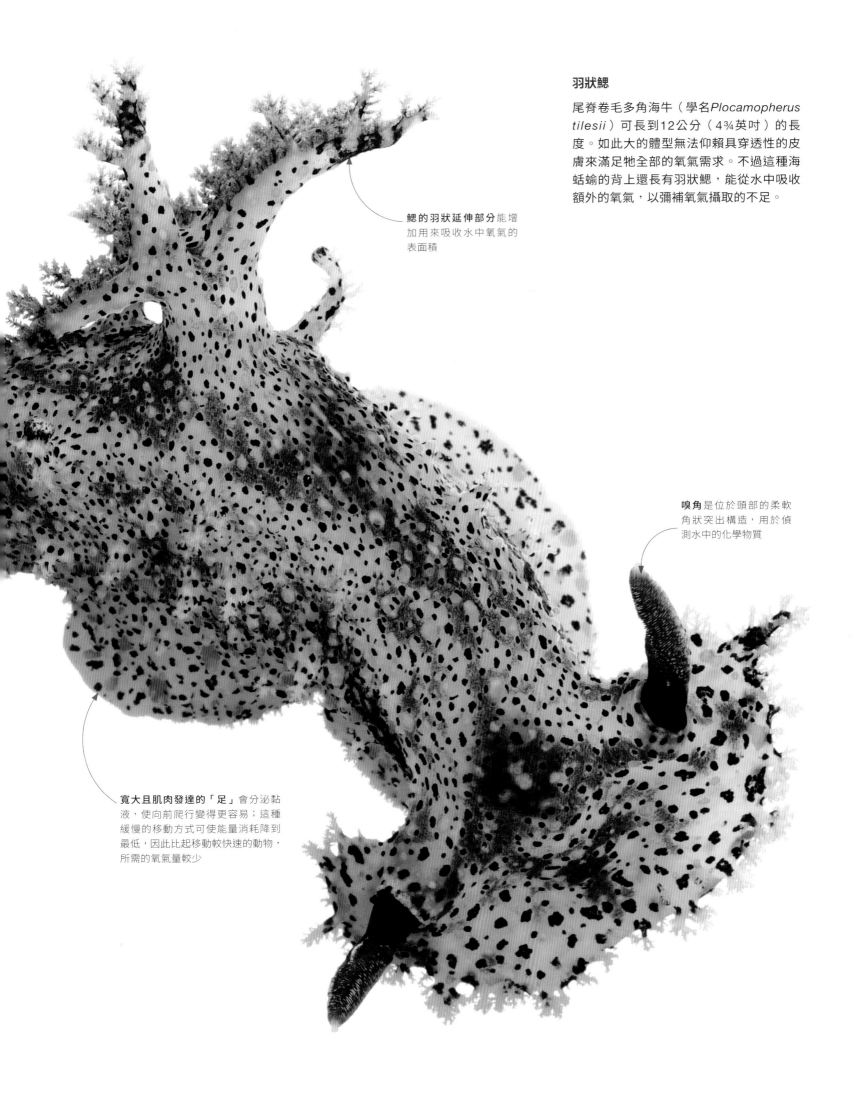

羽狀鰓

尾脊卷毛多角海牛（學名*Plocamopherus tilesii*）可長到12公分（4¾英吋）的長度。如此大的體型無法仰賴具穿透性的皮膚來滿足牠全部的氧氣需求。不過這種海蛞蝓的背上還長有羽狀鰓，能從水中吸收額外的氧氣，以彌補氧氣攝取的不足。

鰓的羽狀延伸部分能增加用來吸收水中氧氣的表面積

嗅角是位於頭部的柔軟角狀突出構造，用於偵測水中的化學物質

寬大且肌肉發達的「足」會分泌黏液，使向前爬行變得更容易；這種緩慢的移動方式可使能量消耗降到最低，因此比起移動較快速的動物，所需的氧氣量較少

毒蛙

南美洲的毒蛙（箭毒蛙科）具有鮮豔的顏色，能用來警告掠食者他們身上有劇毒。一百多種箭毒蛙當中，有少數幾種的毒素被安貝拉（Emberá）與諾納馬（Noanamá）地區的原住民用來塗在吹箭的箭頭上，作為傳統狩獵所用。

此一物種變化多端，因此腿有可能是藍色、紅色、棕色或黑色

從食物得來的毒素

如同左圖中其他的南美洲毒蛙，這隻草莓箭毒蛙（學名 *Oophaga pumilio*）也是透過吃有毒的節肢動物（例如螞蟻）以獲得毒素。

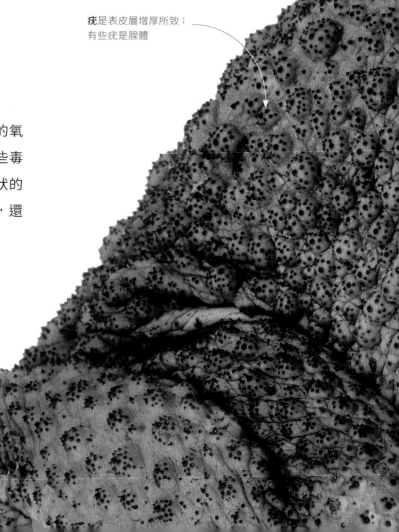

疣是表皮層增厚所致；有些疣是腺體

有毒的皮膚

兩棲類的皮膚單薄且不具鱗片，因為需要用來吸收穿越體表的氧氣。他們的皮膚仰賴自己製造的毒素以獲得保護，而其中有些毒素可能具有毀滅性的效力。其皮膚內的腺體（有時會腫成疣狀的贅生物）會釋放毒液，苦澀的味道可能會使掠食者打退堂鼓，還有些物種的毒液不僅作用速度快，還會致命。

突起的腮腺是一種大
腺體，裡面充滿毒液

黏液分泌腺所製造的**黏滑外層**
會將水分鎖進皮膚內，進而有
助於氧氣的吸收

有毒的入侵者

熱帶美洲的海蟾蜍（學名*Rhinella marina*）會製造
名為「蟾蜍毒素」的化學物質，其作用是攻擊神經
與肌肉。海蟾蜍在1935年被引進澳洲，用來控制
「甘蔗金龜子」（一種甘蔗田害蟲）的數量，但毒
素使牠對當地的掠食者具有抵抗力，因而不受控制
地擴散開來，如今更威脅到澳洲的原生物種。

形成顏色的細胞

脊椎動物的皮膚含有多達3層的顏色細胞。形成黃或紅色素的細胞在最上層內，黑色素（黑或棕色色素）位於最下層。只有魚類、兩棲類和爬蟲類才有中間層，會帶有反射出藍、綠或紫色的結晶。鳥類和哺乳類的表皮層有深色素細胞，使牠們不只皮膚有顏色，羽毛或毛髮也有。

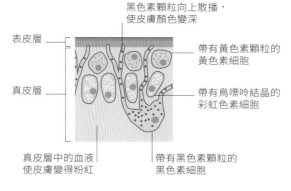

黑色素顆粒向上散播，使皮膚顏色變深

表皮層

真皮層

帶有黃色素顆粒的黃色素細胞

帶有鳥嘌呤結晶的彩虹色素細胞

真皮層中的血液使皮膚變得粉紅

帶有黑色素顆粒的黑色素細胞

脊椎動物的皮膚中製造顏色的細胞

幼體的皮膚圖案到了成體的階段會轉變成白底黑點

斑胡椒鯛

學名*Plectorhynchus chaetodonoides*

這種魚身上的**藍色**很獨特，因為是由皮膚色素所形成，而非經由結晶反射的結果

花斑連鰭䲔

學名*Synchiropus splendidus*

黑色是由高濃度的黑色素所致

花斑擬鱗魨

學名*Balistoides conspicillum*

黃色是由於這種魚吃海藻時攝取到的類胡蘿蔔素所形成

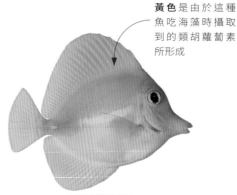

黃高鰭刺尾鯛

學名*Zebrasoma flavescens*

皮膚顏色

許多點綴著動物身體的醒目顏色皆來自色素；這些色素是由皮膚細胞內的化學過程所產生，是生物體內等同於顏料與染料的物質。黑色和棕色是由黑色素所形成；黃色、橙色和紅色則是來自類胡蘿蔔素——也就是胡蘿蔔、黃水仙和蛋黃的顏色來源。但綠色、藍色和紫色之所以形成，通常是因為皮膚、鱗片或羽毛彎曲而使光線反射於體表。

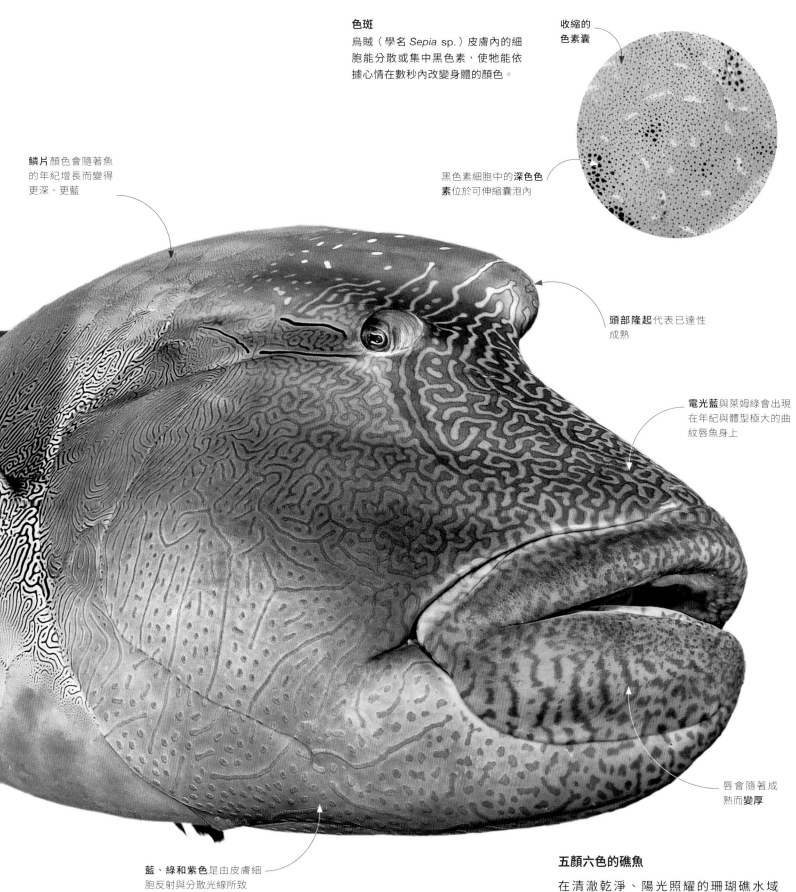

色斑
烏賊（學名 *Sepia* sp.）皮膚內的細胞能分散或集中黑色素，使牠能依據心情在數秒內改變身體的顏色。

收縮的色素囊

黑色素細胞中的**深色色素**位於可伸縮囊泡內

鱗片顏色會隨著魚的年紀增長而變得更深、更藍

頭部隆起代表已達性成熟

電光藍與萊姆綠會出現在年紀與體型極大的曲紋唇魚身上

唇會隨著成熟而**變厚**

藍、綠和紫色是由皮膚細胞反射與分散光線所致

五顏六色的礁魚

在清澈乾淨、陽光照耀的珊瑚礁水域中，顏色能作為一種信號，用來表明個體的物種身分，以及是否成熟到具備繁殖能力。許多物種的顏色皆以藍色為主，這是因為藍光在水中傳播得較遠，例如圖中的這隻曲紋唇魚（學名*Chelinus undulatus*）。

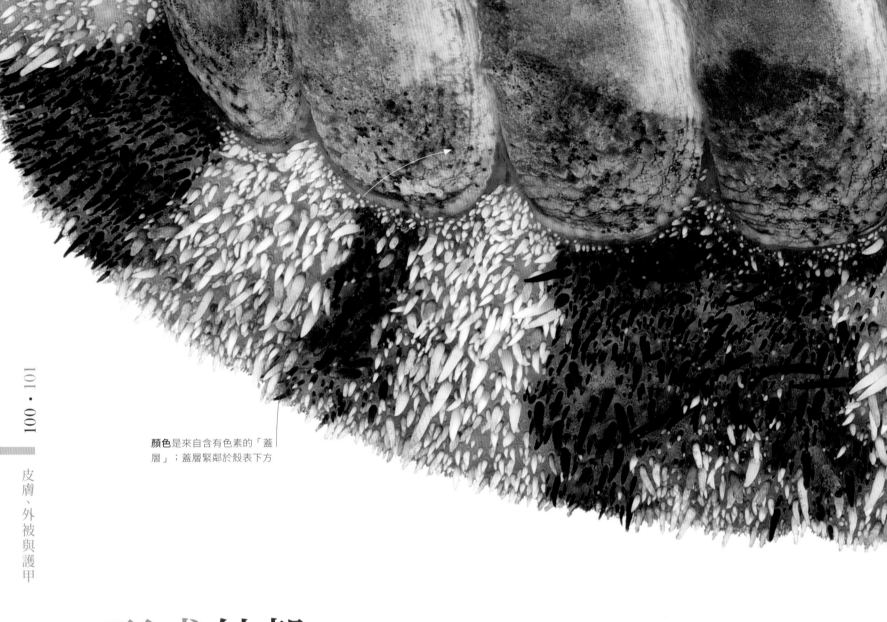

顏色是來自含有色素的「蓋層」；蓋層緊鄰於殼表下方

形成外殼

外殼是蝸牛和其他軟體動物的一項典型特徵。雖然某些軟體動物（例如蛞蝓和章魚）沒有外殼也能過活，但對許多成員而言，外殼能為藏於底下的柔軟身體提供必要的保護。外殼在一層皮膚與肌肉的薄膜上形成；這層薄膜稱為「外套膜」，延展於軟體動物的整個背部之上。外套膜圍成了一個空腔，不僅內含鰓，也具備排泄與生殖系統所需的孔洞。不過在空腔的上表面，外套膜則釋放出會硬化形成外殼的物質；外殼有可能簡單如帽貝的錐形殼，也可能複雜如扭曲的海螺。

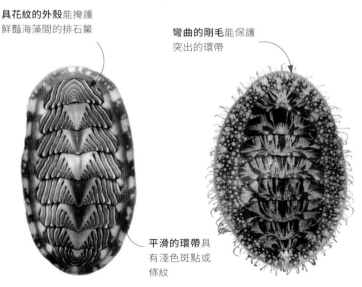

具花紋的外殼能掩護鮮豔海藻間的排石鱉

彎曲的剛毛能保護突出的環帶

平滑的環帶具有淺色斑點或條紋

排石鱉
學名*Tonicella lineata*

木紋石鱉
學名*Mopalia lignose*

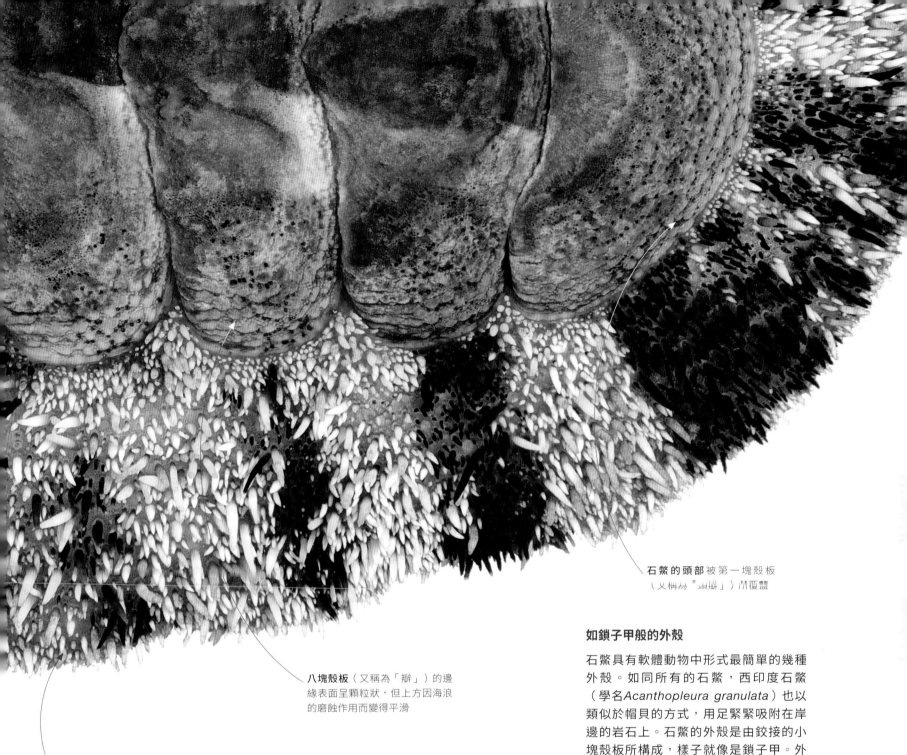

石鱉的頭部被第一塊殼板
（又稱為「頭瓣」）所覆蓋

如鎖子甲般的外殼

石鱉具有軟體動物中形式最簡單的幾種
外殼。如同所有的石鱉，西印度石鱉
（學名*Acanthopleura granulata*）也以
類似於帽貝的方式，用足緊緊吸附在岸
邊的岩石上。石鱉的外殼是由鉸接的小
塊殼板所構成，樣子就像是鎖子甲。外
殼的周圍是環帶，也就是肉質外套膜露
出的邊緣。

八塊殼板（又稱為「瓣」）的邊
緣表面呈顆粒狀，但上方因海浪
的磨蝕作用而變得平滑

環帶（外套膜突出的邊
緣）庇護著底下的鰓；此
一物種的外套膜上方有尖
銳的鈣質棘可提供保護

外殼如何形成

軟體動物（例如石鱉）的外套膜不僅具有能幫助他們移動
的發達肌肉，其表皮層也含有用來建構外殼的腺體。這些
腺體會分泌一種堅硬的蛋白質，稱為「介殼素」，接著如
白堊般的礦物質（也就是石珊瑚與海膽的骨骼所含有的那
些礦物質）會灌注於介殼素之上。

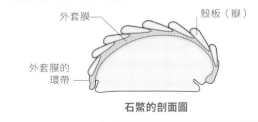

外套膜

殼板（瓣）

外套膜的
環帶

石鱉的剖面圖

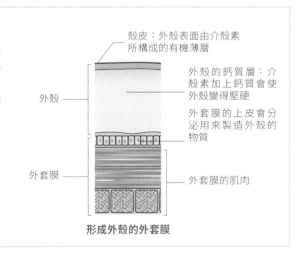

殼皮：外殼表面由介殼素
所構成的有機薄層

外殼的鈣質層：介
殼素加上鈣質會使
外殼變得堅硬

外套膜的上皮會分
泌用來製造外殼的
物質

外套膜的肌肉

外殼

外套膜

形成外殼的外套膜

軟體動物的外殼

大多數的軟體動物皆屬於兩大綱的其中之一：腹足綱（蝸牛與蛞蝓）或是雙殼綱（包括牡蠣與蛤蜊）。腹足綱動物具有單一外殼，通常會扭曲成螺旋形，而雙殼綱動物的外殼則是由兩個部分（稱為「瓣」）鉸接在一起。每一個綱可依據外殼的形狀再細分成不同類群。

腹足綱動物的外殼

細長的水管溝保護著虹管（蝸牛用來進食的構造）

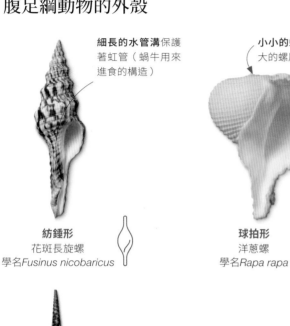

紡錘形
花斑長旋螺
學名*Fusinus nicobaricus*

小小的螺塔位於寬大的螺層頂端

球拍形
洋蔥螺
學名*Rapa rapa*

卵圓形加上平坦的底部

蛋形
百眼寶螺
學名*Cypraea argus*

相較於狹窄的螺塔，**螺層的主體寬大**

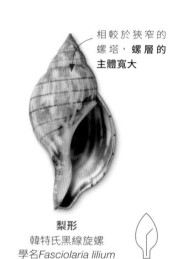

梨形
韓特氏黑線旋螺
學名*Fasciolaria lilium*

螺塔極尖的錐形外殼

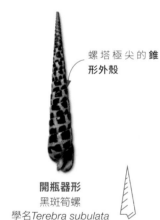

開瓶器形
黑斑筍螺
學名*Terebra subulata*

又大又長的螺層

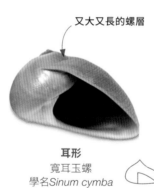

耳形
寬耳玉螺
學名*Sinum cymba*

圓錐形，頂端有呼吸孔

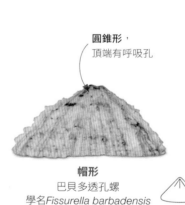

帽形
巴貝多透孔螺
學名*Fissurella barbadensis*

外唇的形狀就像鳥的蹼足

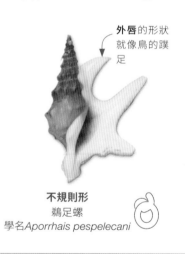

不規則形
鵜足螺
學名*Aporrhais pespelecani*

雙殼綱動物的外殼

鉸合部，也就是雙瓣連接的地方

鐵餅形
環紋鏡蛤
學名*Dosinia anus*

扇貝的**耳瓣**（形似耳朵的地方）互不對稱

扇形
澳洲海扇蛤
學名*Chlamys australis*

寬大的底部形成了三角形的輪廓

三角形
日光櫻蛤
學名*Tellina virgata*

細瘦的橢圓形瓣

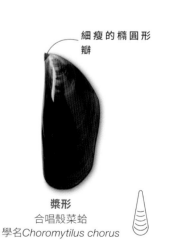

槳形
合唱殼菜蛤
學名*Choromytilus chorus*

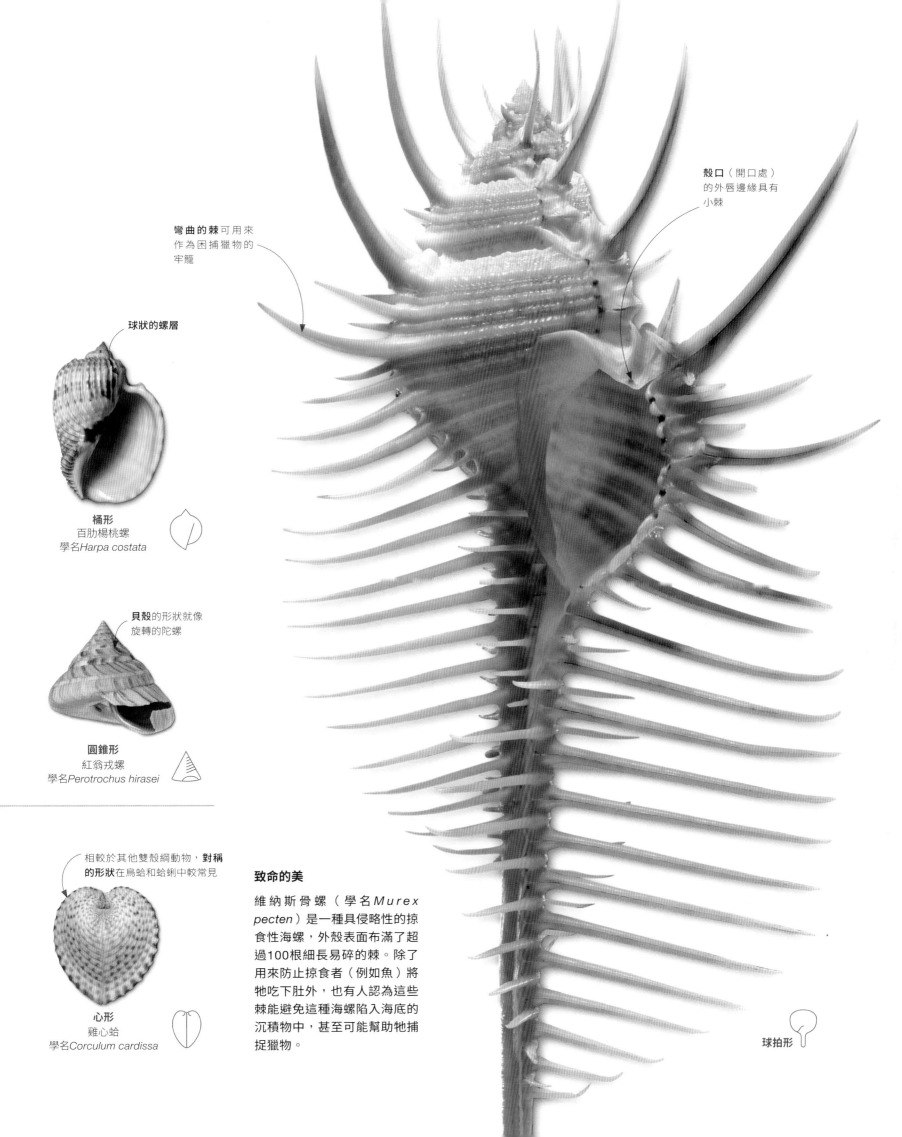

彎曲的棘可用來
作為困捕獵物的
牢籠

殼口（開口處）
的外唇邊緣具有
小棘

球狀的螺層

桶形
百肋楊桃螺
學名*Harpa costata*

貝殼的形狀就像
旋轉的陀螺

圓錐形
紅翁戎螺
學名*Perotrochus hirasei*

相較於其他雙殼綱動物，**對稱
的形狀**在鳥蛤和蛤蜊中較常見

心形
雞心蛤
學名*Corculum cardissa*

致命的美

維納斯骨螺（學名*Murex
pecten*）是一種具侵略性的掠
食性海螺，外殼表面布滿了超
過100根細長易碎的棘。除了
用來防止掠食者（例如魚）將
牠吃下肚外，也有人認為這些
棘能避免這種海螺陷入海底的
沉積物中，甚至可能幫助牠捕
捉獵物。

球拍形

脊椎動物的鱗片

體表鱗片由皮膚的皺褶所形成，是具有彈性的護甲。魚鱗中心的骨質是從皮膚較深處的真皮層開始生長，爬蟲類的鱗片則侷限在表面上皮，而且通常不含骨質。牠們的鱗片含有堅硬的角蛋白，另外也含有油脂，能防止底下的皮膚乾掉。

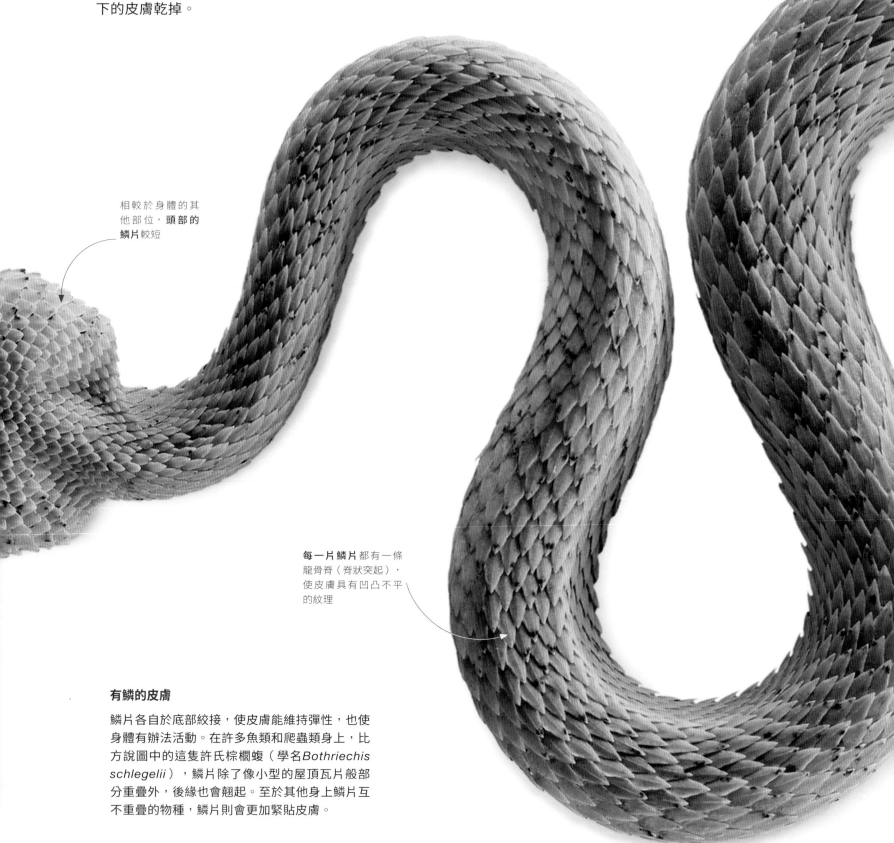

相較於身體的其他部位，**頭部的鱗片**較短

每一片鱗片都有一條龍骨脊（脊狀突起），使皮膚具有凹凸不平的紋理

有鱗的皮膚

鱗片各自於底部絞接，使皮膚能維持彈性，也使身體有辦法活動。在許多魚類和爬蟲類身上，比方說圖中的這隻許氏棕櫚蝮（學名*Bothriechis schlegelii*），鱗片除了像小型的屋頂瓦片般部分重疊外，後緣也會翹起。至於其他身上鱗片互不重疊的物種，鱗片則會更加緊貼皮膚。

鱗片多樣性

魚鱗已演化成齒狀的結構：盾鱗和硬鱗仍保有琺瑯質和象牙質層。在大多數現存的魚類中，圓鱗和櫛鱗是由較薄的骨頭所構成。爬蟲類的無骨鱗片很可能是獨立演化而來，與魚類的鱗片無關。

魚類的鱗片

微小的盾鱗尖端朝後，使皮膚具有砂紙般的紋理

板狀的硬鱗內含琺瑯質，因而堅固又具有光澤

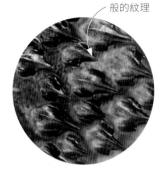

斑點貓鯊

學名*Scyliorhinus stellaris*

眼斑雀鱔

學名*Lepisosteus oculatus*

圓鱗含有薄骨所形成的同心環

櫛鱗的邊緣呈梳齒狀，能夠降低紊流的阻力

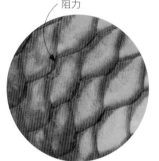

美麗硬骨舌魚

學名*Scleropages formosus*

鏽色鸚嘴魚

學名*Scarus ferrugineus*

爬蟲類的鱗片

珠狀的鱗片互不重疊

部分重疊的寬大腹鱗有助於抓緊樹枝

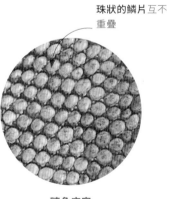

睫角守宮

學名*Correlophus ciliatus*

白唇竹葉青

學名*Trimeresurus albolabris*

這種蛇具有數種顏色變化，**金色鱗片色型**是其中之一；其他包括粉紅色、綠色和棕色，有時還會出現顏色較深的斑紋

美國短吻鱷

鱷目動物不同於蜥蜴與蛇，身上的鱗片互不重疊且形成於皮膚深處，圖中的這隻美國短吻鱷（學名*Alligator mississippiensis*）就是其中一例。蜥蜴與蛇的鱗片則部分重疊，只會生成於表面上皮。鱷目動物和其他脊椎動物一樣，舊皮膚會隨著底下的新皮膚生長出來而脫落。

頭部的皮膚與顱骨融合，並且由互不重疊的角質鱗片所構成；這些鱗片稱為「盾片」

每一片鱗片的**中間部分**皆因堅硬的角蛋白而強化

老舊的皮脫落以騰出生長空間；守宮通常會把皮吃掉，從中獲取營養

蜥蜴皮膚的週期性生長

鱷目動物的蛻皮過程連續不斷，而且老舊的皮會一小片一小片地剝落。在蜥蜴以及蛇的身上，例如圖中的這隻星點守宮（學名 *Underwoodisaurus milii*），蛻皮則會定期發生在生長週期之後，而且老舊的皮會整張剝落。

顎周圍的鱗片上有突起的黑點，那些是能偵測獵物移動的感覺器官

爬蟲類的皮膚

爬蟲類的有鱗皮膚具有堅韌乾燥的表面，能持續鎖住水分，使牠們比無鱗的兩棲類祖先更加適應陸上生活。爬蟲類的皮膚含有兩種角狀材料（也就是角蛋白）：一種堅硬易碎，另一種柔軟易彎。兩者結合能形成具有彈性的屏障，用來保護身體免受擦傷，並防止皮膚變得乾燥。

上半身的鱗片（或盾片）由稱为「皮內成骨」的骨板所強化

背部與尾部的盾片特別厚，形成了具保護作用的護甲

瞬膜（又稱「第三眼瞼」）能橫向掃過眼睛，使其表面維持濕潤，也能作為潛入水中和攻擊獵物時的保護機制

具有護甲的身體
鱷目動物上半身的鱗片以堅硬的角蛋白覆蓋，並且具有充裕的血液供給，使身體能藉由吸熱或散熱來控制體溫。

皮膚的皺褶（特別是在喉嚨周圍）是腺體；有人認為這些腺體會製造求偶所需的費洛蒙

具有彈性的角蛋白
能連接鄰近的鱗片

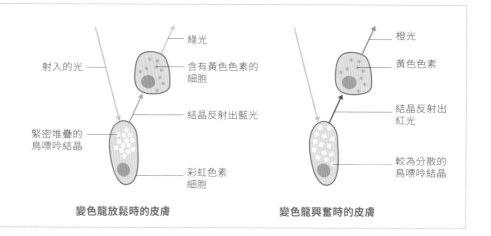

改變顏色

許多動物會藉由擴展皮膚中的深色色素囊泡（見第98-99頁）來改變顏色，但有些動物則是透過結晶做到這點，變色龍就是其中一例。如同許多爬蟲類與兩棲類，變色龍具有一種名為「彩虹色素細胞」的皮膚細胞，裡面含有會反射光線的結晶。但不同的是，變色龍能利用神經控制移動這些結晶，在數秒內改變結晶反射顏色的特性。

射入的光
綠光
含有黃色色素的細胞
結晶反射出藍光
緊密堆疊的鳥嘌呤結晶
彩虹色素細胞

變色龍放鬆時的皮膚

橙光
黃色色素
結晶反射出紅光
較為分散的鳥嘌呤結晶

變色龍興奮時的皮膚

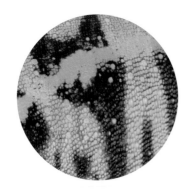

綠色的皮膚

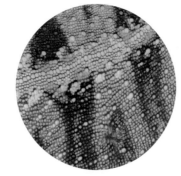

橙色的皮膚

展現自己

就大多數的七彩變色龍而言，顏色的改變包含由綠（處於放鬆狀態）轉為橙或紅（處於興奮狀態）。由於牠們休息時會棲息在樹頂，因此最好要變成周遭樹葉的顏色來偽裝自己。

廣告色彩

對看得見顏色的動物而言，顏色傳遞了強而有力的信號。許多動物隨著成長，身上會出現亮麗的顏色，用來表示牠們已達性成熟，或是警告競爭對手不要靠近。有些動物則能透過神經或荷爾蒙控制，隨心所欲地改變顏色。顏色的閃現變化能傳達社交訊號——例如性情有所轉變、在競爭者面前表現侵略性、有交配意願或是降低被掠食者發現的危險。

鱗片底下是皮膚的真皮層，裡面含有能製造顏色的細胞

當鳥嘌呤結晶透過含黃色色素的細胞反射藍光波長時，**綠色**就會顯現

彩虹色的皮膚

圖中紅綠相間的形態是七彩變色龍（學名*Furcifer pardalis*）眾多顏色變化中的其中一種；每一種變化形皆來自馬達加斯加的不同地區。雄性的顏色比雌性的豐富，這表示當牠們在面對雄性競爭對手或是向潛在配偶傳遞信號時，會更強烈地展示顏色。

藍色之所以產生，是因為鳥嘌呤結晶在含有色素的細胞較少處反射藍色波長

紅色是反射紅色波長的結晶加上含橙紅色色素的細胞所致

變色龍（Chameleon，約 1612 年）
枝頭上的變色龍在盤旋的昆蟲間格外引人注目；烏斯塔德・曼蘇爾（Ustad Mansur）的變色龍畫作展現出他對其生理構造與棲息地的研究成果。

懸鈴木上的松鼠
（Squirrels in a Plane Tree，約1610年）
後人認為這幅描繪松鼠玩耍的細密畫是出自於受蒙兀兒朝廷喜愛的藝術家阿布・哈桑（Abu al-Hasan）之手。這些松鼠似乎是歐洲紅松鼠，不存在於賈漢吉爾皇帝（Emperor Jahangir）的領土內，因此畫家極可能是在皇帝的私人動物園裡觀察牠們。作品中對動物與鳥類刻畫細膩，暗示著同僚藝術家烏斯塔德・曼蘇爾（Ustad Mansur）也參與了創作。

藝術作品中的動物
在蒙兀兒朝廷裡

蒙兀兒人從 16 到 18 世紀統治印度和南亞大部分地區，而能與其財富權力不相上下的，就屬他們對美學的喜愛了。如寶石般閃耀的細密畫以傳說、戰役、肖像和狩獵場景作為主題，深受宮廷珍視。第四任皇帝賈漢吉爾也因為對自然史的熱愛，命人創作精準描繪的動植物畫；如今這些畫作被視為精美絕倫的藝術品。

在胡馬雍（Humayun）、阿克巴（Akbar）與賈漢吉爾接續統治期間，波斯、中亞與阿富汗的首要藝術家受蒙兀兒朝廷的財富與聲望所誘而紛紛前來。細密畫經常是由書法家、設計師與藝術家協力創作：草圖會先刷上一層白色，再以細毛刷塗上薄層顏色。完成上色的畫接著會用瑪瑙拋光，使表面亮澤。烏斯塔德・曼蘇爾與阿布・哈桑是賈漢吉爾特別喜愛的藝術家；他們跟隨他遊遍整個帝國，並且因畫作而被譽

為「當代奇蹟」。賈漢吉爾的回憶錄透露出他對動物的熱愛，裡面記錄了他所獲得的動物：來自波斯沙阿（Shah）的一隻稀有的隼；來自阿比尼西亞（Abyssinia）的一隻斑馬；來自印度果亞（Goa）仲介的一隻雄火雞和一隻喜馬拉雅彩雉。賈漢吉爾在蘇拉特（Surat）的獸欄動物園（Menagerie）內有兩隻渡渡鳥，牠們很可能是商人所贈與的禮物。

彩繪的渡渡鳥（The Dodo in color，約 1627 年）
烏斯塔德・曼蘇爾是 17 世紀賈漢吉爾朝廷的首席藝術家，直接聽命於皇帝，負責用畫筆記錄罕見的鳥類、動物與植物物種。後人認為這幅稀有的渡渡鳥彩繪畫是曼蘇爾的作品。

> ❝ 他帶來了數種奇特罕見的動物……
> 我命令畫家描繪出牠們的模樣。❞

《賈漢吉爾納瑪：印度皇帝賈漢吉爾的回憶錄》
（*THE JAHANGIRNAMA: MEMOIRS OF JAHANGIR, EMPEROR OF INDIA*），1627 年

皺褶與肉垂

有些用於展現的最佳裝飾只能在有需要時拿來炫耀，畢竟無時無刻顯露於外會有吸引掠食者關注的風險，就算有能瞬間閃現的本領也可能讓自己曝於險境。有些蜥蜴會利用喉嚨底部可移動的骨質器官，將皮膚的皺褶展開。此一舉動可作為傳遞給其他同種蜥蜴的社交訊號，或是使這隻蜥蜴在掠食者面前看起來更具威脅性。

張開的皺褶

褶傘蜥（學名*Chlamydosaurus kingii*）在爭奪領域或嚇唬敵人時會張大嘴巴與展開頸褶。在其喉嚨內的舌骨帶有尖端朝後的長棘，稱為「角鰓骨」。這些角鰓骨會藉由肌肉的力量豎起，將皮膚撐開形成扇狀。

皺褶的**橙色皮膚**營造出更強烈的視覺效果

皺褶豎起

摺疊的皺褶緊貼著身體

皺褶放下

頸褶上的「**輻條**」是由喉嚨下部延伸出來的魚鰓骨所構成

強壯的後腿使這種蜥蜴在張開頸褶嚇阻對方失敗時,能夠僅靠兩腿逃跑

皺褶不完全放下

武器與戰鬥

肢體衝突有可能導致危險，因此大多數的動物即使備有武器，也會盡量避免這種狀況發生，不過有時優渥的戰利品值得牠們冒險一試。雄性鍬形蟲的顎長得十分巨大，以致牠們甚至無法將顎合起咀嚼。但牠們能用顎互相推擠，藉以爭奪食物或潛在配偶。鍬形蟲（stag beetle）與英文名稱相同的鹿（stag，見第 88–89 頁）一樣，蠻力是牠們在戰鬥中獲勝的關鍵。

戰鬥中的雄鍬形蟲

這些印尼金鍬形蟲（學名*Lamprima adolphinae*）正在利用如叉角般的顎（或稱「大顎」）與對方搏鬥。顎較大的鍬形蟲具有優勢，能夠舉起對手，將牠摔到地上。

鋸齒狀邊緣能鉤住對手的外骨骼

碩大的顎向上彎曲，不具進食功能

口器用於舔食液態食物，例如樹液或果汁，但無法用於咀嚼

頂端分岔的顎能將對手抬離地面

觸角向外突出，以避免在衝突中受損

變大的身體部位

相較於身體的其他地方，用於展示或
作為武器的部位會成長得比較快速，
以致最後會大到不成比例。此處的例
子顯示出雄性招潮蟹的螯相較於其身
體尺寸的成長速度。這些招潮蟹會利
用單邊大螯與其他雄性競爭對手交
戰，也會揮動大螯以吸引雌蟹。

比較身體與武器的成長速度

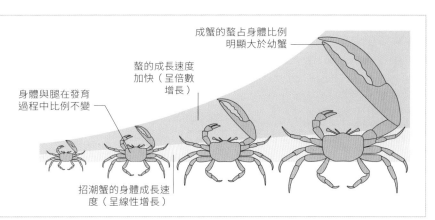

成蟹的螯占身體比例
明顯大於幼蟹

螯的成長速度
加快（呈倍數
增長）

身體與腿在發育
過程中比例不變

招潮蟹的身體成長速
度（呈線性增長）

兩性所使用的武器

雄性與雌性的亞馬遜腐肉聖金龜（學名
Coprophanaeus lancifer）皆具備角狀武器。
雄蟲會運用牠們的角來爭奪配偶，而雌蟲則
用角來防止動物屍體被其他雌蟲搶走，如此
一來才能將屍體埋進土裡，作為幼蟲的食物。

如犀牛角般的角

寬大的頭盾用於在土
壤中挖掘地道

鏟狀的腳用於為幼蟲埋
藏食物

硬化的翅鞘是具保護作
用的外骨骼的一部分

具保護色的比目魚

孔雀鮃（學名*Bothus lunatus*）在剛出生時是以直立的方式游動，然而隨著成長，外形出現了劇烈的變化。位於身體右側的眼睛移動到左側，而左側的身體（如今具有雙眼）則呈現出斑駁的顏色，使孔雀鮃能完美隱蔽於充滿石頭的海底。

修長、連續的背鰭沿著孔雀鮃的體長延伸

融爲一體

成功的偽裝能藉由不同的利用方式為動物帶來好處。缺乏防禦性武器的脆弱動物能藉此避開掠食者的關注，而掠食者本身也能掩飾自己以埋伏獵物。對大多數的動物而言，融入環境的關鍵在於運用天生的外形與顏色，將自己隱藏於合適的棲息地中。有些動物則較能隨機應變，（在神經系統的影響下）有能力改變顏色或花紋以符合背景。

鰭可用來撥動沉積物，使沉積物部分掩埋住孔雀鮃的身體

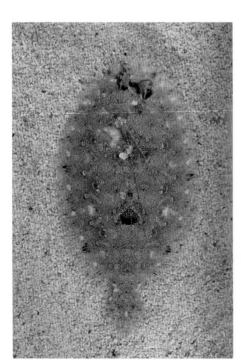

融入細緻沉積物中的比目魚

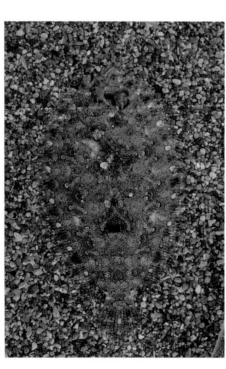

融入粗糙沉積物中的比目魚

相符的花紋

孔雀鮃能改變體色以符合背景的顏色與花紋，原因是牠們具有專門用來改變顏色的皮膚細胞（見第98頁）。這些細胞含有微小的色素顆粒，能夠聚集在一起或分散開來，使皮膚顏色變亮或變暗。孔雀鮃會根據牠以視覺偵測到的環境來釋放荷爾蒙，進而在數秒內改變皮膚中的色素分布。

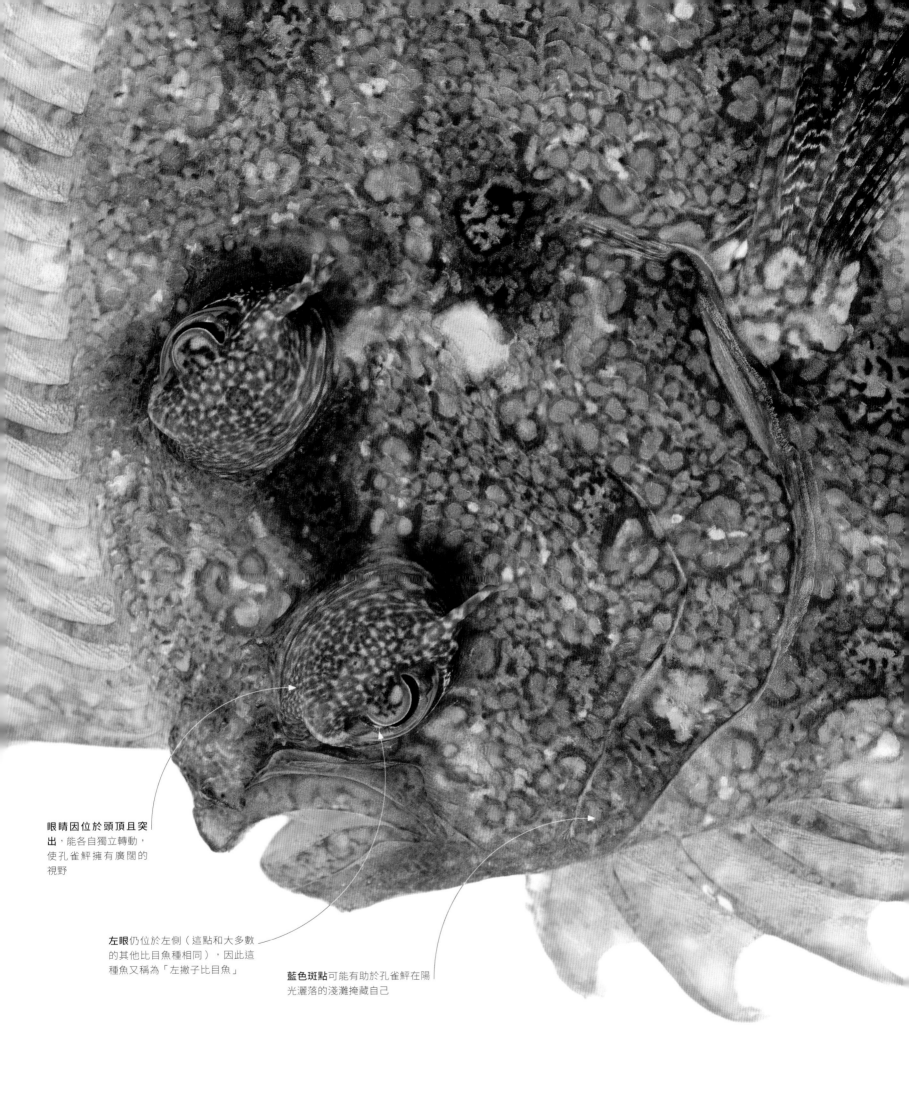

眼睛因位於頭頂且突出，能各自獨立轉動，使孔雀鮃擁有廣闊的視野

左眼仍位於左側（這點和大多數的其他比目魚種相同），因此這種魚又稱為「左撇子比目魚」

藍色斑點可能有助於孔雀鮃在陽光灑落的淺灘掩藏自己

地衣螽斯

地衣螽斯（學名 *Markia hystrix*）是鳥類、蝙蝠、蜘蛛、地棲與樹棲哺乳類、爬蟲類以及其他昆蟲的獵物，因此需要能夠在其雨林棲息地中隱蔽自己。儘管缺乏化學與物理性的防衛機制，但地衣螽斯卓越的偽裝與擬態能力能彌補其不足之處。

源自中南美洲的地衣螽斯是棲息於樹上的夜行性昆蟲，這些特性能幫助牠避開在白天或主要在地面上狩獵的掠食者。顏色、體型與動作上的適應性變化也增加了牠的生存機會，使牠和自己的食物「松蘿」（學名 *Usnea* sp.）幾乎無法分辨。

完美的偽裝

這隻幼年的地衣螽斯尚未長出翅膀，但體色仍完美吻合地衣的顏色，甚至連較深色的色斑都模擬了地衣細枝的間隔。

除了以相同於松蘿的白綠相間體色融入環境外，地衣螽斯的身體和腿上還長有模擬松蘿格狀形態的棘刺。這樣的組合使地衣螽斯特別難被掠食者發現，尤其是因為成體的翅膀也具有如松蘿般的花紋。為了進一步躲避偵測，地衣螽斯通常會非常緩慢、謹慎地移動——除非是感受到威脅，在這種情況下牠就會飛走以逃離危險。

螽斯多樣化的擬態方式令人大為驚奇：也有一些螽斯長得像樹葉、苔蘚、樹皮甚至岩石。葉擬態的表現包括與樹葉相符的體色，以及葉狀身體搭配葉脈般的花紋，有時還會有類似腐朽或孔洞的斑點。因此，同一物種中的個體可能會看起來極不相同，使掠食者從樹葉中找出昆蟲的任務變得更加困難。

模擬苔蘚

哥斯大黎加與巴拿馬的苔蘚螽斯（學名 *Championica montana*）身上有樣似植物的裝飾；那些其實是具保護功能的棘刺。

假的癒傷組織

某些螽斯和無親緣關係的介殼蟲一樣，外表看起來就像樹皮被撕裂或刺穿時產生的脊痕。

五花八門的顏色

鳥類的羽毛有許多種顏色。黑色與棕色
是由皮膚細胞內製造的黑色素顆粒所形
成；黃色與紅色是由攝入的飲食所強
化；藍色、紫色與綠色則是因為羽毛結
構折曲或分散光線而顯現。（見「形成
顏色的細胞」，第98頁。）

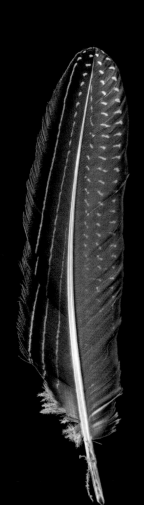

鷲珠雞
學名*Acryllium vulturinum*

美洲紅鸛
學名*Phoenicopterus ruber*

灰冠鶴
學名*Balearica regulorum*

紫胸佛法僧
學名*Coracias caudatus*

折衷鸚鵡
學名*Eclectus roratus*

青鸞
學名*Argusianus argus*

羽毛

鳥類是唯一一種有羽毛的現存動物。羽毛很可能是從其恐龍祖先身上的特化鱗
片演化而來，但無法確定這些「原始羽毛」最初是否有助於保暖，或者是否為
滑翔或飛行用的空氣動力輔助機制。現代鳥類的羽毛則同時具有這兩種功能
——形成體表底層的絨羽能發揮熱絕緣作用，而硬挺的羽片則使身體呈流線型，
並且有助於提供鳥類飛行所需的升力。

紫蕉鵑
學名*Musophaga violacea*

黑斑犀鳥
學名*Anthracoceros malayanus*

紅額金剛鸚鵡
學名*Ara rubrogenys*

紅腿叫鶴
學名*Cariama cristata*

維多利亞冠鴿
學名*Goura victoria*

羽毛種類

羽毛從毛囊生長出來，每一根都會形成羽軸和寬闊的羽片。羽片一開始是由製造角蛋白的細胞所形成的薄片，接著構成複雜花樣的狹長裂縫會張開使羽枝分開。飛羽和正羽具有能自行閉合的羽片；這些羽片藉由羽小鉤連接在一起（見第123頁）。蓬鬆的絨羽能將冷空氣隔絕在外，而纖羽則具有感知作用。

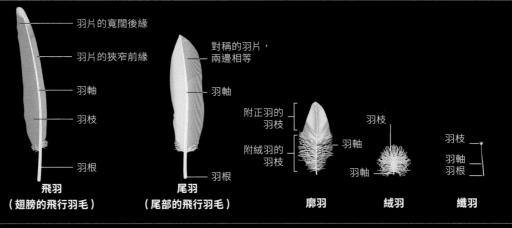

羽片的寬闊後緣

羽片的狹窄前緣

羽軸

羽枝

羽根

飛羽
（翅膀的飛行羽毛）

對稱的羽片，兩邊相等

羽軸

羽枝

羽根

尾羽
（尾部的飛行羽毛）

附正羽的羽枝

附絨羽的羽枝

羽軸

廓羽

羽枝

羽軸

絨羽

羽枝

羽軸

羽根

纖羽

初級飛羽明顯呈不對稱狀;狹窄的前緣可輕鬆穿過空氣

飛羽

鳥類需要有特殊的羽毛才能飛行。翅膀與尾部最大且最硬挺的羽毛——飛羽直接與骨骼相連,並且佔據了翅膀與尾部的大部分表面。這些羽毛具有能自行密合的羽片;羽片需仰賴羽小鉤的複雜扣合系統(見對頁方框),以維持刀片般的外形,而這點對協助鳥類升空而言相當重要。

具有制動功能的羽毛
翅膀與尾部的飛羽也能用來作為降落時的制動機制。在這隻綠翅金剛鸚鵡的身上,翅膀有超過一半是由飛羽所構成,而極具特色的尾羽則和頭部加上身體一樣長。

尾羽靠有力的肌肉展開,藉以減緩速度準備降落

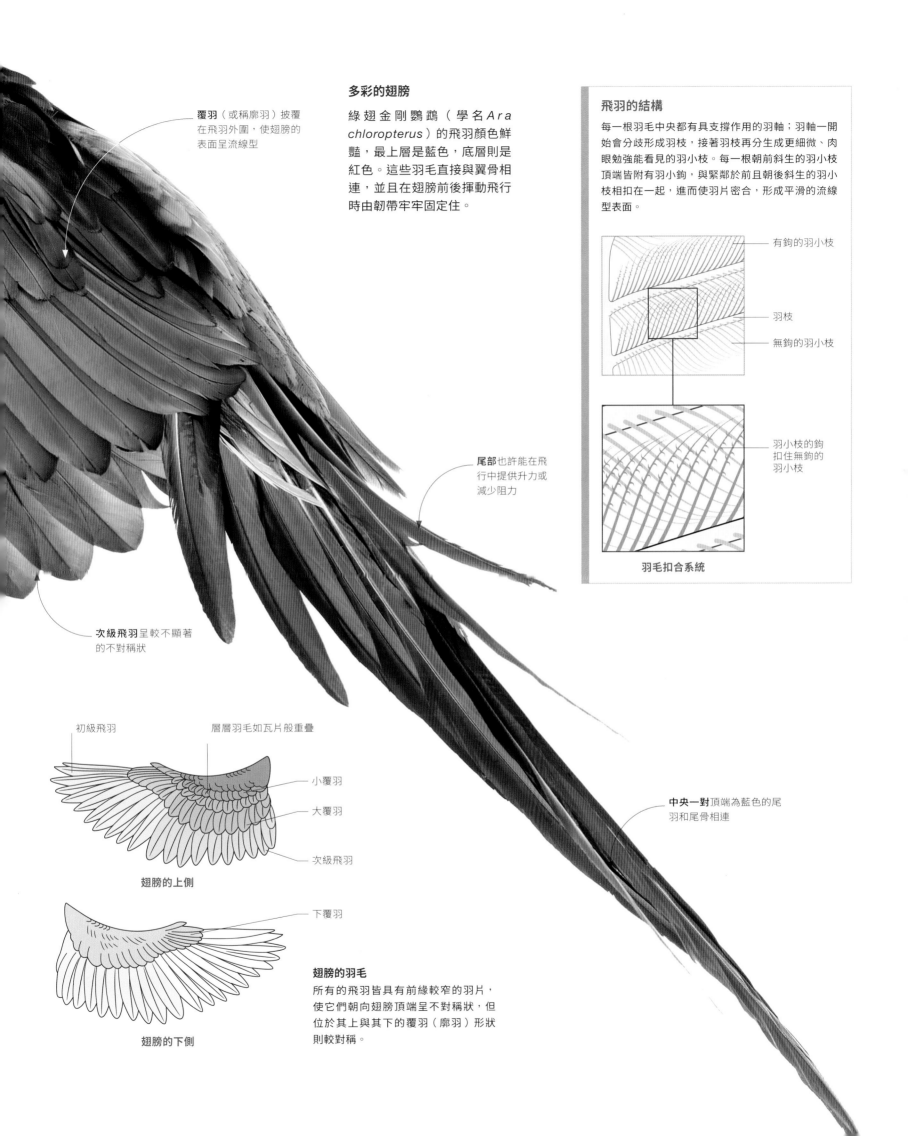

覆羽（或稱廓羽）披覆在飛羽外圍，使翅膀的表面呈流線型

多彩的翅膀

綠翅金剛鸚鵡（學名 *Ara chloropterus*）的飛羽顏色鮮豔，最上層是藍色，底層則是紅色。這些羽毛直接與翼骨相連，並且在翅膀前後揮動飛行時由韌帶牢牢固定住。

飛羽的結構

每一根羽毛中央都有具支撐作用的羽軸；羽軸一開始會分歧形成羽枝，接著羽枝再分生成更細微、肉眼勉強能看見的羽小枝。每一根朝前斜生的羽小枝頂端皆附有羽小鉤，與緊鄰於前且朝後斜生的羽小枝相扣在一起，進而使羽片密合，形成平滑的流線型表面。

有鉤的羽小枝

羽枝

無鉤的羽小枝

羽小枝的鉤扣住無鉤的羽小枝

羽毛扣合系統

尾部也許能在飛行中提供升力或減少阻力

次級飛羽呈較不顯著的不對稱狀

初級飛羽

層層羽毛如瓦片般重疊

小覆羽

大覆羽

次級飛羽

翅膀的上側

下覆羽

翅膀的下側

中央一對頂端為藍色的尾羽和尾骨相連

翅膀的羽毛

所有的飛羽皆具有前緣較窄的羽片，使它們朝向翅膀頂端呈不對稱狀，但位於其上與其下的覆羽（廓羽）形狀則較對稱。

展現羽毛

羽毛是變化極其豐富的視覺展示工具。以結構而言，它們的羽片可能像雉雞的尾羽羽片那樣修長硬挺，或是像鴕鳥的那樣纖細，而顏色則可能為了展現而大膽醒目，或是為了躲藏而低調隱密。比起其他哺乳類，鳥類更常炫耀身上華美的裝飾。這或許是因為牠們能飛離危險，但也是因為牠們具有較佳的色彩視覺，以致這種社交訊號用於吸引配偶與威嚇競爭對手皆非常有效。

為吸引關注而競爭

許多鳥類的雄性，比方說圖中的這些幡羽天堂鳥（學名 *Semioptera wallacii*），會為了求偶展示而形成「求偶群」，雌性則為了挑選配偶而聚集在一起。雄鳥身上華麗精美的羽毛反映出其吸引配偶的主要需求。反過來說，雌鳥的羽毛樸素，才能使牠在獨自養育雛鳥時能充分掩護自己。

絲狀冠羽具有無鉤的羽枝，並且缺乏堅固的羽軸

暗中炫耀

某些躲藏於濃密森林深處的鳥類擁有極其華麗的羽毛，紐幾內亞的紫胸鳳冠鳩（學名 *Goura scheepmakeri*）就是其中一例。只有那些真正重要的對象——也就是被其外貌吸引的潛在配偶，才有機會看到這種鳥。雄鳥與雌鳥的顏色相同，而且長有一模一樣的冠羽。

扇形的冠羽在頭頂排成一列生長,而且一直維持豎立

亮黃色胸囊除了增加展示效果外,膨脹時還會發出獨特的鼓聲

跳舞以吸引異性
鳥類能結合羽毛和舞蹈以達到最大的展示效果。雄性的艾草松雞(學名 *Centrocercus urophasianus*)會昂首闊步地炫耀開成扇形的尾羽,並且脹大胸前的特殊囊袋,藉以吸引雌性。

夏季毛皮
超過 99% 的北極狐毛皮會隨著季節變化，從冬季的雪白色轉變為夏季較深的棕色。牠們的毛皮到了夏季也會變薄，以防止體溫過高。

身體上半部的**棕毛**顏色較深

顏色較深的夏季毛皮
使北極狐能融入凍原棲息地的岩石與光禿地面

季節性的保護

毛皮對哺乳類而言是不可或缺的一部分，牠們身上的毛是由角蛋白所構成，所有陸生脊椎動物的表皮也都是靠同一種堅韌的蛋白質而變硬。哺乳類能在最寒冷嚴峻的環境中生長出格外濃密的層層毛髮，這意味著即使溫度降到冰點以下，牠們也能將維繫生命所需的足夠體熱包覆在皮膚周遭，藉以生存與保持活力。

雙層毛皮

所有的毛髮皆從表面上皮內稱為「毛囊」的特化囊袋中生長出來，而毛髮可分為兩種：護毛以及形成下層絨毛的較細小次級毛（或稱附毛）。後者能將空氣困在皮表周圍，藉以減少體熱散失。此外，連接在較粗大護毛上的細微肌肉能將護毛拉直，在非常寒冷的環境中藉由豎立的毛增加隔熱效果。

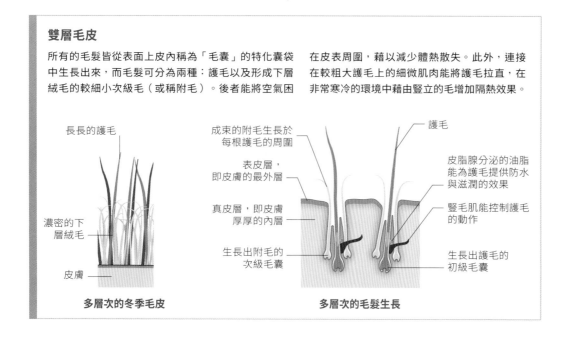

長長的護毛

成束的附毛生長於每根護毛的周圍

護毛

表皮層，即皮膚的最外層

皮脂腺分泌的油脂能為護毛提供防水與滋潤的效果

真皮層，即皮膚厚厚的內層

豎毛肌能控制護毛的動作

濃密的下層絨毛

生長出附毛的次級毛囊

生長出護毛的初級毛囊

皮膚

多層次的冬季毛皮　　　　　　　　**多層次的毛髮生長**

春天來了

生活於冰冷凍原的北極狐（學名*Alopex lagopus*）身上有濃密的毛皮，每平方公分長有數百根毛，能為牠在酷寒的氣溫中提供保護。在這隻被觀察到叼著鵝蛋的北極狐身上，可以看到因春季換毛而露出的一塊塊「藍色」夏季毛皮，代表著較溫暖的日子即將到來。

顏色

毛皮顏色與形成的圖樣，包括反蔭蔽（形成對比的淺色腹部與深色背部）與花斑，通常能用來隱匿棲息地中的動物。除了作為保護色外，有些花紋（例如長頸鹿的斑點與斑馬的條紋被認為有助於控制體溫，而斑馬的花紋還能阻止蒼蠅叮咬。黑白相間的體色有時是一種警訊，表示這種動物可能會釋放有毒物質，或是在受威脅時猛烈反擊。

警告
臭鼬
學名*Mephitis mephitis*

反蔭蔽
印度黑羚
學名*Antilope cervicapra*

形式

毛皮有可能薄或厚，也有可能平滑或粗糙。生活在溫暖與炎熱氣候的動物一般具有長度一致的短毛，而面對極寒氣候的動物則具有格外厚實或雙層的毛皮，其中包含能隔熱保暖的下層絨毛，以及覆蓋於上的粗硬防水護毛。鼴鼠的毛通常光滑柔軟，能順著任何方向貼平，使牠與土壤間的摩擦力降到最低。就連某些動物身上可見的棘刺、羽根和鱗片也是由毛髮特化而來。

單一長度的短毛皮
獅
學名*Panthera leo*

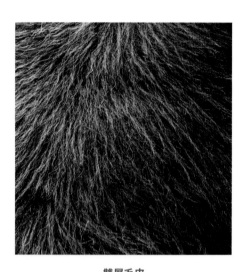

雙層毛皮
麝牛
學名*Ovibos moschatus*

羊毛
白大角羊
學名*Ovis dalli*

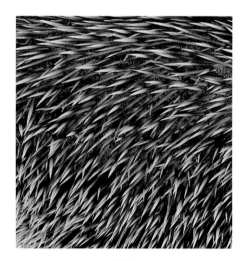

棘刺
小馬島蝟
學名*Echinops telfairi*

皮膚、外被與護甲

花斑
華北豹
學名*Panthera pardus japonensis*

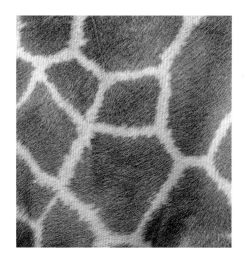

斑點
網紋長頸鹿
學名*Giraffa camelopardalis reticulata*

條紋
平原斑馬
學名*Equus quagga*

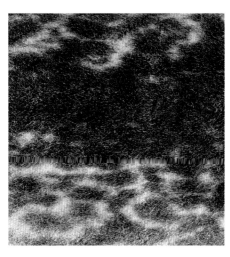

防水
港海豹
學名*Phoca vitulina*

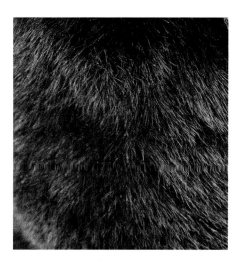

低摩擦
歐洲鼴鼠
學名*Talpa europaea*

粗糙
褐喉三趾樹獺
學名*Bradypus variegatus*

哺乳類的毛皮

不論是稱作毛皮、毛髮或鬍鬚，所有哺乳類的皮膚覆蓋物都是由同一種原料所製成：一種名為「角蛋白」的蛋白質。毛皮一方面能提供絕緣與保護，另一方面也能掩護掠食者與獵物、減少摩擦，以及作為性成熟的信號。某些顏色與花紋還可能具有額外的功能。

防水的護毛覆蓋住下層絨毛，並且將絕緣的空氣層包圍在毛皮內

陸地上最濃密的毛皮

海獺（學名*Enhydra lutris*）的毛皮每平方公分有多達15萬5千根毛，因此就算沒有一層厚厚的鯨脂用來保暖，也能在攝氏1度（華氏34度）的寒冷海水中維持舒適的體溫。

《藍狐》（Blue Fox），1911年

動物是弗朗茲・馬爾克（Franz Marc）
的繪畫主題，在他短暫的人生中一再重
現。這位德國畫家與版印師運用簡單的
輪廓與形狀，並且賦予色彩靈性的聯想
意義，來呈現「畫作題材的靈魂」。

《兩隻螃蟹》（Two Crabs），1889 年
文森・梵谷（Vincent van Gogh）的靜物畫將鮮明的紅色螃蟹描繪於海綠色背景上，藉由兩種互補色的搭配，創造出光彩奪目的效果。這位荷蘭後印象派畫家的靈感可能是來自日本浮世繪大師葛飾北齋（Katsushika Hokusai）的螃蟹木刻畫。

表現主義藝術家的本質

隨著 20 世紀的到來，藝術家開始尋求創新的方式，以反映現代生活的步調與複雜性。在其中一項驚人的新穎作法中，表現主義畫家不強調寫實，而是強化了線條、形狀與色彩的作用，而其中最受重視的元素就是色彩。評論家替亨利・馬諦斯（Henri Matisse）、喬治・魯奧（Georges Rouault）等法國畫家冠上了「野獸派」（Fauves）的稱號，因為他們藉由鮮豔色彩展露出赤裸情感，而他們的畫迷也發自內心被深刻感動。

當19世紀晚期的印象派畫家專注於捕捉風景、花卉與肖像畫中轉瞬即變的光影時，後印象派畫家選擇了新的方向。舉例來說，梵谷作品中的對色彩與形狀的狂熱是邁向抽象繪畫的一步，也是德國表現主義藝術家弗朗茲・馬爾克的靈感泉源。如同野獸派畫家，馬爾克也關注於人對大自然的同理心，動物是其中的關鍵，於是他在慕尼黑研究動物解剖學，在柏林動物園投入了無數個小時畫動物與鳥類的素描，以及觀察牠們的行為。「馬是如何看待這個世界？鵰、鹿或狗又是如何？依據我們自身的觀點將動物置於自然景觀中，而非深入動物的靈魂以想像牠們的感知——我們的一慣作法怎麼會如此乏味又沒有靈魂？」他在1915年的一篇論述中寫道。

1911年，馬爾克與瓦西里・康丁斯基（Vassily Kandinsky）共同創辦了《藍騎士》（Der Blaue Reiter）雜誌與藝術運動。康丁斯基和他持有共同的信念，認為他們的抽象藝術是和這個有毒世界抗衡的力量。在任何畫作中，顏色都是具有超然聯想意義的獨立存在：藍色代表雄性、堅定與靈性；黃色代表雌性、溫柔與快樂；紅色代表殘暴與沉重——顏色的並置與混合更為作品增添了深刻洞察與平衡感。

馬爾克的《藍狐》與《小藍馬》（The Little Blue Horse）帶給人純真的感受，而他的《黃色母牛》（The Yellow Cow）則洋溢著無限的喜悅。在具啟示意義的野生動物畫作《動物的命運》（Fate of the Animals，1913年）中，他所繪的彩色動物被困在火紅的森林中，預示著他即將在之後的第一次世界大戰中喪命。

> **動物對生命的自然情感與我內心所有的良善共鳴。**
>
> 弗朗茲・馬爾克，《來自西線的一封信》（*LETTER FROM THE WESTERN FRONT*），1915年4月

外分泌腺中的細胞會製造化學物質，並且透過導管將這些物質釋放到表面上皮。有些腺體構造簡單，例如腸道黏膜中的腺體；有些則和分泌乳汁的乳腺一樣會聚集形成複合腺體。

排列於體表的上皮細胞　汗腺內的分泌細胞繞成一圈　上皮細胞排列於導管周圍　分泌細胞所構成的腺葉

導管

導管

簡單的渦卷狀外分泌腺　　　**複合式的外分泌腺**

皮膚的腺體

腺體是一種會分泌有用物質的器官。內分泌腺會釋放一種名為「荷爾蒙」的化學物質到體內流動的血液中，而外分泌腺則會透過導管將化學物質排放到上皮表層——例如將消化液從腺壁排進腸道中，或是將分泌物排放到皮膚上。哺乳類具有許多皮膚的腺體；有些會分泌汗水使皮膚降溫，或是分泌油脂使皮膚防水，有些則會產生化學氣味，用來標示領域、辨別個體，或是促進求偶。

臉部的臭腺

許多有蹄哺乳類的臉部具有臭腺。柯氏犬羚的眼下腺體會分泌一種如焦油般的深色分泌物，用來塗抹在靠近其領域內糞堆或固定行走路線的樹枝上。

眼下腺會排放一種有氣味的分泌物

從腺體滲出的**黑色焦油狀物質**用於塗抹在植物上

發送社交訊號

源自非洲的柯氏犬羚（學名 *Madoqua kirkii*）仰賴氣味以組織群體。有角的雄羚（中間）會伴隨雌羚與牠們初生的幼羚。成年雄羚利用臉上的分泌物標記領域，藉以驅趕敵人，雌羚有時候也會這麼做。

最長的犀牛角

非洲的犀牛有兩種：較常見的白犀牛（學名 *Ceratotherium simum*，下圖）以及黑犀牛。這兩種犀牛通常都具有兩根犀牛角，不過白犀牛頭上作為武器的犀牛角長度可達1.5公尺（5英呎）。

次角形成於顱骨中的額骨上方

皮膚厚度可達5公分（2英吋），在與雄性競爭對手搏鬥時有可能會被劃破

前角形成於鼻骨上方，平均長度為90公分（3英呎）

由皮膚所形成的平台能將犀牛角固定在骨頭的粗糙部位上

單角犀牛

亞洲產有三種犀牛。右圖中的印度犀（學名 *Rhinoceros unicornis*）具有單一犀牛角，而爪哇犀（學名 *R. sondaicus*）則是雄性單角，雌性不具犀牛角。

獨特的皮膚皺褶使印度犀看起來比牠的非洲同類更具保護力

由皮膚
衍生而成的角

沒有其他動物的洞角和犀牛的一樣。犀牛的英文 rhinoceros 源自希臘文，字義是「鼻角」。牠們的犀牛角之所以獨特，不僅是因為坐落於顱骨上，也因為形成的方式有所不同。其他動物的洞角是由骨頭與一層包覆在外的硬化皮膚（見第 87 頁）所組成，而犀牛角的主要成分則是角蛋白（爪子與毛髮也是由同一種蛋白質所構成），壓縮後形成了防禦武器，在戰鬥時也很管用。

犀牛角的結構

若是仔細觀察，會發現犀牛角雖然不具骨質核心，但中間的部分因含有鈣質與黑色素（保護犀牛角免於陽光傷害）而變得堅固。外層則較柔軟，有可能會被磨破。儘管犀牛角具治療價值的說法導致犀牛瀕臨絕種，但並沒有任何科學證據顯示此一傳說屬實。

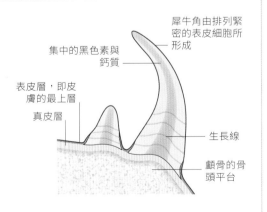

犀牛角由排列緊密的表皮細胞所形成

集中的黑色素與鈣質

表皮層，即皮膚的最上層

真皮層

生長線

顱骨的骨頭平台

剖面圖：由角蛋白所形成的犀牛角

具有護甲的皮膚

角蛋白是一種能強化皮膚的角質蛋白質，以最純粹的型態存在於毛髮、爪子和羽毛之中，在某些動物身上則用來作為護甲。穿山甲具有如指甲般的角質化堅硬鱗片能保護身體，這些鱗片對於觸碰非常敏感，只有身體的下側沒有受到鱗片保護。為了製造與維持這些鱗片，穿山甲需要攝取高蛋白的食物——牠們能藉由吃下無數的螞蟻和白蟻來滿足這點。

肌肉控制鱗片的方向，能在穿山甲捲成一顆球時將鱗片豎起

成體的鱗片歷經多年磨損後，頂端仍保持微尖

具保護作用的護甲佔了高達三分之一的體重

犰狳的保護機制

犰狳和穿山甲一樣擁有堅硬的鱗片，但牠們的鱗片融合形成了一整塊連續不斷的防護罩，並且由底下的骨板所支撐。倭犰狳（學名 *Chlamyphorus truncatus*）是體型最小的一種犰狳，會利用臀部骨板將地道中的沙子壓緊，也可能會為了自我防禦而用臀部骨板堵住地道入口。

穿山甲的鱗片

穿山甲的鱗片是由皮膚中的細胞製造而成；這些細胞在形成這種無生命的角質物質時，內部會逐漸充滿堅硬的角蛋白——此一過程稱為「角質化」。穿山甲的鱗片與靈長類的指甲最為相似。當暴露在外的鱗片邊緣磨損後，表皮層的角質化細胞在鱗片底部會製造新的角蛋白，用來「修復」這些鱗片。

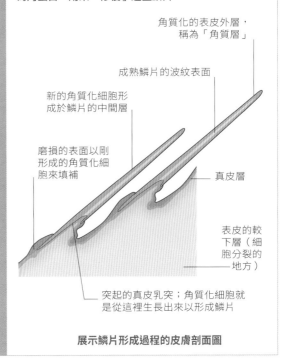

角質化的表皮外層，稱為「角質層」

成熟鱗片的波紋表面

新的角質化細胞形成於鱗片的中間層

磨損的表面以剛形成的角質化細胞來填補

真皮層

表皮的較下層（細胞分裂的地方）

突起的真皮乳突；角質化細胞就是從這裡生長出來以形成鱗片

展示鱗片形成過程的皮膚剖面圖

穿山甲寶寶的鱗片呈獨特的三尖頭形，隨著年紀增長會逐漸變得平滑

部分重疊的鱗片能保護穿山甲免受較大型掠食者咬傷，但對昆蟲的叮螫則幾乎無法防禦

從出生就受到保護

新生的樹穿山甲（學名*Manis tricuspis*）來到世上時，身上包覆著柔軟的鱗片，之後鱗片便迅速變硬。在出生沒多久後，穿山甲寶寶就學會緊貼在媽媽背上以尋求保護，而且（和媽媽一樣）遇到危險時也會將身體捲成一顆球。

senses 感覺

感覺：動物用來接收外界相關訊息的一種官能，例如視覺、聽覺、嗅覺、味覺或觸覺。

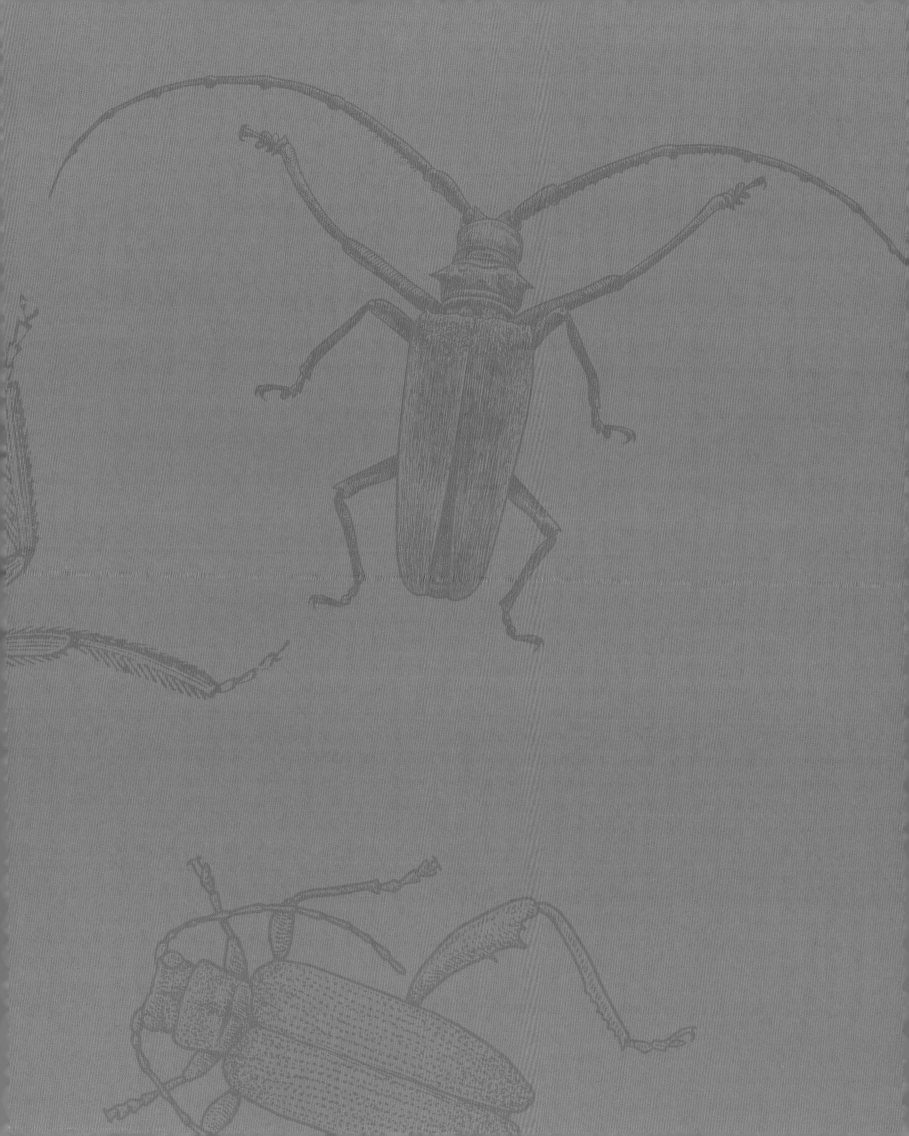

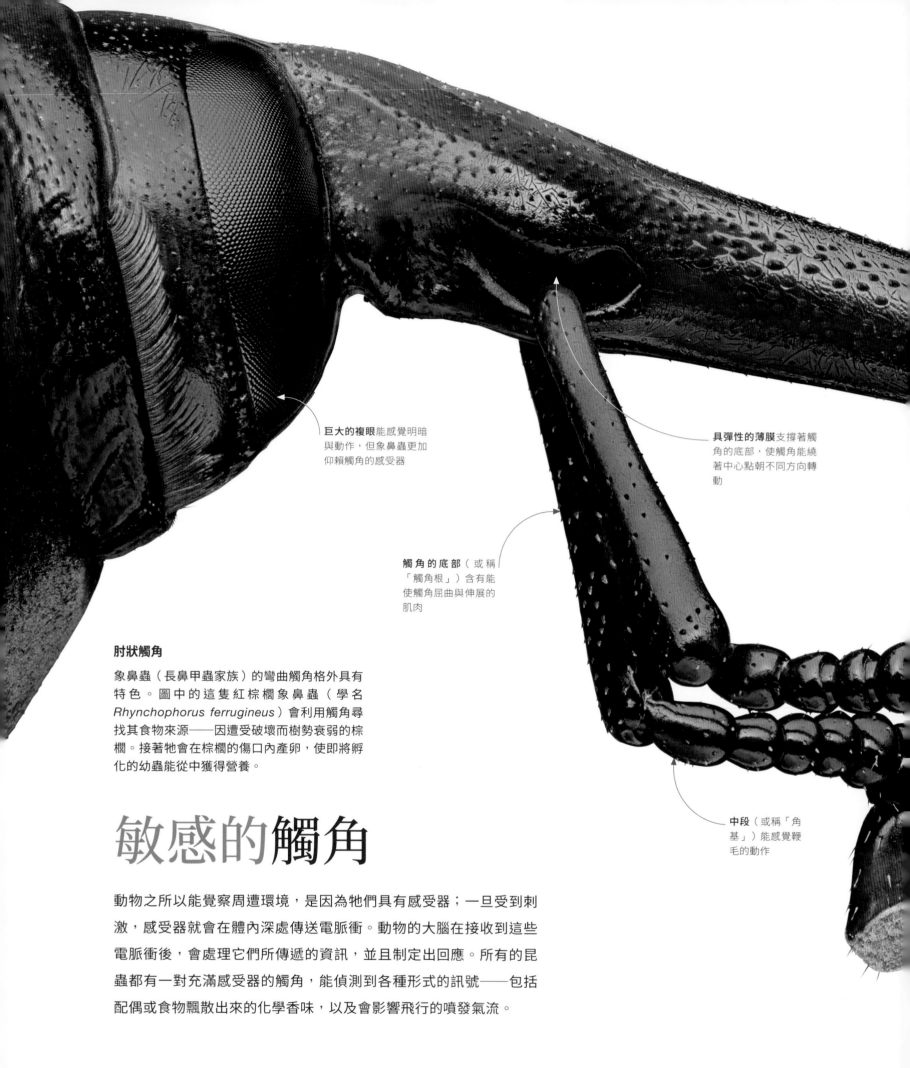

巨大的複眼能感覺明暗
與動作，但象鼻蟲更加
仰賴觸角的感受器

具彈性的薄膜支撐著觸
角的底部，使觸角能繞
著中心點朝不同方向轉
動

觸角的底部（或稱
「觸角根」）含有能
使觸角屈曲與伸展的
肌肉

肘狀觸角

象鼻蟲（長鼻甲蟲家族）的彎曲觸角格外具有
特色。圖中的這隻紅棕櫚象鼻蟲（學名
Rhynchophorus ferrugineus）會利用觸角尋
找其食物來源——因遭受破壞而樹勢衰弱的棕
櫚。接著牠會在棕櫚的傷口內產卵，使即將孵
化的幼蟲能從中獲得營養。

中段（或稱「角
基」）能感覺鞭
毛的動作

敏感的**觸角**

動物之所以能覺察周遭環境，是因為牠們具有感受器；一旦受到刺
激，感受器就會在體內深處傳送電脈衝。動物的大腦在接收到這些
電脈衝後，會處理它們所傳遞的資訊，並且制定出回應。所有的昆
蟲都有一對充滿感受器的觸角，能偵測到各種形式的訊號——包括
配偶或食物飄散出來的化學香味，以及會影響飛行的噴發氣流。

觸角種類

所有的昆蟲頭部皆長有觸角，位置在口器上方。觸角由數個關節組成，因而可以達到很高的靈活度。這些感覺器官非常多樣化，依據尺寸與形狀被歸納成不同類型（見右側）。感受器（或稱「感器」）集中於觸角末段；觸角末段通常經過特化（例如脹大或呈羽狀），以盡可能容納許多感覺偵測器。

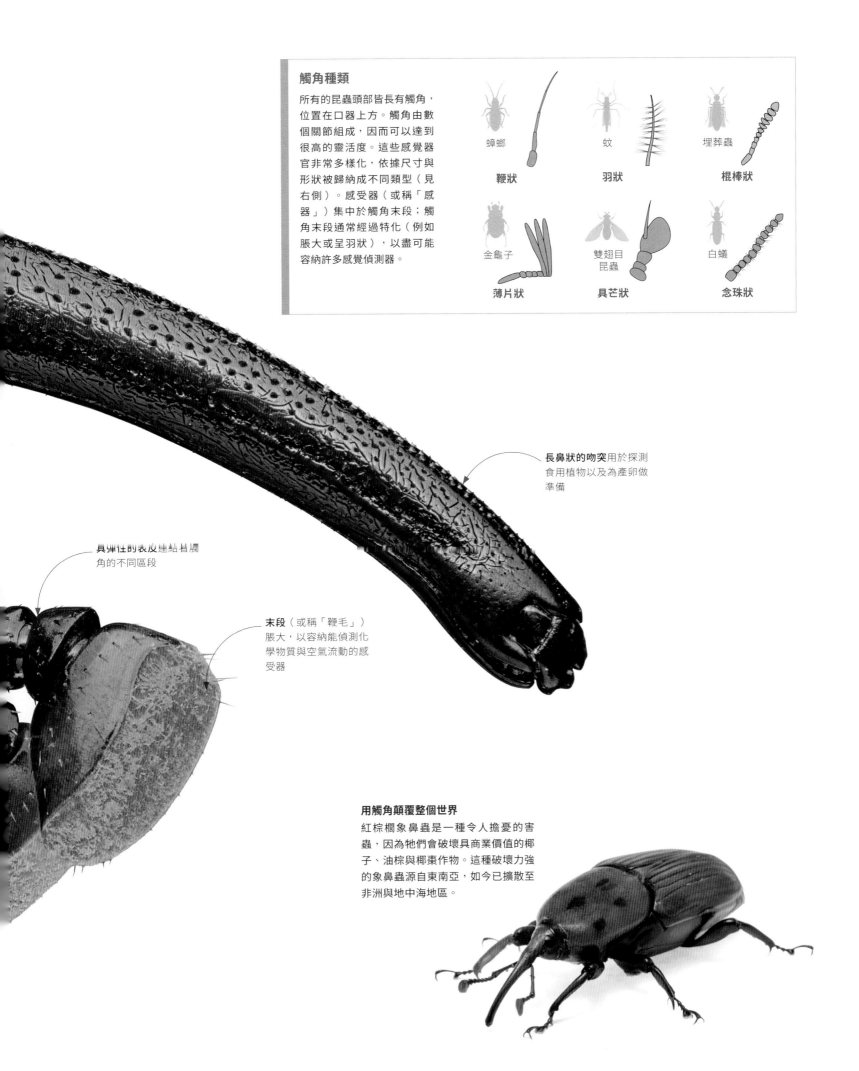

蟑螂　　　　鞭狀

蚊　　　　羽狀

埋葬蟲　　　　棍棒狀

金龜子　　　　薄片狀

雙翅目昆蟲　　　　具芒狀

白蟻　　　　念珠狀

長鼻狀的吻突用於探測食用植物以及為產卵做準備

具彈性的表皮連結著觸角的不同區段

末段（或稱「鞭毛」）脹大，以容納能偵測化學物質與空氣流動的感受器

用觸角顛覆整個世界

紅棕櫚象鼻蟲是一種令人擔憂的害蟲，因為牠們會破壞具商業價值的椰子、油棕與椰棗作物。這種破壞力強的象鼻蟲源自東南亞，如今已擴散至非洲與地中海地區。

長長的前腿用來代替觸角偵
測獵物的動靜

剛毛布滿了這隻昆蟲的全
身，為牠的大腦提供整個
體表的感官地圖

掠食性鞭蛛

具感覺功能的剛毛對蛛形綱動物而言尤其
重要，因為牠們沒有觸角。圖中的具棒真
近蟾鞭蛛（學名 *Euphrynichus bacillifer*）
是其中一例。這隻鞭蛛具有極長的前腿，
剛毛沿著整條前腿生長。

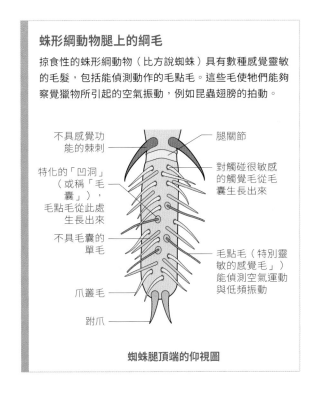

蛛形綱動物腿上的綱毛

掠食性的蛛形綱動物（比方說蜘蛛）具有數種感覺靈敏的毛髮，包括能偵測動作的毛點毛。這些毛使牠們能夠察覺獵物所引起的空氣振動，例如昆蟲翅膀的拍動。

不具感覺功能的棘刺

特化的「凹洞」（或稱「毛囊」），毛點毛從此處生長出來

不具毛囊的單毛

爪叢毛

跗爪

腿關節

對觸碰很敏感的觸覺毛從毛囊生長出來

毛點毛（特別靈敏的感覺毛）能偵測空氣運動與低頻振動

蜘蛛腿頂端的仰視圖

身上布滿密集剛毛的甲蟲

在高倍率放大觀察下，這隻偏藍色天牛（學名 *Opsilia coerulescens*）身上茂密的感覺剛毛除了令人驚奇外，也展現出昆蟲是多麼仰賴觸覺刺激。每一根毛（在轉向時）都會告訴這隻昆蟲觸覺刺激的位置在哪，以及刺激位置的周遭發生了什麼事。

每一根對觸覺敏感的毛髮（剛毛）都是從連接至感覺神經末梢的毛囊生長出來

關節處（毛板）的**密集毛髮**能偵測身體部位的動作，並且提供其相對位置的資訊

用來感覺的剛毛

動物的皮膚是最早接觸到周遭環境的身體前線，因此布滿了感覺神經末梢，用於接收來自外界環境的訊號，並且將它們傳送至大腦。就皮膚外覆有堅硬外骨骼的昆蟲與蛛形綱動物而言，其表皮內的細胞會製造大量特化的觸覺剛毛；這些剛毛會穿過堅硬的外層，以提升身體對觸碰與動作的靈敏度。

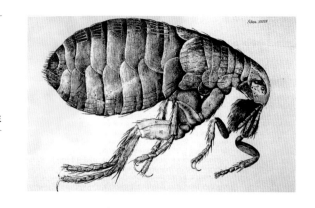

跳蚤（The flea，1665 年）

在他的著作《顯微圖譜》中，自然哲學家羅伯特 · 虎克藉由他創新的可調式顯微鏡，揭示了跳蚤未經探索的複雜身體構造。

> **在顯微鏡的協助下，沒有任何東西渺小到足以逃離我們的探究……**
>
> 羅伯特 · 虎克（ROBERT HOOKE），《顯微圖譜》（*MICROGRAPHIA*），1665年

藝術作品中的動物

小小世界

兩百年來的探索導致全世界的野生動物獲得科學家關注後，17 世紀迎來的新發現時代揭開了微型世界的奧秘。顯微鏡的進步、科學家的藝術技巧，以及藝術家在受讚譽的作品中運用精準畫法描繪昆蟲生活，皆加速了昆蟲學這門新科學的發展。

對於17世紀的新昆蟲學家而言，繪畫技巧成為了一項必備的能力。英國發明家與科學家羅伯特 · 虎克是一位技藝精湛的藝術家。他利用複合顯微鏡結合照明系統，揭示了前人想像不到的昆蟲身體結構，並且辨認出植物的細胞。當他在1665年的著作《顯微圖譜》中發表他那令人震驚的畫作時，由於畫中的昆蟲樣貌過於奇異，以致有些人拒絕相信牠們是真的。

織品貿易商安東尼 · 范雷文霍克（Antonie van Leeuwenhoek）在荷蘭製作出鏡頭口徑1公釐的微小顯微鏡。它們的製作方式是一個嚴守的秘密，但很可能是以檢視布料用的玻璃珠冶煉而成。其空前的放大倍率揭露了細菌、精子與單細胞生物的結構。而在同一時期，知名藝術家也投入於對自然題材的敏銳觀察。揚 · 范凱塞爾（Jan van Kessel）來自赫赫有名的布魯格爾（Brueghel）家族；他用活的昆蟲作為樣本，並且仔細鑽研附有圖例的科學文本，藉以在藝術作品中達到徹底的準確度。

在年少時，出生於法蘭克福的瑪麗亞 · 西碧拉 · 梅里安（Maria Sibylla Merian）對毛毛蟲蛻變成蛾與蝴蝶的變態過程深感著迷。後來她開始描繪寄主植物上的昆蟲與蝴蝶，成為最先以此為作畫主題的其中一位藝術家。移居到阿姆斯特丹後，瑪麗亞在52歲時獲得了鮮見的政府贊助，受命在荷蘭的殖民地蘇利南（Surinam）記錄昆蟲生活。卡爾 · 林奈後來借用她在《蘇利南昆蟲之變態》（*Metamorphosis of the Insects of Surinam*）中的美麗圖畫以分類新的物種。

昆蟲與勿忘草（Insects and forget-me-nots，1653 年）

揚 · 范凱塞爾以科學文本作為參考來源，在羊皮紙上用水彩畫出精美的蛾、甲蟲、蝴蝶與蚱蜢。有時他也會繪製用毛毛蟲拼寫其名的圖畫。

毛毛蟲、蝴蝶與花（Caterpillars, butterflies, and flowers，1705年）

這幅水彩畫是出自瑪麗亞 · 西碧拉 · 梅里安有關蘇利南當地昆蟲的傑出著作：兩隻天蠶蛾（學名 *Arsenura armida*，分布於墨西哥與南美洲）框住了高大熱帶樹木的開花樹枝。呈現在畫中的幼蟲和梅里安所想的不同，並不是這種蛾的早期型態，而是來自某個未知的物種。

感覺靈敏的毛

每一根鬍鬚（專門用語為「觸鬚」）都與皮表附近的數個感覺神經末梢連接；這些感覺神經末梢大多都盤繞著鬍鬚。然而，與鬍鬚有關聯的神經末梢當中有 80% 會更往下延伸，並且與鬍鬚的根部平行。當鬍鬚彎曲偏離毛囊底部時，神經末梢就會受到刺激，進而向大腦發射電脈衝。

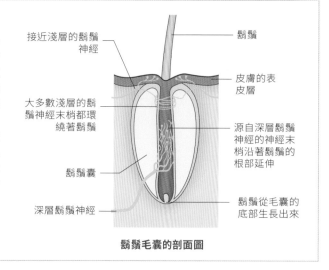

接近淺層的鬍鬚神經

大多數淺層的鬍鬚神經末梢都環繞著鬍鬚

鬍鬚囊

深層鬍鬚神經

鬍鬚

皮膚的表皮層

源自深層鬍鬚神經的神經末梢沿著鬍鬚的根部延伸

鬍鬚從毛囊的底部生長出來

鬍鬚毛囊的剖面圖

用感覺尋找魚類

鬍鬚使動物能察覺水中或空氣中的細微振動，感知牠們的周遭環境。加州海獅（學名 *Zalophus californianus*）的鬍鬚能偵測到魚類獵物在水流運動中引起的反向微小尾跡，甚至能判斷目標物的尺寸、外形與質地。鬍鬚使海獅得以在能見度有限的混濁沿岸水域中尋找食物。

用來感覺的鬍鬚

哺乳類的毛髮根部深及神經與肌肉，使牠們能偵測兩者的動作。臉上的毛髮（在食肉動物與齧齒類動物臉上格外顯著）經演化而變得特別敏感；錯綜複雜的神經纖維束與這些毛髮連接在一起，在極輕微的碰觸下也會發射神經衝動作為回應。這種觸覺功能有可能是在數百萬年前，夜行性或挖地道的爬蟲類先驅努力在黑暗中尋找方向，從這些哺乳類祖先身上最早的「原始毛髮」逐漸演化而得來。

有鬍鬚的鳥

某些鳥類具有硬挺的特化羽毛，從喙的底部伸出，作用可能和鬍鬚一樣。這種羽毛稱為「嘴鬚」，在夜鷹與霸鶲身上十分醒目；這兩種鳥類可能是利用嘴鬚在飛行狩獵中偵測昆蟲。嘴鬚在夜行性鳥類身上最為發達：鷸鴕會用嘴鬚尋找地上的無脊椎動物，加上牠們具有鳥類身上不常見的敏銳嗅覺，也能用來作為輔助。

每一根嘴鬚都是特化的羽毛，具有堅挺但缺乏羽枝的羽軸

毛皮包含較短且纖細的底毛與覆蓋於其上的護毛；皮膚底下的腺體會分泌油脂，使毛皮保持防水

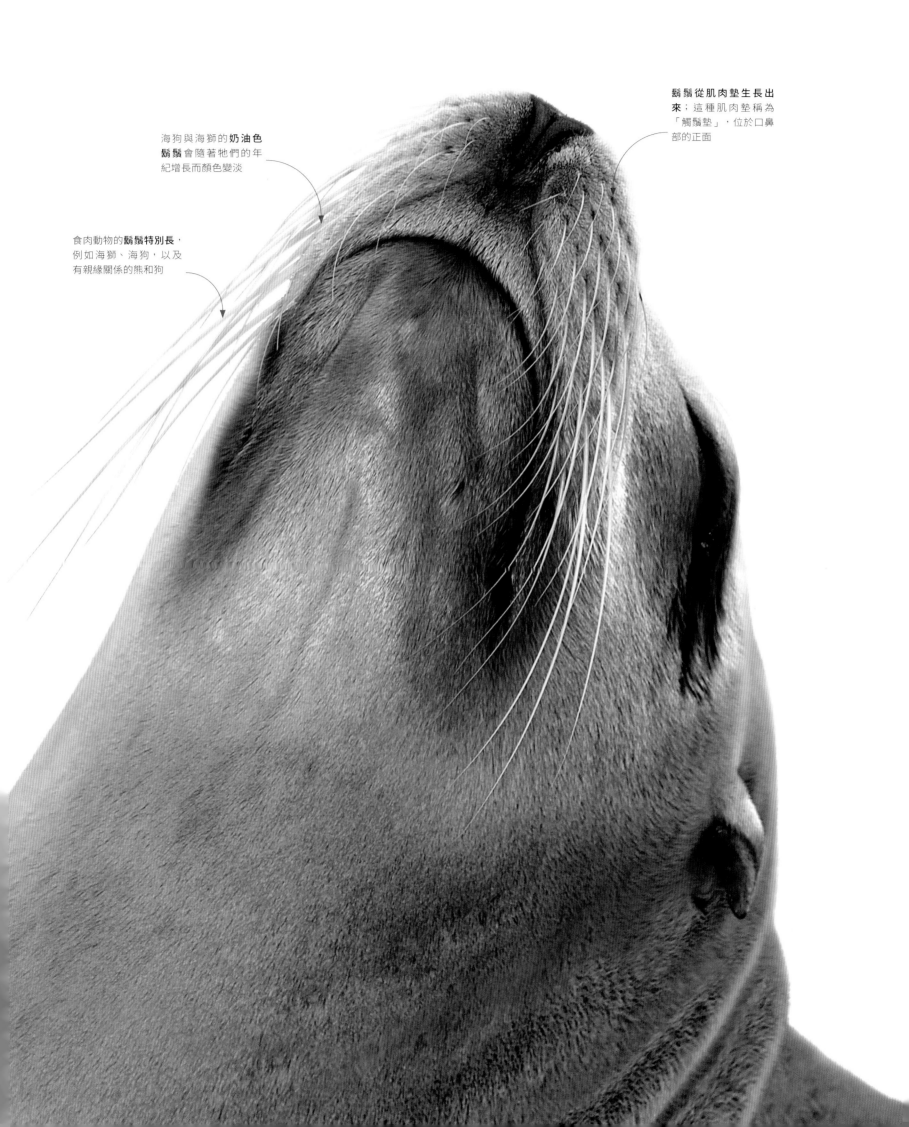

海狗與海獅的**奶油色鬍鬚**會隨著牠們的年紀增長而顏色變淡

鬍鬚從肌肉墊生長出來；這種肌肉墊稱為「觸鬚墊」，位於口鼻部的正面

食肉動物的**鬍鬚特別長**，例如海獅、海狗，以及有親緣關係的熊和狗

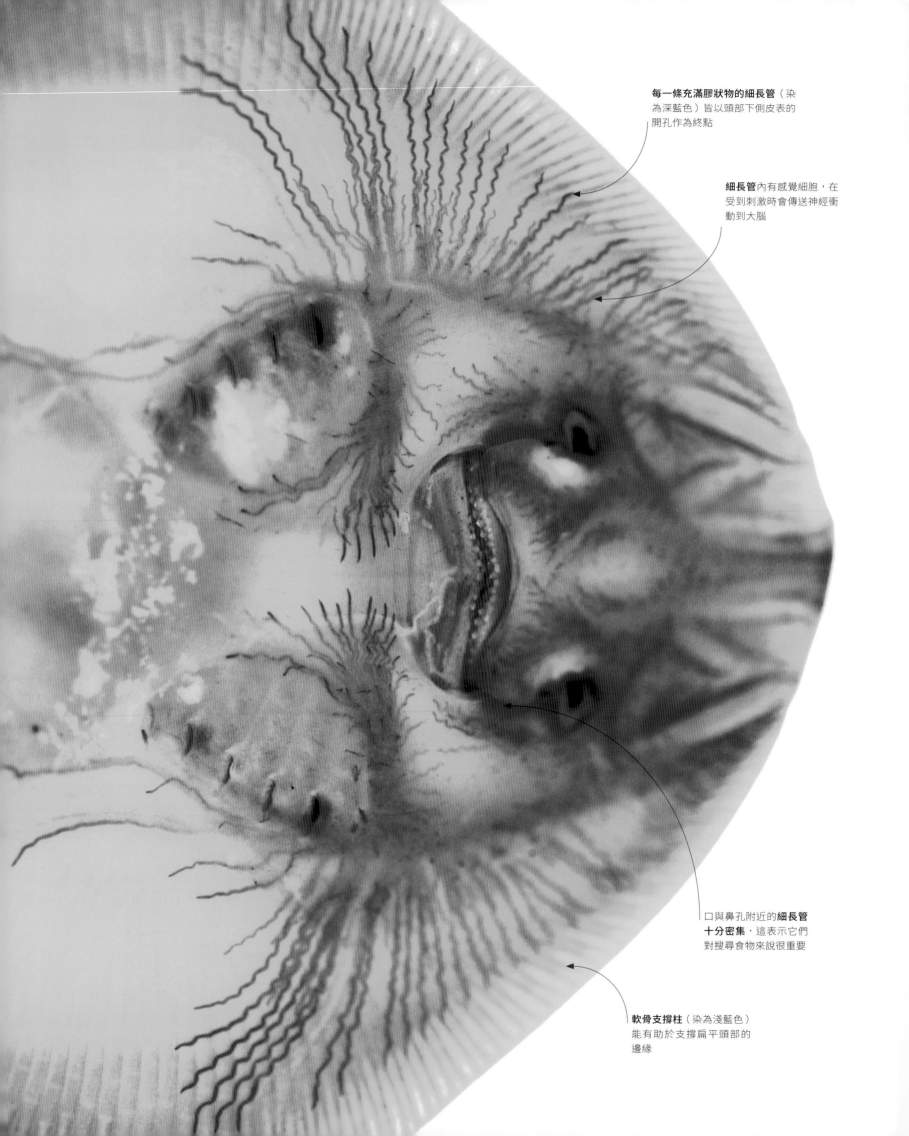

每一條充滿膠狀物的細長管（染為深藍色）皆以頭部下側皮表的開孔作為終點

細長管內有感覺細胞，在受到刺激時會傳送神經衝動到大腦

口與鼻孔附近的細長管十分密集，這表示它們對搜尋食物來說很重要

軟骨支撐柱（染為淺藍色）能有助於支撐扁平頭部的邊緣

感覺管

猬白鰩（學名Leucoraja erinacea）的扁平頭部仰視圖（在此染為藍色）顯現出充滿膠狀物質的放射狀深色細長管。這些細長管稱為「壺腹器官」，內含感覺細胞，能偵測獵物的肌肉所產生的電場。感覺細胞一旦被觸發，就會發射神經衝動到這隻猬白鰩的大腦，引領著其下頜突出的口，朝向藏身於海底沉積物中看不見的無脊椎動物前進。

頭部下側有數百個感覺孔

鎖定獵物

感受器沿著無溝雙髻鯊（學名 Sphyrna mokarran）特化頭部的寬闊正面排列，能幫助牠藉由化學物質與電訊號進行三角測量，以準確找出獵物的位置。

在水底感知

水下動物生活在一個密度比空氣大的環境中——在這個地方聲音傳播的較果較佳，但光線因濁度或深度而減弱，氣味也消散得較慢。為了適應這些狀況，水生動物經演化而發展出感覺系統：能偵測到極小波紋的觸覺接受器，以及能察覺獵物的化學痕跡或甚至微弱電訊號的卓越感受器。

偵測動靜

魚類能透過牠們的側線系統（在皮膚底下沿著身體分布的一連串細長管）偵測水的動靜。這些管道會輸送周遭環境中的水到體內，導致神經丘（頂部為膠狀物質的成束感覺細胞）彎曲。而神經丘在隨著水流前後擺動的同時，則會傳送神經衝動至大腦。

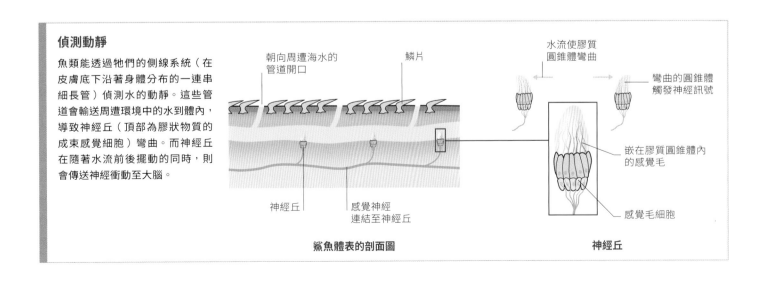

朝向周遭海水的管道開口

鱗片

水流使膠質圓錐體彎曲

彎曲的圓錐體觸發神經訊號

嵌在膠質圓錐體內的感覺毛

感覺毛細胞

神經丘

感覺神經連結至神經丘

鯊魚體表的剖面圖

神經丘

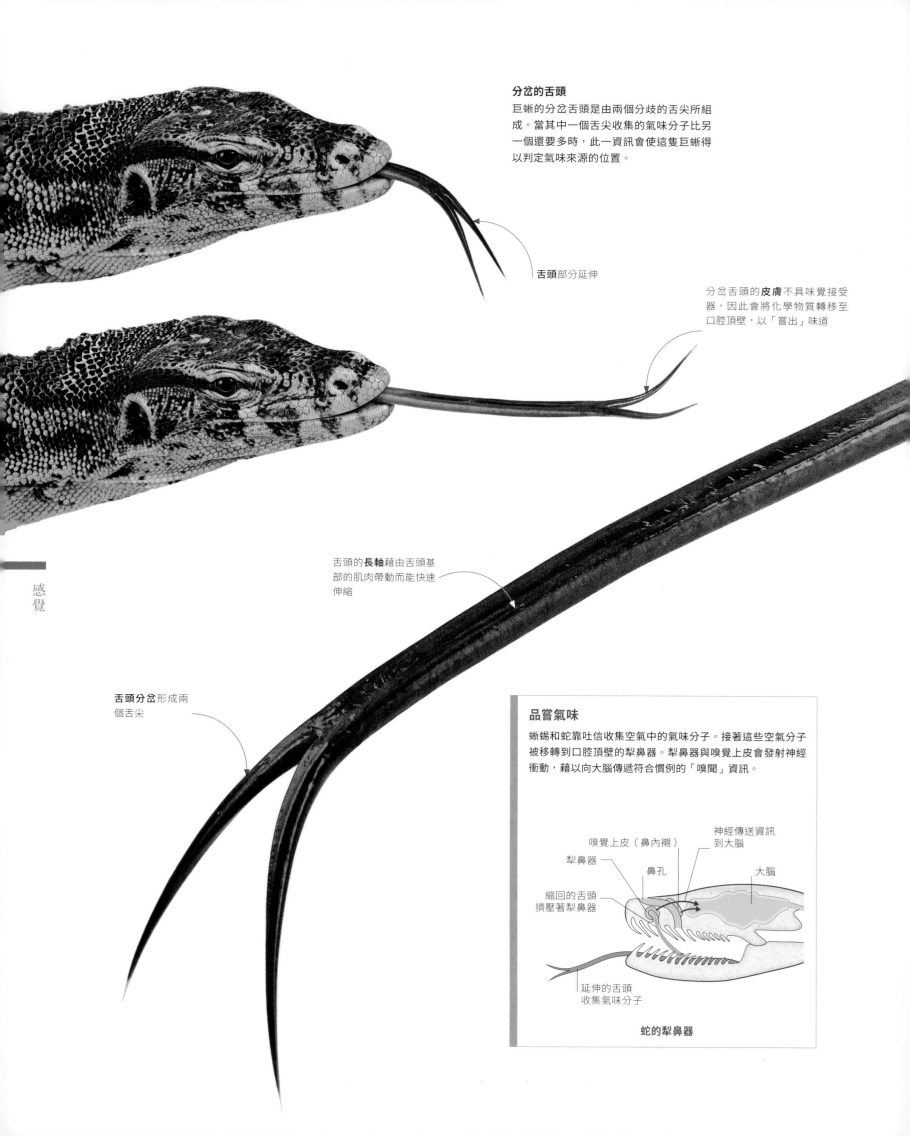

分岔的舌頭
巨蜥的分岔舌頭是由兩個分歧的舌尖所組成。當其中一個舌尖收集的氣味分子比另一個還要多時，此一資訊會使這隻巨蜥得以判定氣味來源的位置。

舌頭部分延伸

分岔舌頭的**皮膚**不具味覺接受器，因此會將化學物質轉移至口腔頂壁，以「嘗出」味道

舌頭的**長軸**藉由舌頭基部的肌肉帶動而能快速伸縮

舌頭分岔形成兩個舌尖

品嘗氣味
蜥蜴和蛇靠吐信收集空氣中的氣味分子。接著這些空氣分子被移轉到口腔頂壁的犁鼻器。犁鼻器與嗅覺上皮會發射神經衝動，藉以向大腦傳遞符合慣例的「嗅聞」資訊。

嗅覺上皮（鼻內襯）

神經傳送資訊到大腦

犁鼻器

鼻孔

大腦

縮回的舌頭擠壓著犁鼻器

延伸的舌頭收集氣味分子

蛇的犁鼻器

鼻孔 將氣味分子
傳送至鼻腔內

會吐信的食肉動物

巨蜥約有70種；牠們幾乎全都愛吃肉，而且能藉由吐
信偵測到活的獵物或腐肉。發育完全的澤巨蜥（學名
Varanus salvator）是其中一種體型極大的巨蜥，能攻
擊和年輕鱷魚一樣大的動物。

品嘗空氣

化學感受（化學物質的偵測）能藉由在口中聞氣味（嗅覺）或嘗味道的形式進行
——但有時兩者的區別很模糊。犁鼻器（或稱「傑克森氏器」）是一種感覺器官，
用於輔助許多兩棲類、爬蟲類與哺乳類身上主要的嗅覺系統。蜥蜴與蛇的犁鼻器
能感覺其分岔的舌頭從空氣中收集到的氣味分子，幫助牠們「嘗出」獵物、掠食
者或甚至潛在配偶的氣味。

楔形唇窩的內凹洞壁裡充滿
了感覺神經末梢

每一個唇窩都是由特
化的鱗片所形成

感覺熱度

許多動物探知熱源的方式不是利用溫度感測器,而是透過細胞偵測紅外線
輻射。紅外線是溫熱物體發出的一種電磁輻射形式(其波長比可見紅光的
稍微長一點)。具紅外線感測器的動物能接收到遙遠距離外的這些輻射訊
號,而這樣的特性能幫助掠食者(例如某些種類的蛇)追蹤到溫血的獵物。

熱感測器

蟒蛇的熱感測器裝載於沿著上下唇分布的唇窩與吻部的頰窩內，圖中的綠樹蟒（學名*Morelia viridis*）也是如此。這些凹窩能幫助蟒蛇在夜間偵測獵物。蟒蛇會以閃電般的速度伸出身子，用顎咬住獵物，然後纏繞束緊對方將牠殺死。

鼻孔通向具嗅覺（能偵測氣味）的鼻內襯，並且能增補蛇靠吐信所收集到的氣味

能偵測紅外線的吻窩
位於吻部的鱗片上

紅外線接收器

感覺神經末梢具有接收紅外線的功用，會在周遭組織因紅外線而變熱時受到觸發。蚺蛇的神經末梢嵌在體表鱗片內，蟒蛇的神經末梢則位於凹窩底部。兩者身上都會有一些熱被皮膚吸收而消散。響尾蛇的神經末梢懸掛於凹窩內的薄膜上；由於薄膜較快變熱，以致這些神經末梢較為靈敏。

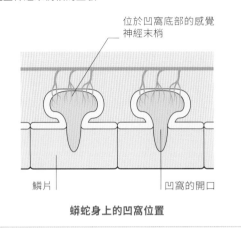

位於凹窩底部的感覺神經末梢

鱗片

凹窩的開口

蟒蛇身上的凹窩位置

平行的生活

南美洲的翡翠樹蚺（學名 *Corallus caninus*）雖然在地球的另一端演化，但卻和紐幾內亞的綠樹蟒有著數種相同的特徵。兩者都是夜間獵食的動物，生活在雨林的低矮樹枝上，並且皆使用紅外線感測器在黑暗中獵捕溫血動物。

蚺蛇身上沿著上下唇分布的**唇鱗**支撐著感覺神經末梢

電感應

在黑暗的水中游泳可能很難安全地移動與尋找食物，因此有些動物會善加利用水中礦物質使牠們導電的現象。特殊的電感受器能偵測到這些電流。大多數的魚類和一群卵生的哺乳類（也就是單孔類）會運用牠們的感受器接收電訊號，而這些電訊號標示了有掠食者或獵物在附近。

眼睛與耳朵在水中保持緊閉，因此鴨嘴獸移動時必須仰賴能感受電的喙

額頭的盾板由充滿感受器的皮膚所構成，擴展了能偵測電訊號的區域

張大的鼻孔會在潛水時閉合

帶有感受器的**橡膠狀皮膚**覆蓋住喙狀的顏面骨

角質墊取代牙齒，用於磨碎無脊椎獵物的外骨骼

感應獵物的電流

卵生哺乳類有兩種：針鼴的尖鼻內有一些電感受器，使牠們能探測土壤中的蠕蟲狀動物；水生鴨嘴獸的扁喙則充滿了這些感受器，因此獵物發出電訊號幾乎立刻會被牠的喙接收到。其他種類的感受器稍後會偵測到水中的動靜，而牠的大腦就是利用這樣的時間差來判定水中獵物的位置。

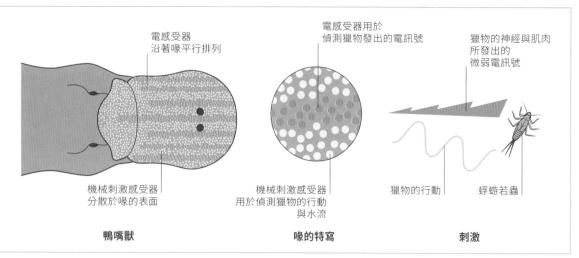

電感受器沿著喙平行排列

電感受器用於偵測獵物發出的電訊號

獵物的神經與肌肉所發出的微弱電訊號

機械刺激感受器分散於喙的表面

機械刺激感受器用於偵測獵物的行動與水流

獵物的行動

蜉蝣若蟲

鴨嘴獸　　　　**喙的特寫**　　　　**刺激**

肩膀與前肢具有全身最大的肌肉，用於游泳

有蹼的前足能幫助鴨嘴獸游向牠偵測到的獵物

探索黑暗的深水域

鴨嘴獸（學名 *Ornithorhynchus anatinus*）會利用感覺靈敏的喙尋找水中的獵物——主要為石蛾、豆娘與石蠅，偶爾也包括小魚或蝌蚪。大多數的突擊都在黑暗的掩護下以快速潛水的方式完成；在過程中，鴨嘴獸會左右搖擺牠的喙以偵測獵物。

發電機

某些魚會自己產生電場。上圖中的象鼻魚把電場當成聲納來使用，當牠們通行於黑暗或混濁的水域時，能偵測到扭曲其電場的物體。

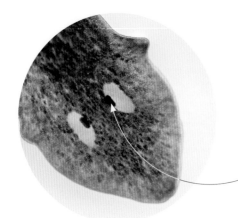

眼點
這隻渦蟲（學名 *Dugesia* sp.）的兩眼內側表面上各有一個深色的斑點。這些斑點會阻擋光線，使兩眼各自偵測到來自不同方向的光。

每一個眼睛都是由神經纖維所形成的杯狀結構，只能偵測到深色眼點單側的光線

偵測光線

偵測光線必須仰賴一種在照明下會產生化學變化的色素。即使是細菌和植物也具有這種色素，不過只有動物能將光線轉化成資訊，進而獲得真正的視力。光線會刺激動物眼中含有色素的細胞，使這些細胞傳送衝動訊號給大腦處理。構造最簡單的動物眼睛（也就是扁蟲的眼睛）會偵測光線和其方向，構造複雜的眼睛（比方說蜘蛛的眼睛）則會利用水晶體聚焦與製造影像。

獵食動物的眼睛

大多數種類的蜘蛛都有8個眼睛，每一個眼睛都含有一個水晶體。織網型蜘蛛較仰賴觸覺線索而非視覺，但追捕型蜘蛛（比方說這隻跳蛛）則會在埋伏獵物時，運用牠們朝前的大眼判斷細節與深度。

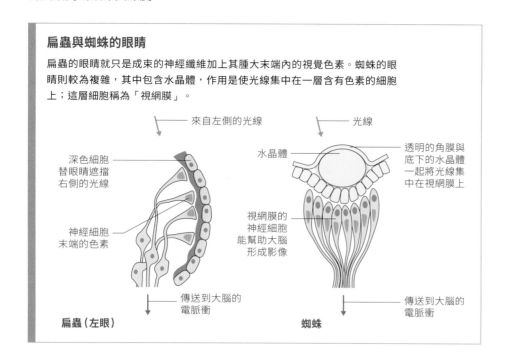

扁蟲與蜘蛛的眼睛

扁蟲的眼睛就只是成束的神經纖維加上其腫大末端內的視覺色素。蜘蛛的眼睛則較為複雜，其中包含水晶體，作用是使光線集中在一層含有色素的細胞上；這層細胞稱為「視網膜」。

來自左側的光線 　　　　光線

深色細胞替眼睛遮擋右側的光線

神經細胞末端的色素

水晶體

透明的角膜與底下的水晶體一起將光線集中在視網膜上

視網膜的神經細胞能幫助大腦形成影像

傳送到大腦的電脈衝

扁蟲（左眼） 　　　　 **蜘蛛**

傳送到大腦的電脈衝

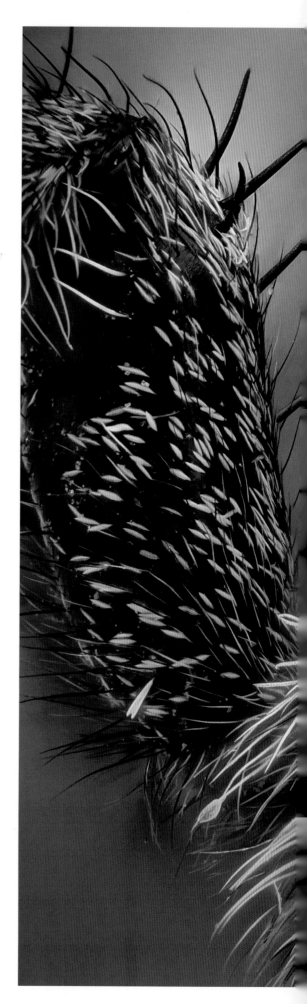

水平瞳孔

除了某些特例外（比方說掠食性的獴），大多數具有水平瞳孔的哺乳類都是草食動物，例如鹿和瞪羚。草食動物在大部分的時間內都低著頭吃草。水平瞳孔不僅使他們能專注於地面，也能為他們提供全景視野──這點對偵測掠食者而言至關重要。牠們的眼睛會時常轉動，使水平瞳孔能對準地面的焦平面。

羱羊
學名 *Capra ibex*

紅鹿
學名 *Cervus elaphus*

圓形瞳孔

一般而言，距離地面越遠，瞳孔就會越圓──大型猿類和大象等個子較高的哺乳類就是如此。靠力量或速度追捕獵物的活躍型獵食動物（例如大型貓科動物或狼）也具有圓形瞳孔，就和需要從高處準確鎖定獵物位置的猛禽（例如鴞與鵰）一樣。

鵰鴞
學名 *Bubo bubo*

大猩猩
學名 *Gorilla gorilla*

垂直瞳孔

小型的伏擊掠食動物（包括截尾貓等小型貓科動物）會利用躲藏加攻擊的技巧捕捉獵物；牠們通常具有垂直的瞳孔。這種瞳孔形狀最適合在頭部不動的狀態下判斷距離──頭部動作可能會使獵物警覺到牠們的存在。那些在光線不斷變化的環境中狩獵的動物似乎較容易出現垂直瞳孔，因為牠們的瞳孔形狀會隨著光線迅速做出反應：在昏暗光線下放大，到了明亮的環境中又會快速縮小。

睫角守宮
學名 *Correlophus ciliatus*

截尾貓
學名 *Lynx rufus*

平原斑馬

學名 *Equus quagga*

瞳孔形狀

瞳孔形狀是一個有力的指標，不僅能暗示動物在食物鏈中的位置，
還能透露掠食者狩獵的技巧，或是獵物進食的方式、地點與食物。
儘管有些動物的瞳孔形狀無法輕易被分類，但大多數的瞳孔都屬於
三個基本類型：水平、圓形或垂直。

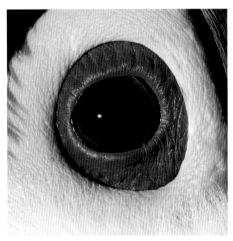

鞭綞鵎鵼

學名 *Ramphastos toco*

灰狼

學名 *Canis lupus*

獅

學名 *Panthera leo*

紅狐

學名 *Vulpes vulpes*

綠樹蟒

學名 *Morelia viridis*

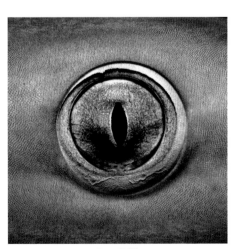

灰三齒鯊

學名 *Triaenodon obesus*

複眼

不論是昆蟲或是和牠們有親緣關係的動物，都會透過數百或數千個極微小的水晶體聚集所形成的複眼，以觀看這個世界。每一個水晶體都是名為「小眼」（或「小眼面」）的視覺單位的一部分，其餘的構成部分包括光感測器以及通往大腦的神經。小眼無法個別形成清晰的影像，但能集體偵測到最微小的動作——通過眼前的物體（比方說一隻掠食性的鳥）會接連刺激一個又一個小眼。

靈敏的眼睛

相較於雌性，雄性碧玉蚜蠅（學名 *Eristalis pertinax*）的複眼具有較大的小眼面，使牠們能收集更多光線，以便追求配偶。小眼面較大通常意味著解析度較差，但蚜蠅與其他移動迅速的雙翅目昆蟲眼睛內皆有複雜精細的神經線路，能創造出極度靈敏又具有高解析度的視覺系統。

比起脊椎動物較大且具單一水晶體的眼睛，複眼內**每一個微小的水晶體**所收集到的光線較少

剛毛用於偵測觸覺刺激，包括空氣的流動

雄性蚜蠅的**眼睛**在頭部正中央**會合**；雌性的眼睛較小，不會連接在一起

收集光線的小眼面

每一個小眼面（小眼）都有圓錐形的水晶體，作用是使光線集中穿越感桿束——長形光受體細胞束的感光核心部分。圍繞在四周的深色色素能阻擋光線從相鄰的小眼面之間通過。

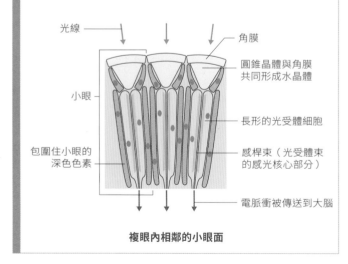

光線 —
角膜
圓錐晶體與角膜共同形成水晶體
小眼 —
長形的光受體細胞
包圍住小眼的深色色素 —
感桿束（光受體束的感光核心部分）
電脈衝被傳送到大腦

複眼內相鄰的小眼面

小眼面的表面是由覆蓋
在水晶體之上的透明表
皮所構成

掃描搜尋配偶
某些雄性蚜蛉具有頭巾狀的複眼。這些
碩大的複眼對黃昏的微弱光線很敏感，
能幫助牠們掃視以搜尋在交配蚜蛉群上
方飛行的雌性身影。

一對碩大的紅色「頭巾狀」
複眼朝向上方

頭部兩側各有**一個側眼**朝
向旁邊

色彩繽紛的甲殼類
在顏色鮮豔的珊瑚礁上，蝦蛄會運用牠們的色彩視覺偵測食物、配偶與競爭者。

色彩豐富的槳狀觸角鱗片
用來標示領域與求偶

裝載了彈簧機制的鉗螯
用來打碎獵物，例如硬殼的蟹類

色彩視覺

許多動物的眼睛不只能偵測光線，還能進一步辨別光線的波長。這點意味著牠們能感知色彩，從短波長的藍色到長波長的紅色，以及介於中間的光譜都包括在內。這些動物有辦法做到這點，是因為牠們的眼睛含有不同種類的視覺色素，能吸收不同的波長。生活在一個富有色彩的世界裡，就代表動物能接收到更多種類的視覺訊號，例如用來在求偶時引誘對方的訊號，或是用來警告對方遠離危險的訊號。

拓展光譜

人類擁有3種感色的視覺色素，蟬形齒指蝦蛄（學名 *Odontodactylus scyllarus*）則有12種。牠可以看到人類看不見的波長，例如紫外線與紅外線。

複雜多色的花紋是很重要的社交訊號

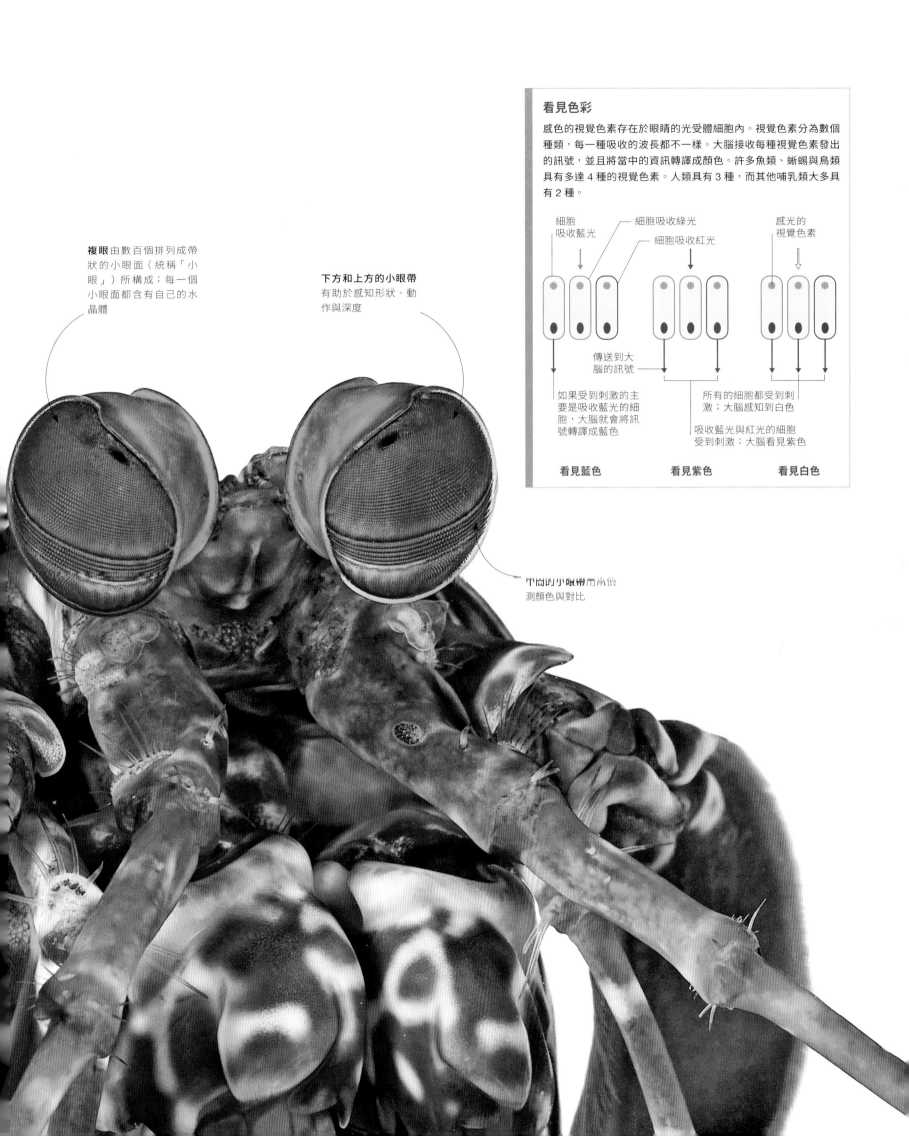

複眼由數百個排列成帶狀的小眼面（統稱「小眼」）所構成；每一個小眼面都含有自己的水晶體

下方和上方的小眼帶
有助於感知形狀、動作與深度

中間的小眼帶用來偵測顏色與對比

看見色彩

感色的視覺色素存在於眼睛的光受體細胞內。視覺色素分為數個種類，每一種吸收的波長都不一樣。大腦接收每種視覺色素發出的訊號，並且將當中的資訊轉譯成顏色。許多魚類、蜥蜴與鳥類具有多達 4 種的視覺色素。人類具有 3 種，而其他哺乳類大多具有 2 種。

細胞吸收藍光

細胞吸收綠光

細胞吸收紅光

感光的視覺色素

傳送到大腦的訊號

如果受到刺激的主要是吸收藍光的細胞，大腦就會將訊號轉譯成藍色

所有的細胞都受到刺激；大腦感知到白色

吸收藍光與紅光的細胞受到刺激；大腦看見紫色

看見藍色

看見紫色

看見白色

每一顆眼球都固定在圓錐形的
高台構造內；由於不會受限於
深陷的眼窩，因此每一個眼睛
都能旋轉將近一百八十度

兩全其美

變色龍的眼睛除了能獨立轉動，以單眼視
覺掃視廣闊的範圍外，也能同時朝前，以
雙眼視覺瞄準昆蟲獵物。

看見深度

脊椎動物成對的眼睛具有水晶體，會依據距離調整其位置與形狀以聚焦，這點和
許多無脊椎動物構造較簡單的眼睛不同。脊椎動物的感光細胞（或稱「光受體」）
會在眼睛後方形成一層「視網膜」。這些細胞靠著卓越的靈敏度，提供大腦充分
的資訊，使動物能看見周遭世界的詳細（甚至是三維的）影像。

判斷距離

眼睛位於頭部兩側的動物能
以個別的單眼視野掃視廣闊
的範圍。眼睛朝前的動物則
具有以重疊視野結合而成的
雙眼視野。雖然這限縮了總
視野，但大腦能結合重疊區
域內左右眼稍微不同的視野
以創造深度，使動物得以更
準確地判斷距離。

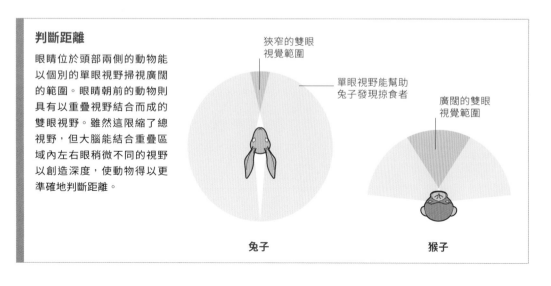

狹窄的雙眼
視覺範圍

單眼視野能幫助
兔子發現掠食者

廣闊的雙眼
視覺範圍

兔子

猴子

夜行性的樹棲動物

幽靈眼鏡猴（學名*Tarsius tarsier*）
的生活方式相當倚重雙眼視覺。牠不
僅要在樹間跳躍時，用朝前的碩大眼
睛準確判斷距離，也必須在夜晚漆黑
的雨林中做到這點。

耳廓能各自獨立轉動，並且
接收到人類無法察覺到的高
頻超音波

碩大的眼球（大到無
法在眼窩內轉動）能
盡可能收集到更多的
光線

靈活的脖子使頭部朝任
一方向皆能旋轉超過
180 度，彌補了眼球無
法轉動的不足

**修長的手指和腳
趾**能包住樹枝以
穩穩抓牢

修長的後肢使體型如大型鼠類般的眼鏡
猴能根據絕佳的深度知覺，精準跳躍長
達 3 公尺（10 英呎）的距離

翠鳥

獨特的鮮藍色翠鳥（學名 *Alcedo atthis*）無疑是名符其實的「捕魚王」（其英文名稱為 kingfisher）。這種鳥無法像某些海鳥那樣潛入水中追捕獵物。以企鵝為例，牠們的骨頭密度較大，羽毛就和泳衣一樣貼合，因此能衝進深水域中尋找食物。然而翠鳥則必須先從水面上方的棲息處，精確地瞄準牠要捕捉的魚。

翠鳥有超過100種，但大多數（例如澳洲笑翠鳥）都在陸地上捕食。翠鳥很可能是在熱帶森林中演化而來；在那裡，牠們展現出最豐富的多樣性，並且會用比首般的喙捕捉地上的小動物。只有25%的翠鳥（包括歐亞大陸的翠鳥）擅長潛水捕魚。

潛水捕魚的翠鳥行動時必須準確迅速。牠們的狩獵本能十分強大，以致在冬天時牠們甚至會撞碎薄冰捕魚以填飽肚子。翠鳥的空心骨頭和防水羽毛使牠們很容易浮在水面上，無法潛入水中太久。因此，牠們必須在碰到水面前就先瞄準好獵物。翠鳥會在河邊找一個自己偏好的制高點，從那裡挑選出河裡的其中一隻魚。考慮到其目標獵物反射到水面的光線會如何折曲後（見下圖），牠會依此調整自己的攻擊角度，接著潛水行動就此展開。翠鳥朝著牠的獵物俯衝進入河裡，同時將翅膀往後拉，形成能輕鬆穿越水中的流線外形。一種不透明的眼瞼（也就是許多脊椎動物都有的瞬膜）會從眼角拉開蓋住牠的眼睛，以發揮保護作用。翠鳥用喙捉住鎖定的魚，接著在浮力和稍微拍動幾下翅膀的帶動下回到水面。飛回棲息處後，翠鳥會叼住魚的尾巴，將魚的頭敲向樹枝，然後把整條魚翻轉過來，從頭部開始吞食，如此一來，鱗片尖端朝後的魚就能較輕易地往下滑進牠的肚裡。從開始到結束，整個過程只持續了幾秒鐘的時間。

藍光閃現

翠鳥的食物有60%是魚類，其餘則是水生無脊椎動物。牠們一般會從距離水面約1-2公尺（3-6英呎）的高處，垂直俯衝到水中1公尺（3英呎）的深度。

瞄準水中的獵物

在正常情況下，來自物體的光線會沿直線行進抵達眼睛。然而，光線在水和空氣之間移動時會發生折射（折曲）現象，以致對肉眼而言，水中的物體看起來像是在不同的位置。翠鳥能從棲息處精準計算出在這種折射的狀況下，牠需要調整多少角度，才能在俯衝捕捉獵物時，不加思索地立即命中目標。

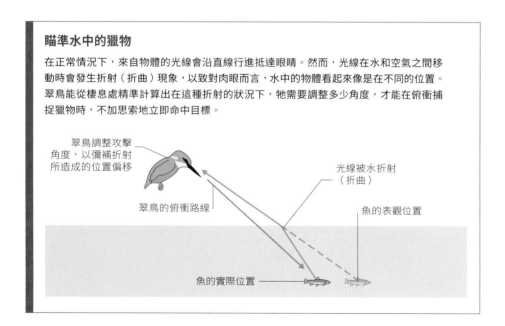

翠鳥調整攻擊角度，以彌補折射所造成的位置偏移

翠鳥的俯衝路線

光線被水折射（折曲）

魚的表觀位置

魚的實際位置

嚇唬敵人的戰術
雄性（下圖）與雌性多音天蠶蛾的翅膀花紋中
皆有如貓頭鷹眼般的斑點；牠們能藉著閃現這
些眼狀斑點來嚇跑掠食者（例如青蛙與鳥類）。

鞭毛是觸角**最長的部
分**，經高度特化以容納
感覺接受器

氣味偵查

氣味或味道通常與食物有關，但也能傳達關於附近其他動物的
精準資訊。舉例來說，被掠食的動物可能會因為偵測到某種對
牠們來說很獨特的物質，而察覺到掠食者的存在。許多社交訊
號（例如求偶宣告）會以化學香味的形式，吸引能偵測到它們
的動物（有時隔著相當遠的距離都還能察覺）；這種化學物質
稱為「費洛蒙」。

觸角基部靈活，而且內含感
受器，在鞭毛隨氣流擺動時
會受到觸發

沿著**鞭毛分布的分枝**稱為「環狀枝」；它們能增加表面積，使鞭毛得以裝載更多的感覺接受器

沿著分枝分布的**微小毛髮狀**感受器稱為「感覺小體」，能偵測雌性的費洛蒙

感知刺激物

費洛蒙分子從它們的來源處擴散，並且滲入微小的感覺小體（感覺毛），刺激到內部的神經纖維，進而觸動神經纖維的電脈衝。接著電脈衝會穿越神經纖維，抵達神經系統的神經元。

來源處的費洛蒙濃度高

感覺小體附近的費洛蒙濃度較低

費洛蒙分子進入毛髮狀的感覺小體

神經纖維向神經細胞發射電脈衝

分子與感覺神經纖維黏結

神經細胞（神經元）傳遞電脈衝到大腦

感覺小體如何偵測氣味

聞出配偶的氣味

多晋大蠶蛾（學名*Antheraea polyphemus*）的成體缺乏能運作的口器，因此會在羽化後的數天內就死去。但雄蛾的羽狀觸角能偵測到數公里外的雌蛾，並且能引領牠們聚在一起，使牠們有足夠的時間交配以及讓雌蛾產卵。

鴞鸚鵡的羽毛有很濃的
麝香味，會根據性別、
年齡與季節而有所變化

相較於其他鸚鵡，鴞鸚
鵡的**眼睛更朝前**；這點
有助於鴞鸚鵡在黯淡的
月光下判斷距離

突起的**鼻孔**位於名
為「蠟膜」的帶狀
皮膚上

寬闊的翅膀缺乏能使沉重的
鴞鸚鵡升空的肌肉力量,導
致牠無法飛行

喙的基部有**具感覺
功能的嘴鬚**,使鴞
鸚鵡能在夜間感知
周遭環境

位於鴞鸚鵡尾巴基部的**尾脂
腺(潤羽腺)**會製造防水的
油脂;這些油脂有可能是鴞
鸚鵡的體香來源

麝香鸚鵡

來自紐西蘭的鴞鸚鵡(學名*Strigops habroptilus*)
是一種不會飛的大型夜行性鸚鵡。關於鴞鸚鵡有一
項令人意外的發現,那就是牠的大腦具有腫大的嗅
葉——大腦處理氣味資訊的區域。這種鳥的羽毛有
一種香甜的麝香味,暗示著增強的嗅覺可能在引導
牠們的社交生活上扮演了重要的角色。

鳥類的嗅覺

大多數類型的鳥比起嗅覺似乎更常運用視覺或聽覺,但氣味在牠們的生活中仍扮演著重要的角色,
許多鳥類都很仰賴氣味。舉例來說,信天翁會側風飛越海洋,以嗅出底下水中獵物的氣味,而紅頭
美洲鷲則是從遠處就能聞到地面上腐肉的氣味。如今有一看法是多數鳥類甚至能製造自己的獨特氣
味,以幫助個體辨識彼此或找出自己的鳥巢位置。

《瑞鶴圖》（1112年）

這是一幅描繪了20隻鶴盤旋於蔚藍天空的絹本
長軸，用來紀念宮殿屋頂上祥雲瑞鶴聚集的景
象。自學成為畫家與詩人的宋徽宗（1082
年–1135年）以本名趙佶的名義，創作了這幅
迷人的畫作，以彰顯此一象徵吉兆的事件。

藝術作品中的動物

鳴禽

在後人稱之為「中國文藝復興」那段創意非凡的時期，北宋藝術家透過繪畫與詩展現出濃厚的感性與抒情色彩；在後續的 400 年間，來自世界其他地方的作品都無法與之比擬。這些創作於 12 世紀的山水、動物與鳥類畫被專家譽為中國藝術史上的巔峰之作，其中尤以鳥類畫最為突出。

趙佶是當代藝術活動的核心人物。他在童年時期全心投入於他熱愛的藝術，對政事漠不關心，是個毫無準備的皇位繼承人。儘管趙佶順利登基成為了宋徽宗，然而在北宋王朝崩塌以及被女真人擊潰後，他結束了歷時26年如災難般的統治，淪為窮困潦倒的階下囚。在位期間，他招攬自己所贊助的一流藝術家入宮，而他本身也具有繪畫、書法、詩歌、音樂與建築方面的天賦。

緊密交織的詩歌、書法與繪畫藝術主要創作於絹本長軸上。這些長軸設計成需要展開來從右到左分段閱讀。有些垂直的卷軸會用來短暫展示於牆面，但大多數都是用作私人觀看，而非公開展示。傳統的作畫主題包括山水以及精細寫實的動物與鳥類畫像。鳥類主題充滿了預言傳統的氣息：鴛鴦表示幸福與忠誠，因為牠們行終生配偶制，而且據說在喪失配偶後會因過度悲傷而死；鴿子代表愛與忠貞；鴉是不祥之兆；鶴則象徵長壽與智慧。20隻群集的鶴穿越陽光普照的雲，降落於宮殿上方，這樣的情景在1112年被視為吉兆；而宋徽宗則將此一祥瑞事件化為驚為天人的絕美畫作與詩作。

宋朝帶給後世的影響可見於19世紀末與20世紀初的畫作；當時藝術家開始實驗在傳統的山水、花卉、魚類與鳥類畫中，融入西方的繪畫風格。高劍父與高奇峰兄弟在日本習得「日本畫」(Nihonga) 的融合技巧後，與陳樹人共同在廣東創立了嶺南畫派。到了1920年代，嶺南畫派的畫風已變得獨樹一格。其畫作以留白與豔麗色彩著稱，呈現出新舊融合的面貌，至今仍廣受歡迎。

《啄木鳥》（1927 年）
在高奇峰的《啄木鳥》中，可以看到傳統中國花鳥畫結合西畫風格與日本畫突顯白色的作法。長軸上的乾筆皴擦是他所創建的嶺南畫派的特色（該畫派以日本畫藝術作為基礎）。

> ❝ 仙禽告瑞忽來儀。❞
>
> 趙佶，《題瑞鶴圖》，1112年

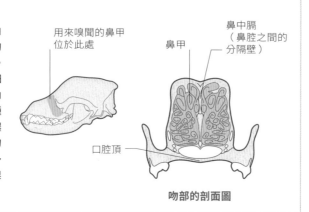

鼻甲

大多數哺乳類的吻後部充滿了由薄如紙的渦卷形骨質壁所構成的迷宮；這些骨質壁稱為「鼻甲」。鼻甲能增加嗅覺上皮（由感覺細胞構成且連接到神經末梢的鼻內襯）的表面積，藉以偵測到多種不同的氣味分子，即便是在低濃度的狀況下也能做到。大部分的哺乳類（除了鯨魚、海豚和大多數的靈長類）都具有敏銳的嗅覺。

用來嗅聞的鼻甲位於此處

鼻甲

鼻中膈（鼻腔之間的分隔壁）

口腔頂

吻部的剖面圖

哺乳類的嗅覺

陸生脊椎動物的鼻子已從其魚類祖先構造簡單的鼻窩，演化成較複雜且能偵測氣味的管道。這些鼻道連接到口腔後方，因此即使嘴巴閉合，牠們也能呼吸。就哺乳類而言，大型鼻腔能使進入的空氣先變得溫暖潮濕後，再抵達嗅覺上皮（見方框）。嗅覺上皮的感覺細胞能偵測食物來源的氣味，也能釋放名為「費洛蒙」的化學物質，而費洛蒙在哺乳類的社交生活中扮演著重要的角色。

鼻鏡（由軟骨所支撐的堅硬鼻盤結構）用於在硬土中推進，以挖掘埋在土裡的食物

肉質觸手包圍住每一個鼻孔

鼻孔能閉合，以防止土壤和碎屑進入鼻道內

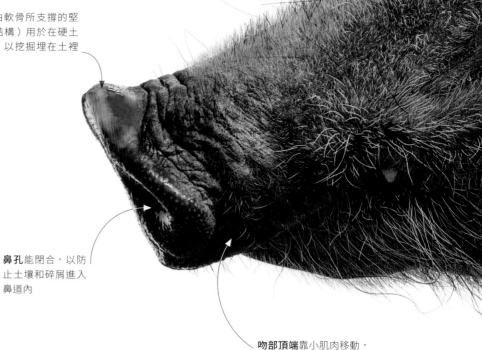

在水中嗅聞
星鼻鼴（學名 *Condylura cristata*）會藉由吹泡泡再吸回鼻內的方式偵測氣味，以搜尋浸水土壤中的無脊椎動物。牠也會利用鼻上觸手表面的 2 萬 5 千個觸覺接受器來尋找獵物。

吻部頂端靠小肌肉移動，使紅河豬無須移動頭部就能探測食物

用來搜尋的鼻子

扁平的豬鼻由堅固軟骨構成的盤狀結構所支撐，加上頂端有大大的鼻孔，很適合用來挖土尋找食物。雜食性的紅河豬（學名*Potamochoerus porcus*）就算在漆黑的夜裡，也能成功嗅出根莖、鱗莖、水果或腐肉。

眼下腺會製造氣味以標示領域

不對稱的耳朵

許多鴞形目物種具有位置不對
稱的耳朵。倉鴞皮膚上的左側
耳孔較高,而鬼鴞的顱骨本身
就不對稱,以致右耳高於左耳。
比起位置低的耳朵,來自獵物
的聲波會稍微較晚抵達位置高
的耳朵;鴞會利用這種時間差
來判斷目標的方向與位置。

右側
耳孔較高　　眼窩　　左側
　　　　　　　　　耳孔較低

鬼鴞的顱骨

翅膀的**絨毛表面**可
降低翅膀拍動時發
出的聲音

如剃刀般尖銳的利爪
用來抓住獵物

聆聽獵物的聲音
倉鴞(學名 *Tyto alba*)具有極度靈敏的耳朵,使牠
能在對人類而言完全漆黑的狀況下捕獲小型哺乳類。
倉鴞的心形面盤能反射與放大獵物的聲音,幫助牠
偵測目標,即使對方躲在草叢或雪堆底下也找得到。

飛羽的邊緣具有梳齒狀或毛髮狀的
流蘇,能分解飛行中的亂流,使鴞
在接近獵物時不會發出翅膀拍動聲

動物如何聽聲音

動物靠感測振動(聲波)的方式聽見聲音。脊椎動物的耳朵內有對聲音
很敏感的細胞;這種細胞上的纖毛(極微小的細毛)能偵測到經過的聲波,
並且觸發大腦解讀為聲音的神經訊號。陸生脊椎動物(例如鳥類)具有
耳膜(見第 178 頁),作用是將空氣中的聲波放大並傳入內耳(也就是
動物用來區分音量與音高的部位)。

深藏不露的耳朵

倉鴞不具哺乳類的外部耳廓（見第178-179頁），而是透過面盤上的羽毛將聲波傳導至牠的隱藏耳孔。面盤比耳廓還要更流線型，因此具有空氣動力學的優勢。鳥類的耳膜與內耳之間有一塊用來連結的骨頭，不像哺乳類有三塊骨頭。

大大的眼睛在狩獵時能盡可能收集許多光線

扇狀的短耳羽遮住了左耳孔

臉部兩側**硬挺、密集的羽毛**排列成凹盤狀，作用是攔截聲波

大耳的雜食動物

源自南美大草原的鬃狼（學名 *Chrysocyon brachyurus*）會利用大耳朵聆聽高聳草叢間的獵物聲音。然而，只有 20% 的狩獵行動會成功換得一餐，因此牠的食物多達一半都是水果。

頭部兩側的**耳孔**能使大腦接收到立體聲，進而幫助鬃狼判斷獵物的位置

腿的長度可能有助於鬃狼在大草原上看見高草間的獵物

哺乳類的**耳朵**

相較於許多其他的動物，哺乳類更仰賴牠們的聽覺；這不僅是為了留神聆聽是否有危險（尤其是在夜晚），也是為了要捕捉獵物。哺乳類身上有數種演化而來的特徵，能幫助牠們增進聽覺。在哺乳類的頭部內側有三塊演化而來的耳骨（或稱「聽小骨」），能夠放大聲音的振動。在頭部外側則有兩片肉質耳廓（或稱「天然的耳號角」），能將聲音導入耳內，朝聲音放大系統前進。

敏銳的嗅覺結合絕佳的聽力與視力，使耳廓狐能在夜間有效地狩獵

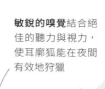

哺乳類的聽力

哺乳類的耳朵真正運作的部分位於頭內深處。聲波（見第 180頁）被導入耳道，進而使一層膜狀鼓產生振動。這些振動接著經過一連串微小骨頭（即「聽小骨」）被傳送到內耳。在此處，充滿液體的渦卷狀長管（也就是「耳蝸」）含有細胞，能偵測振動以及向大腦發送神經衝動。

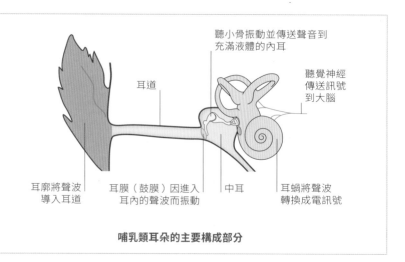

聽小骨振動並傳送聲音到充滿液體的內耳

聽覺神經傳送訊號到大腦

耳道

耳廓將聲波導入耳道

耳膜（鼓膜）因進入耳內的聲波而振動

中耳

耳蝸將聲波轉換成電訊號

哺乳類耳朵的主要構成部分

聆聽獵物的聲音

耳廓狐（學名 *Vulpes zerda*）是最小的犬科動物，但比起任何體型相似的食肉動物，牠卻擁有相較於頭部比例最大的外耳（或「耳廓」）。牠生活在開闊的撒哈拉沙漠，牠會利用靈敏的聽力，聆聽獵物在地底下挖掘地道的聲音。

用於偵測陽光熱度的白毛沿著**外耳的內側表面**排列

外耳由堅硬又如橡膠般的軟骨所支撐；軟骨內含彈性纖維，因此具有彈性

耳廓能靠耳肌的力量轉動，使耳廓狐能從不同的方向收集聲波

天然的聲納系統

蝙蝠每發出一次聲脈衝（小型蝙蝠是靠喉頭發聲，某些大型果蝠則是靠舌頭發聲），內耳的骨頭就會先脫節以避免耳聾，然後在不到一秒後重新歸位以接收回聲。這些脈衝具有如蛾一般大小的波長，只要稍微長一點，聲音就無法有力地反射。運用高頻率（短波長）的聲音能確保回聲從小型物體反射的效果好，也能使回聲定位具備極高的辨識力與解析度。

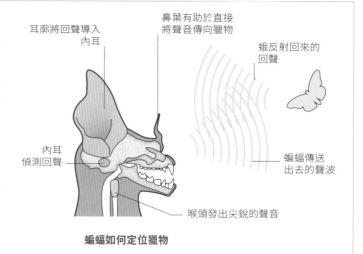

耳廓將回聲導入內耳

鼻葉有助於直接將聲音傳向獵物

蛾反射回來的回聲

內耳偵測回聲

蝙蝠傳送出去的聲波

喉頭發出尖銳的聲音

蝙蝠如何定位獵物

回聲定位機制

在所有的蝙蝠當中，小型蝙蝠擁有最驚人的回聲定位能力。超過一千種小型蝙蝠經演化而發展出多樣化的臉部構造——鼻葉用來集中聲脈衝，大耳朵則負責接收回聲。在透過鼻孔發出叫聲的物種身上，鼻葉通常高度發達。不過，大多數的小型蝙蝠實際上是透過嘴巴發出叫聲，因此牠們並沒有精密複雜的鼻葉或臉部裝飾。

傾聽回聲

當視力在夜晚或昏暗的水中變弱時，有些動物會仰賴一種稱為「回聲定位」的天然聲納形式。動物能藉由傾聽自己發出的聲音所反射的回聲，建構出周遭環境的圖像。蝙蝠則會運用回聲定位順利越過障礙物，以及找出飛行昆蟲的精準位置。高頻率叫聲的回聲能幫助蝙蝠辨識物體的尺寸、形狀、位置、距離，甚至觸感。

聲音導向機制、聲音偵測機制

用來集中回聲定位脈衝的鼻葉存在於小型蝙蝠的身上，例如菊頭蝠、假吸血蝠與葉口蝠。有些蝙蝠能立即改變大耳廓的形狀，以準確找出獵物反射回聲的來源位置。

耳珠是一個肉質突起結構，可能有助於蝙蝠判定獵物的垂直位置

耳廓能旋轉以專注在反彈的回聲上

耳廓上的**皺紋與皺褶**有助於將回聲導入耳內

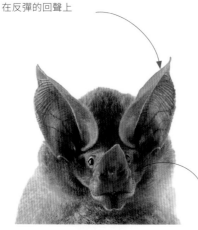

鼻葉與上唇融合

白喉圓耳蝠
學名 *Lophostoma silvicolum*

小蹄鼻蝠
學名 *Hipposideros pomona*

加州大耳蝠
學名 *Macrotus californicus*

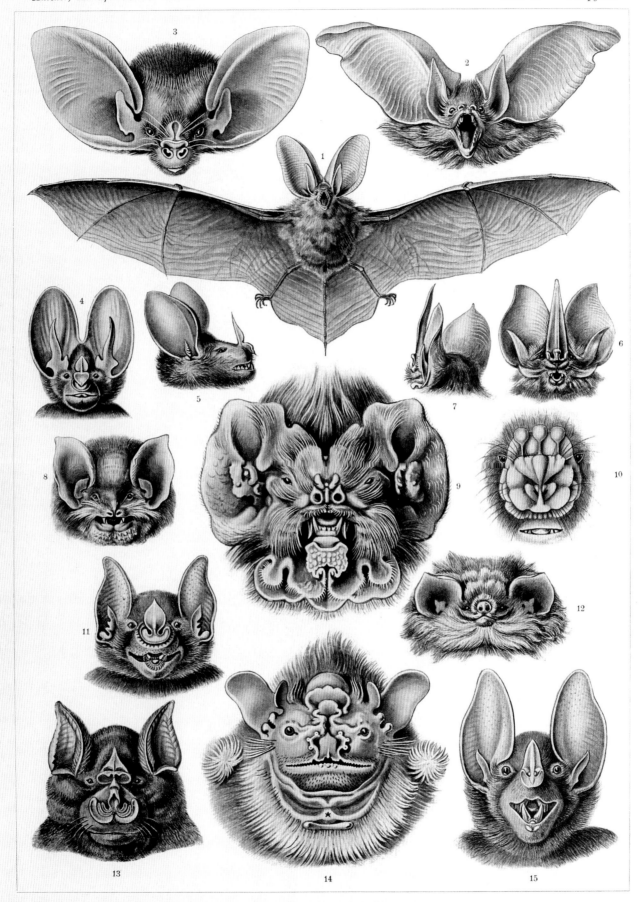

Chiroptera. — Flebertiere.

眞海豚

海豚以高智商著稱，這點從牠們複雜的行為就能看得出來。而就身體比例而言，牠們的大腦大小也僅次於人類。眞海豚（學名 *Delphinus* sp.）不僅在鎖定獵物方面技術純熟，甚至會團結合作以達到最佳的狩獵成果。

眞海豚現身於世界各地的溫暖海域，通常水深不超過180公尺（600英呎）左右。身為呼吸空氣的哺乳動物，海豚就和其他的鯨豚類一樣相當適應水中生活。牠們的整個身體皆利於產生水動力——尾鰭（見第274–75頁）負責推進，前鰭肢負責引導方向，鼻孔則化為頭頂的單一噴氣孔。

海豚的大腦是強大的資訊處理器。聲音的傳播效果在水中比在空氣中要來得好，而海豚在尋找獵物時靠的正是回聲定位。牠們會透過噴氣孔下方充滿油脂的前額突起物「額隆」發出喀答聲，並且藉由下顎內充滿脂肪的凹槽將回聲導入內耳。在海豚的大腦中，與聽覺資訊有關的區域大幅擴張，以利處理接收到的資料；而和其他較仰賴嗅覺的哺乳類比較起來，牠們的大腦只有與嗅覺有關的部分較小。

然而海豚的大腦不只用來解析感官輸入。哺乳類的新皮質（充滿皺褶的大腦表層，負責處理高階認知能力）特別發達，這解釋了牠們為何如此擅長儲存記憶、做出合理決定，以及發明新的行為。眞海豚群能溝通得十分順暢，也因此牠們會在狩獵時合作趕魚，使魚群變得較為集中，以便捕食。

善於合作的大腦

長吻眞海豚（學名*Delphinus capensis*）活動於大陸棚上的水域，在這裡可以看到一群長吻眞海豚正在追趕沙丁魚，使牠們形成一團餌球。另一種短吻的眞海豚（學名*D. delphis*）則生活在離岸更遠的水域。

色彩繽紛的偽裝
一幅 19 世紀的插圖描繪出眞海豚（顏色最鮮豔的鯨豚類）身上的色斑；這些色斑的作用可能是要打斷眞海豚的輪廓線，以幫助牠們避開較大型掠食者的偵測。

mouths
and jaws

口與顎

口：許多動物用來攝取食物與發出聲音的開口。

顎：在動物身上形成口部框架的鉸接結構，用來啃咬
咀嚼以及控制食物。

粉紅色是由類胡蘿蔔素所造成，而類胡蘿蔔素則是來自美洲紅鸛所攝入的藻類與無脊椎動物

以喙濾食

當有來源穩定的豐富懸浮物作為食物時，濾食會獲得很好的成效。紅鸛靠著吃那些生活在其鹼性湖棲息地中的微小動物與藻類而茁壯成長。美洲紅鸛（學名 *Phoenicopterus ruber*）的喙能過濾出0.5–6公釐大小的生物。

格外修長的腿意味著相較於其他涉禽，美洲紅鸛能在更深許多的水中行走

格外修長的脖子 使美洲紅鸛能將頭伸入泥濘深水中尋找食物

紅鸛的濾食幫浦

紅鸛運用舌頭像幫浦般打水的方式濾食。舌頭向後拉能將含有藻類與微小動物而營養豐富的水，抽進半閉的喙所形成的狹窄開口。舌頭向前推則能將廢水排出。

下顎內側布滿了刷狀小板，能用來困住食物

舌頭上朝後的刺能將收集到的食物向後移

肌肉發達的舌頭能將水和大顆粒推出喙外

上顎內側有葉狀帶鉤的刺，能過濾掉大顆粒

喙的剖面圖

內彎的喙 在為了濾食而稍微張開時，能沿著長度維持狹窄的開口

下頜骨（顎）比上頜骨深，以容納肥厚的舌頭

濾食

許多動物會從極微小（且通常懸浮在水中）的食物顆粒中攝取營養，並且已演化出有效率的採集方式。最小型的無脊椎動物會利用黏液困住小顆粒，但在較大型、較強壯的動物體內，富含食物的水會受推壓而通過細孔的過濾機制，藉以困住食物。利用這種「濾食」方式攝取營養的不只有最大型的動物（藍鯨與鯨鯊），也包括較小型的動物（像是鯖魚和涉水的紅鸛）。

金帶花鯖張大嘴巴游泳時，能藉由**鰓耙**收集浮游生物以供吞食

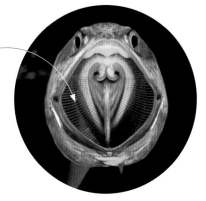

海洋過濾器

許多開闊海域中的魚類在鰓耙上長有骨質延伸物，能在游泳時從水中過濾浮游生物。金帶花鯖（學名 *Rastrelliger kanagurta*）是其中一例。

大旋鰓蟲

這些貌似樹木的動物聚集形成的小型「森林」不只生活在珊瑚礁上，也具有保護珊瑚礁的作用。大旋鰓蟲（學名 *Spirobranchus giganteus*）或許看起來較像植物而不像動物，但牠們的羽狀螺旋其實是特化的鰓冠，能用來進食和呼吸。

口與顎

這些奇特的生物最初是從排放型產卵所形成的胚胎開始生長。雄蟲與雌蟲同時將精子與卵子釋放到水中，接著精卵結合發育成自由漂浮的幼蟲。數小時或數周後，幼蟲在堅硬的珊瑚上安頓下來，變態成管棲生物，棲息於充滿黏液的蟲管內——之後這個蟲管會逐漸演變成石灰質硬管，而大旋鰓蟲會在管內生活長達30年。

幼蟲攝取富含鈣的漂浮顆粒後，會透過一種特殊的腺體加工製成碳酸鈣；這些碳酸鈣經分泌後會形成20公分（8英吋）的蟲管，深入珊瑚堅硬的外部結構。大旋鰓蟲唯一顯露於外的部分是口前葉，外型就像兩株螺旋狀的「樹」——其餘的身體部位則藏在管內。如果大旋鰓蟲察覺到危險，就會將這些樹也縮回管內（見下面方框）。

大旋鰓蟲的每一株螺旋都含有5到12個螺層，上面林立著微小的觸手（或「輻棘」）；觸手上則覆蓋著細絲狀羽枝，上面長有毛髮般的微小纖毛。大旋鰓蟲能藉由纖毛拍動所產生的水流，將浮游生物吸過來以利攝食。

大旋鰓蟲具有兩個複眼，分別位於兩株樹的底部；每個複眼都有多達一千個小眼面。科學家不確定這些複眼的視力如何，但實驗顯示它們會在掠食性魚類接近時內縮，即便是在對方並未投射出影子的情況下也會如此。

給珊瑚礁的禮物

大旋鰓蟲進食的方式是讓食物沿著每一隻觸手上的溝槽漂送，最後送進位於「樹」底的口中。在進食過程中，牠所產生的水流也會為珊瑚帶來養分，並且有助於消散有害的廢棄物。

警戒

身為自行構築棲管並固定附著在其他物體上的濾食性環節動物，頭部構造必須要歷經一些驚人的改變，才有辦法生活。圍繞著龍介蟲口部的高度特化觸手形成了具保護作用的口蓋，而其他環節動物的觸手則發展成羽狀結構，同時作為收集食物的器官以及用來呼吸的鰓。大旋鰓蟲的頭端（或「口前葉」）直立高度為1-2公分（⅓-¾英吋），寬度可達3.8公分（1½英吋）；而長達3公分（1⅛英吋）的身體則安全地待在棲管中。如果偵測到危險，大旋鰓蟲也能將口前葉縮進管內。

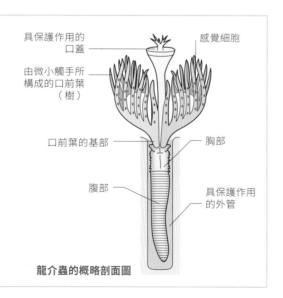

具保護作用的口蓋
感覺細胞
由微小觸手所構成的口前葉（樹）
口前葉的基部
胸部
腹部
具保護作用的外管

龍介蟲的概略剖面圖

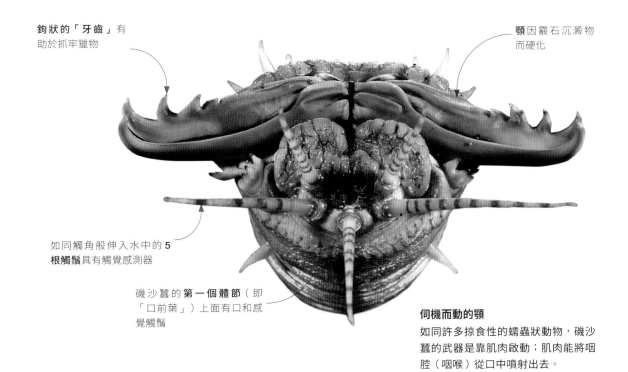

鉤狀的「牙齒」有
助於抓牢獵物

顎因霰石沉澱物
而硬化

如同觸角般伸入水中的 5
根觸鬚具有觸覺感測器

磯沙蠶的第一個體節（即
「口前葉」）上面有口和感
覺觸鬚

伺機而動的顎
如同許多掠食性的蠕蟲狀動物，磯沙
蠶的武器是靠肌肉啟動；肌肉能將咽
腔（咽喉）從口中噴射出去。

無脊椎動物的顎

在顎經演化而形成之前，動物會把任何塞得進口中的物質當作食物整個吞下
肚，就像至今仍這麼做的水母和海葵那樣。靠肌肉驅動的顎能用來切開、磨
碎或抓牢物體，為早期的蠕蟲狀動物增添了新的食物來源，也使牠們能將大
型的固態食物（例如樹葉或肉）分解成可處理的碎片，以方便吞嚥與消化。
而銳利的顎作為防禦武器或捕捉與發送獵物的工具，效果也一樣好。如今，
從螞蟻到巨大的魷魚和掠食性蠕蟲狀動物，各式各樣的無脊椎動物都會運用
到不同尺寸、樣式與複雜度的顎。

吸血動物的顎

許多顎的運作方式就如同剪刀，閉合時刀片會
一起軸轉。但水蛭的顎比較像手術刀。在以口
吸盤夾住犧牲者的皮膚後，水蛭的三片顎會切
開皮膚，留下一個 Y 形的傷口。唾腺接著會釋
放分泌物到尖銳的刀片上。唾液裡的抗凝血劑
會確保血液從傷口順暢流出，而在此同時，水
蛭會利用咽腔（咽喉）中的有力肌肉吸食血
液。

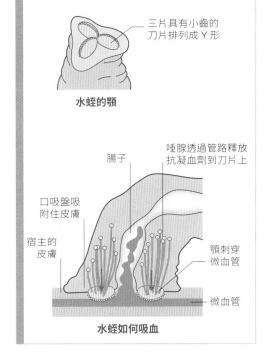

三片具有小齒的
刀片排列成 Y 形

水蛭的顎

腸子

唾腺透過管路釋放
抗凝血劑到刀片上

口吸盤吸
附住皮膚

宿主的
皮膚

顎刺穿
微血管

微血管

水蛭如何吸血

液壓的顎

磯沙蠶（學名*Eunice aphroditois*）能藉由體內的液
壓將咽喉向外推，使鋸齒狀的顎與口部周圍的感覺
觸鬚張開。任何的魚只要游得夠靠近，就會刺激到
磯沙蠶的觸鬚，進而釋放壓力，以致牠的顎會隨著
咽喉向後縮回，瞬間咬住魚的身體。

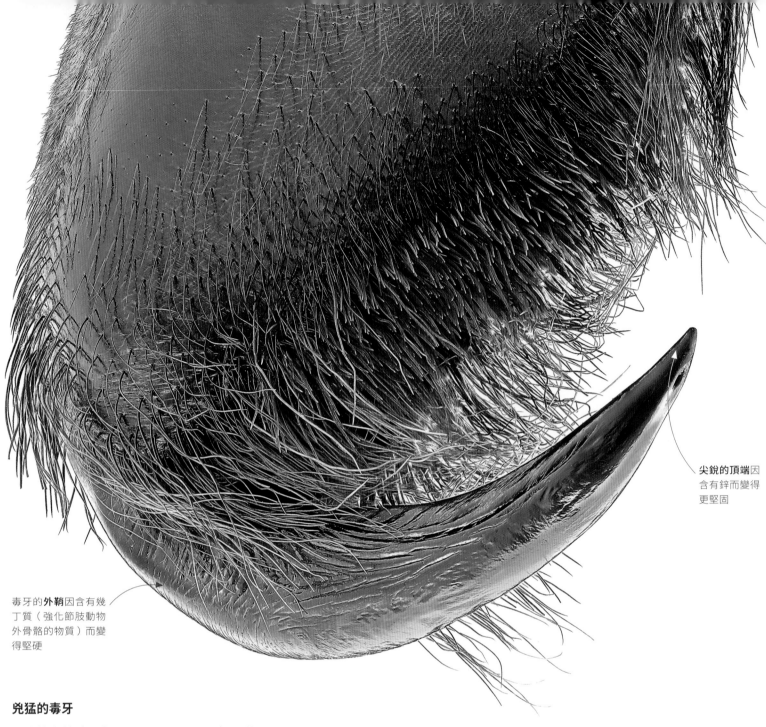

尖銳的**頂端**因含有鋅而變得更堅固

毒牙的**外鞘**因含有幾丁質（強化節肢動物外骨骼的物質）而變得堅硬

兇猛的毒牙

巨人捕鳥蛛（學名*Theraphosa blondi*）是世界上最大的蜘蛛；如圖片所示，牠的毒牙即使在蛻皮狀態下仍顯露出威脅性。在這些內彎的毒牙上可以看到釋放毒液的小孔。儘管體型巨大，但這種蜘蛛並不會對人類造成生命危險。

注入毒液

幾乎在陸地上的所有地方，蜘蛛都是最主要的掠食性無脊椎動物。對數十億種昆蟲以及少數蜥蜴或鳥類而言，蜘蛛是殺手。除了數百種無毒的種類外，在大約五萬個蜘蛛物種中，大多數都具有能殺死獵物的毒液，會透過毒牙注射到犧牲者的體內。蜘蛛無法嚥下固態食物，因此在毒液麻痺獵物使牠停止掙扎的同時，牠們會注入一種有助消化的酵素到獵物體內，使對方的身體液化。只有少數幾種蜘蛛（黑寡婦、巴西狼蛛與澳洲漏斗網蜘蛛）具有會威脅人類性命的毒液。

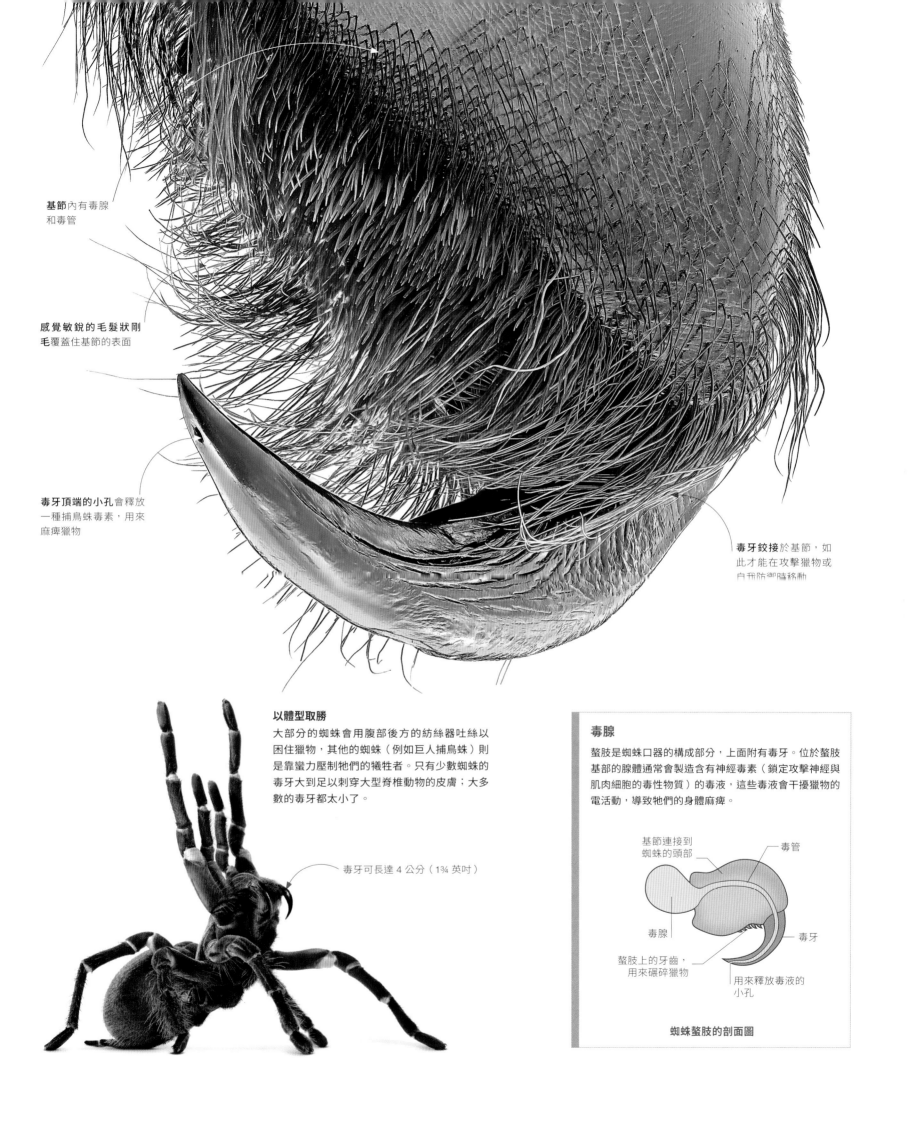

基節內有毒腺
和毒管

感覺敏銳的毛髮狀剛
毛覆蓋住基節的表面

毒牙頂端的小孔會釋放
一種捕鳥蛛毒素，用來
麻痺獵物

毒牙鉸接於基節，如
此才能在攻擊獵物或
自我防禦時移動

以體型取勝

大部分的蜘蛛會用腹部後方的紡絲器吐絲以
困住獵物，其他的蜘蛛（例如巨人捕鳥蛛）則
是靠蠻力壓制牠們的犧牲者。只有少數蜘蛛的
毒牙大到足以刺穿大型脊椎動物的皮膚；大多
數的毒牙都太小了。

毒牙可長達 4 公分（1¾ 英吋）

毒腺

螯肢是蜘蛛口器的構成部分，上面附有毒牙。位於螯肢
基部的腺體通常會製造含有神經毒素（鎖定攻擊神經與
肌肉細胞的毒性物質）的毒液，這些毒液會干擾獵物的
電活動，導致牠們的身體麻痺。

基節連接到
蜘蛛的頭部

毒管

毒腺

螯肢上的牙齒，
用來碾碎獵物

毒牙

用來釋放毒液的
小孔

蜘蛛螯肢的剖面圖

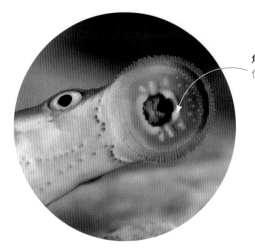

角狀牙齒圍繞
住口部的開口

沒有顎的生物

七鰓鰻與盲鰻是唯一不具顎的現存脊椎動物。普氏七鰓鰻（學名 *Lampetra planeri*）會運用其吸盤狀的口附著在岩石上；只有缺乏吸盤的幼體會進食。許多其他的七鰓鰻物種則會在成體階段寄生在其他魚體上；牠們會用吸盤狀的口吸附在宿主身上，吸食對方的血液和組織。

從鰓弧演化到顎

胚胎學發展與化學證據的相關研究顯示，脊椎動物的顎是從魚類的鰓弧演化而來。鰓弧是頭側鰓孔之間的骨骼支撐柱，顎的上下頜骨很可能就是從最前面的鰓弧演變而來。

六道鰓裂

第一（顎的）鰓弧

五個鰓弧

第二（舌骨的）鰓弧

脊椎動物的顎在理論上的起源

脊椎動物的顎

5 億年前，最早開始在史前海洋中游泳的魚類並沒有顎；牠們很可能是用口從海底的沉積物刮下食物來吃——在顎的演化使脊椎動物能夠多樣化發展之前，情況都是如此。張開與閉合上下顎能將富含氧氣的水透過鰓抽入體內，這也許是顎在最早的有顎魚類身上的第一個功能。由於顎也能用來啃咬，因此它們的演化當然徹底改變了脊椎動物的攝食方式。具啃咬功能的顎不僅使食草的脊椎動物開始咀嚼植物，也使食肉的脊椎動物開始殺戮獵物。

顎骨

如同所有的哺乳類，侏儒河馬的下顎也是由單獨一根名為「齒骨」的骨頭所形成。哺乳類的爬蟲類祖先靠不同的骨頭鉸接牠們的顎，但是在演化過程中，那些骨頭逐漸演變成微小的中耳聽小骨，用來增進哺乳類的聽力。

矢狀脊是顱骨上用來固定住顳肌的寬大連結點；寬闊的顳肌則是用來拉動下顎的肌肉

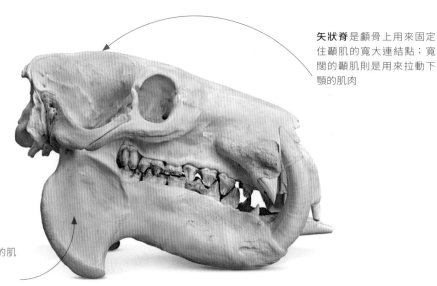

齒骨能耐受閉合顎部的肌肉所施予的強大力量

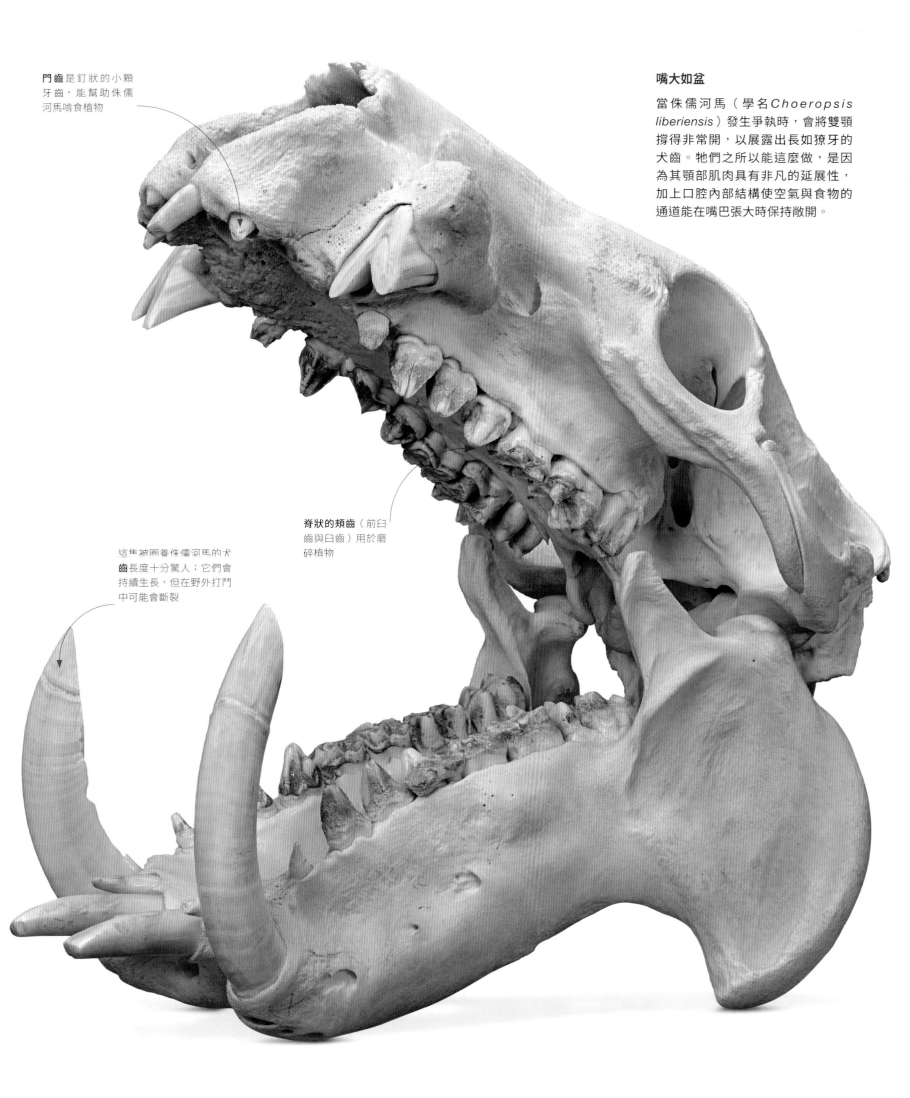

門齒是釘狀的小顆牙齒，能幫助侏儒河馬啃食植物

脊狀的頰齒（前臼齒與臼齒）用於磨碎植物

這隻被圈養著侏儒河馬的犬齒長度十分驚人；它們會持續生長，但在野外打鬥中可能會斷裂

嘴大如盆

當侏儒河馬（學名*Choeropsis liberiensis*）發生爭執時，會將雙顎撐得非常開，以展露出長如獠牙的犬齒。牠們之所以能這麼做，是因為其顎部肌肉具有非凡的延展性，加上口腔內部結構使空氣與食物的通道能在嘴巴張大時保持敞開。

比起其他涉禽的眼睛，鯨頭鸛**獨具特色的大眼**較為朝前，能幫助牠判斷距離

上喙因中央的骨質隆脊而變得更堅固

頸部具有強壯的肌肉，能夠支撐巨大鳥喙的重量，尤其是當鯨頭鸛攜帶笨重的獵物時

寬闊的前緣能夠夾斷大型獵物的頭

鉤狀的鳥喙頂端使鯨頭鸛能夠順利困住扭動的魚

望之生畏

在東非的沼澤中，巨大的鯨頭鸛站立高度可達 1.2 公尺（4 英呎）。牠會在植被中衝刺，用特大的喙捕捉大型獵物，例如長達 75 公分（2 英呎 6 英吋）的肺魚。

翼展可長達 2.3 公尺（7 英呎 6 英吋）

深喙能攜帶足夠的水，用來在炎熱的天氣裡潑濕牠的蛋或替幼鳥降溫

鳥喙

在演化過程中，鳥類失去了一項賦予其爬蟲類祖先強大咬合力的特徵——牙齒。取而代之的是，牠們獲得了多功能的角質喙，能用來當作銳利的武器，或是能壓碎種子或探測花蜜的精巧工具（見第 198–99頁）。多虧了牠們靈活的顎，鳥類不僅能將下頜骨往下放，也能將上頜骨往上拉，使牠們能張嘴控制食物。

鳥喙的構造

鳥喙的骨質核心具有牢固（且通常為堅硬角質）的外層（或稱「嘴鞘」），由製造爪子和指甲的同一組織「角蛋白」所構成。此一外層含有血管與神經，以致鳥喙對觸碰十分敏感。

嘴鞘，即鳥喙的外鞘

表皮層；形成鳥喙外層的角蛋白在此處生成

真皮層

骨頭

上頜骨

喙緣，即鳥喙銳利的前緣

下頜骨

典型鳥喙的剖面圖

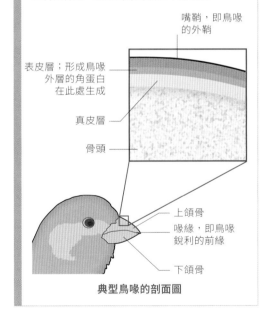

令人害怕的涉禽

鯨頭鸛（學名*Balaeniceps rex*）的英文名稱為shoebill（鞋狀喙），過去曾一度被稱為whale-headed stork（具有鯨魚頭的鸛）。牠是一種涉禽，根據DNA與鵜鶘有較緊密的親緣關係。雖然牠沒有喉囊，但上喙呈鉤狀，並且因為具有隆脊而變得更堅固，就和鵜鶘的上喙一樣。

鳥喙形狀

鳥喙為了因應鳥類在棲息地中可取得的食物而逐漸演化，以致鳥喙的形狀千奇百種，各自反映出牠們所吃的食物與進食的方式。許多鳥類都是雜食動物，會依據季節以活的獵物與植物為食。大部分的鳥類會專門攝取某一特定的食物來源，例如種子、花蜜或無脊椎動物。

食用水果、種子與堅果

圓錐形的喙能幫助鳥類啄出與壓碎雪松、松樹與樺樹的種子

桑鳲
學名 *Eophona personata*

強壯的喙能夾碎堅果殼、壓碎種子與剝除果皮

琉璃金剛鸚鵡
學名 *Ara ararauna*

修長的喙使鳥能夠採到鄰近枝頭上的水果

花冠皺盔犀鳥
學名 *Rhyticeros undulatus*

吸取花蜜

略長的喙能吸取花蜜與捕捉昆蟲

黃冠食蜜鳥
學名 *Lichenostomus melanops*

向下彎的喙使鳥的舌頭能鑽進花的深處

黑胸太陽鳥
學名 *Aethopyga saturata*

瘦長且稍微向下彎曲的喙能伸入管狀的花內

藍頂妍蜂鳥
學名 *Thalurania colombica colombica*

探索淤泥與土壤

向上翹的喙能用來在淤泥灘上左右掃過，藉以尋找無脊椎的獵物

紅胸反嘴鴴
學名 *Recurvirostra americana*

鼻孔位於**喙頂**，能偵測土壤中的獵物

北島褐鷸鴕
學名 *Apteryx mantelli*

細瘦的喙能用來探尋淤泥中的水生甲殼類與無脊椎動物

美洲紅䴉
學名 *Eudocimus ruber*

鳥喙與食物的搭配

喙的形式與大小是一個很好的線索，能用來猜測一隻鳥主要的飲食構成。舉例來說，粗短的圓錐形鳥喙（像是燕雀的喙）代表牠吃種子，而食肉的鳥類（像是老鷹和其他的猛禽）通常具有彎曲且鋒利的喙頂，能用來把肉撕成易於下嚥的肉塊。

撕扯與吞食獸肉

大幅彎曲的鉤狀喙頂能撕下魚類、小型哺乳類與其他鳥類的肉

銳利的喙能撕下動物屍體的皮膚與硬組織

楔形的喙能用來探尋屍體上的肉以及咬住小型獵物

虎頭海鵰
學名 *Haliaeetus pelagicus*

王鷲
學名 *Sarcoramphus papa*

非洲禿鸛
學名 *Leptoptilos crumeniferus*

捕捉昆蟲

寬口上的**短喙**能舀起昆蟲

纖細且外形像鑷子的喙能快速地抓起地上的蠕蟲狀動物與昆蟲

強壯且向下彎曲的喙能精準地捉住空中的蜜蜂

歐夜鷹
學名 *Caprimulgus europaeus*

歐亞鴝
學名 *Erithacus rubecula*

綠喉蜂虎
學名 *Merops orientalis*

捕魚

上喙的**隆脊**能支撐捕獲的魚的重量

色彩鮮豔的喙能一次抓住數條小魚

具流線外形的喙使鳥能平穩地進入水中

白鵜鶘
學名 *Pelecanus onocrotalus*

北極海鸚
學名 *Fratercula arctica*

大魚狗
學名 *Megaceryle maxima*

Ivory-billed Woodpecker. PICUS PRINCIPALIS. Linn. Male 1 Female. 2.3.

Drawn from Nature and Published by John J. Audubon F.R.S.F.L.S.

Engraved, Printed & Coloured by R. Havell.

達爾文霸鶲

約翰‧古爾德投注了大量心力研究達爾文探勘之旅所帶回的標本。他所描繪的這幅插圖收錄在《小獵犬號之旅的動物學研究 》（*The Zoology of the Voyage of HMS Beagle*，1838年）；圖中黃灰相間的雌性達爾文霸鶲（學名 *Pyrocephalus nanus*）來自加拉巴哥群島。

藝術作品中的動物

鳥類學家的畫作

世界上的鳥類在形態、鳴聲與飛行上的豐富種類、表現與變化，對19世紀的博物學家而言是極其誘人的研究挑戰。在那個年代，為鳥類記錄、素描與分類的活動盛行，新印刷技術的興起也為鳥類學創造出代表性的藝術傑作。

鳥類愛好者在遊歷世界各地後，將自己關於自然史新發現的記述以及鳥類標本帶回家鄉，其中有許多資料最終都落到了動物標本師與鳥類學家約翰‧古爾德的手上（1804年–1881年）。在擔任倫敦動物學會的首任會長與標本師後，古爾德接著發表了數部世界上最精美的鳥類叢書。一種名為「石版印刷」的新穎印刷術（製版過程是將圖像畫在石灰岩版上）使色彩鮮明的手工上色版畫得以問世。為了發表自己的重要著作《歐洲鳥類》（*The Birds of Europe*，1832年–1837年），古爾德遊遍歐洲替鳥類編目與素描，之後便展開了為期兩年的塔斯馬尼亞與澳洲考察之旅。他和畫家太太伊莉莎白（Elizabeth）共同製作了一部共7卷的澳洲鳥類叢書，其中包含在科學領域前所未聞的328個新物種。

儘管出現在這些生動圖書中的鳥看起來栩栩如生，但牠們大多在被描繪之前，就已遭到宰殺、解剖與剝製。在美國，博物學家與獵人約翰‧詹姆斯‧奧杜邦（John James Audubon）會利用附有掛勾的鋼索，將新鮮的鳥類屍體吊掛在繪有其棲息地的背景前面，以營造出逼真的畫面。由於美國的科學家都對他有所迴避，因此他向英國的名門貴族與大學圖書館尋求贊助，用來替每一種美國鳥類製作紀念性的腐蝕凹版畫。他花了將近12年與11萬5千元美金，才完成了200套《美國鳥類》（*The Birds of America*）的印製。

虎皮鸚鵡

英國鳥類學家約翰‧古爾德為了他的代表性著作《澳洲鳥類》（*The Birds of Australia*，1840年–1848年），製作了681幅細緻精美、色彩鮮明的石版畫。他在1840年率先引進兩隻虎皮鸚鵡到英格蘭後，這種鸚鵡逐漸成為了受歡迎的寵物。

象牙嘴啄木鳥

約翰‧詹姆斯‧奧杜邦想要為每一種美國鳥類製作實物大小的畫像，因此需要用到「超大開」（100公分乘以67公分，或是39英吋乘以26英吋）的圖紙。這幅象牙嘴啄木鳥畫像（如今公認已絕種）是《美國鳥類》（1827年–1838年）435幅紀念性版畫中的其中一幅。

> **❝ 我從未在任何一天放棄聆聽鳥兒的歌聲、觀察牠們獨特的習性，或是盡我所能地描繪牠們的輪廓。❞**
>
> 約翰‧詹姆斯‧奧杜邦，《奧杜邦與他的日誌》（*AUDUBON AND HIS JOURNALS*），1899年

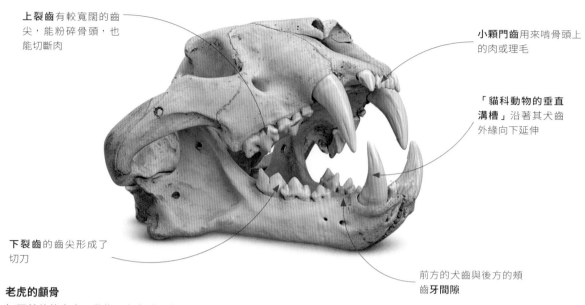

上裂齒有較寬闊的齒尖，能粉碎骨頭，也能切斷肉

小顆門齒用來啃骨頭上的肉或理毛

「貓科動物的垂直溝槽」沿著其犬齒外緣向下延伸

下裂齒的齒尖形成了切刀

前方的犬齒與後方的頰齒**牙間隙**

老虎的顱骨

如同其他的食肉目動物，老虎（學名 *Panthera tigris*）無比強壯的顎上有生長深入的頰齒；這些頰齒又稱為「裂齒」，咬合時能像剪刀一般把肉切斷。能刺穿皮膚的修長犬齒則用來緊緊咬住掙扎的獵物。

食肉動物的牙齒

任何一種吃肉的動物（例如水母、虎甲蟲或鱷魚）皆被描述為「食肉動物」，但哺乳綱底下的食肉目在生活型態上產生的適應性改變最為驚人。這些所謂的食肉目動物（包括貓、狗、鼬、熊）相當仰賴具啃咬功能的顎，以及長在顎上能刺穿、殺死與肢解獵物的牙齒。如同大多數其他的哺乳類，牠們的特化牙齒能確保口部有辦法多工處理食物。

差異化的牙齒

大多數魚類、兩棲類與爬蟲類的牙齒形狀皆十分類似，例如鱷魚的牙齒一律為圓錐形。而這種形狀一致的牙齒就叫做「同型齒」。相形之下，哺乳類則具有差異化的「異型齒」，使牠們能以不同方式處理食物。一般來說，牠們的牙齒包含位於前方用來啃咬與切割的鑿狀門齒、門齒後方用於戳刺的圓錐形犬齒，以及位於後方用來壓碎與研磨的脊狀頰齒（前臼齒與臼齒）。

所有的牙齒皆為圓錐形

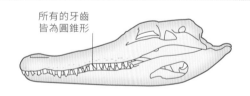

美國短吻鱷 學名 *Alligator mississippiensis*

門齒　犬齒　　　　　　臼齒

前臼齒

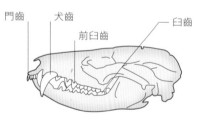

北美負鼠 學名 *Didelphis virginana*

殺手的牙齒

獵豹（學名 *Acinonyx jubatus*）的犬齒雖然依舊令人畏懼，但按照比例比其他貓科動物的犬齒小；較小的犬齒齒根使鼻腔具有較多空間，讓牠們在高速追逐後咬住獵物時，能透過鼻孔「喘息」。匕首般的犬齒毫無疑問是食肉動物的特徵，作用是夾住犧牲者的喉嚨使牠窒息。

遭人誤解的身分

大貓熊在亞洲以外的地區一直都無人知曉,直到1860年代,一隻黑白相間的熊抵達西方世界,情況才有所改變。不過即便在當時,還是有至少一位科學家認為大貓熊是浣熊的親戚。

聚焦物種

大貓熊

大貓熊(學名 *Ailuropoda melanoleuca*)有張圓滾滾的臉,主要以植物為食,而且具有黑白相間的毛皮,因此最初看起來比較像大型浣熊,而不是熊科動物。儘管基因檢測確認這種哺乳類隸屬於熊科,然而對科學家而言,牠的生理構造與飲食習慣仍舊是令人著迷的難解之謎。

大貓熊是世界上極其脆弱的其中一種哺乳類,據估在野外只剩下1,500隻到2,000隻。成體身長可達1.2–1.8公尺(4–6英呎),重量可達136公斤(300磅)。儘管動作緩慢,但牠們能在水中游泳以及涉水而行,也善於攀爬,甚至能運用膨大的腕骨(又稱為「偽拇指」)抓握竹子。到了5歲或6歲的成熟階段,通常獨來獨往的雄性與雌性會在交配季節(一般為3月到5月之間)花數天或數周在一起。幼熊會在3到6個月之後誕生,並且待在母親身邊長達2年的時間。

住在山中的動物

大貓熊過去也曾現身於低地地區,但人類的入侵使其活動範圍受限於較高的山區。如今大貓熊只棲息在中國中部少數幾座較濃密的山地森林裡。

大貓熊的飲食是個難解之謎。牠們一天會花上16個小時吃進9–18公斤(20–40磅)的食物,接著再休息數小時。天生的習性加上犬齒與較短的消化道,皆暗示牠們是食肉動物。然而牠們所攝取的食物99%都是缺乏營養的竹子,而且還具有特別強壯的顎部肌肉與寬闊平坦的臼齒,能夠用來研磨這種堅硬的植物。大部分的食肉動物都不具備消化禾草類所需的腸道菌,但大貓熊卻有足夠的腸道菌能分解牠們吃下肚的部分纖維素;牠們只能從一餐中獲取17%到20%的能量,剛好足以供牠們生存。這樣的飲食意味著牠們無法儲存冬眠(蟄伏)所需的脂肪。

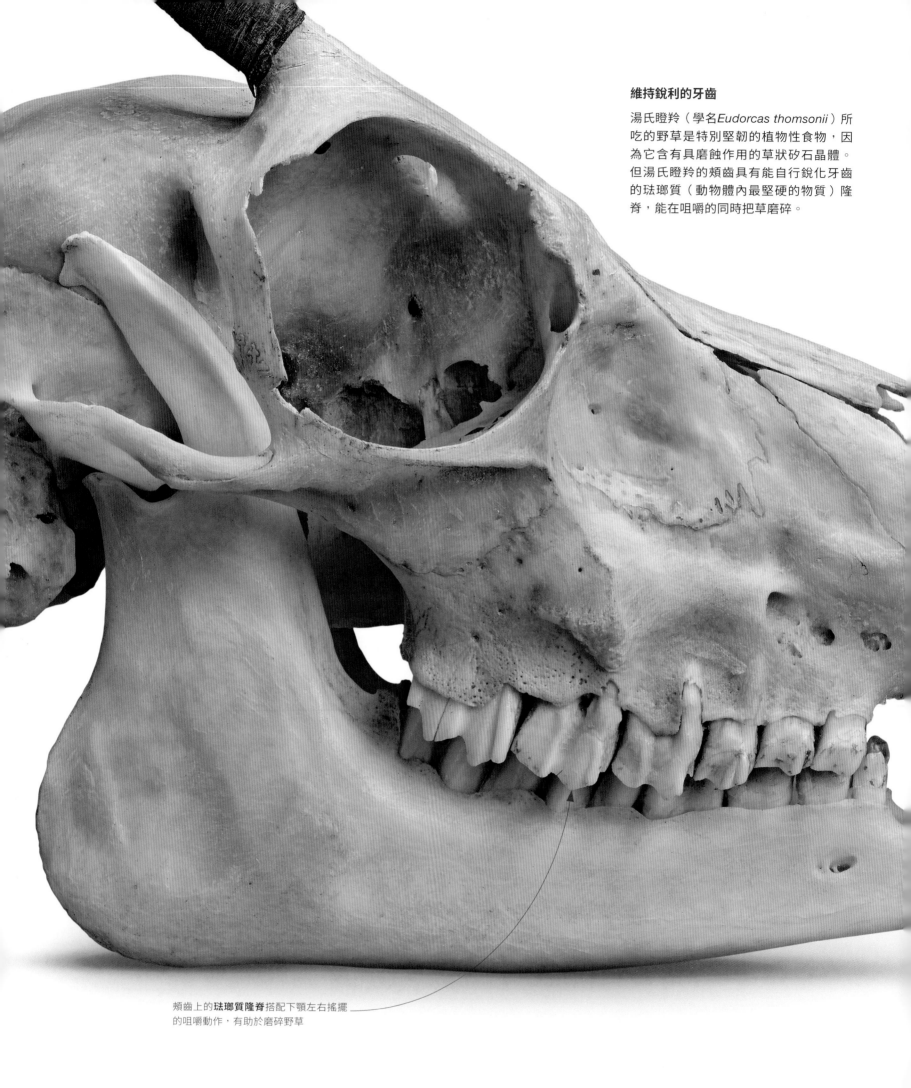

維持銳利的牙齒

湯氏瞪羚（學名*Eudorcas thomsonii*）所吃的野草是特別堅韌的植物性食物，因為它含有具磨蝕作用的草狀矽石晶體。但湯氏瞪羚的頰齒具有能自行銳化牙齒的琺瑯質（動物體內最堅硬的物質）隆脊，能在咀嚼的同時把草磨碎。

頰齒上的**琺瑯質隆脊**搭配下顎左右搖擺的咀嚼動作，有助於磨碎野草

狹窄的顱骨或許能幫助這隻瞪羚在草較粗的草地內，摘到水分較多的樹葉

食草動物的顱骨

湯氏瞪羚和其他會吃磨蝕性草類的草食動物一樣，具有長長一排用來磨碎食物的頰齒。食嫩植性動物（以低矮灌木上的軟葉為食的草食動物）則通常具有較短一排的頰齒。

利用微生物

草食動物腸道內的微生物會製造纖維素酶，將植物纖維消化分解成糖和脂肪酸。就許多以植物為食的動物而言（例如馬、犀牛和兔子），微生物棲息在腸道中腫大的部分，而反芻動物（包括牛和羚羊）的微生物則是居住在多腔室的胃裡。

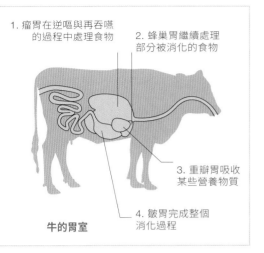

1. 瘤胃在逆嘔與再吞嚥的過程中處理食物

2. 蜂巢胃繼續處理部分被消化的食物

3. 重瓣胃吸收某些營養物質

4. 皺胃完成整個消化過程

牛的胃室

以植物爲食

靠植物獲取營養的動物會面臨一個問題：植物內充滿了難以消化的纖維狀纖維素（植物細胞壁的組成部分）。因此，草食動物不只需要能切斷與咀嚼這些堅韌的葉子，也需要從最後形成的食物渣中提取養分。除了具有特化的齒式外，草食動物也會在牠們的消化系統中培養活體微生物。這些維生素會提供所需的酵素（酶），藉以將植物纖維消化成身體能吸收的糖。

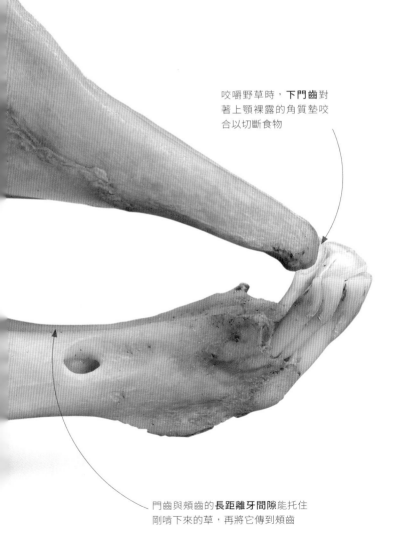

咬嚼野草時，**下門齒**對著上顎裸露的角質墊咬合以切斷食物

門齒與頰齒的**長距離牙間隙**能托住剛啃下來的草，再將它傳到頰齒

罌粟種子頭是一種堅硬的蒴果；小型齧齒動物（例如巢鼠）能用其適合啃咬的特化門齒咬出開口。

以種子為食

某些草食動物專吃較易消化的種子與水果。許多種子富含油脂、蛋白質與碳水化合物，很適合用來為代謝快的小型哺乳類（例如齧齒動物）維持生命。

靈活的臉

對任何動物來說，口和顎的主要用途就是進食。然而就哺乳類（特別是較高級的靈長類）而言，臉在數百條小肌肉的控制下具備了無比的靈活度，因此也能用來傳達訊號，而這點對組織社群來說十分重要。對高度仰賴視力與視覺展示的動物來說，臉成為了一種宣告心情與意圖的工具。

善於表達的臉

黑猩猩生活在複雜的社群中，會利用臉部表情宣告牠們的感受與情緒。舉例來說，玩樂時張大嘴巴表示開心，齜牙咧嘴透露出恐懼，噘嘴則意味著牠們渴望獲得慰藉。這些表情會影響群體中其他成員的反應，甚至可能引發同理心，進而強化社交連結。

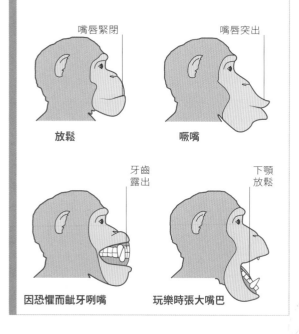

嘴唇緊閉

放鬆

嘴唇突出

噘嘴

牙齒露出

因恐懼而齜牙咧嘴

下顎放鬆

玩樂時張大嘴巴

看我這裡

婆羅洲紅毛猩猩（學名 *Pongo pygmaeus*）從樹上採集水果後，會用牠靈活的嘴唇將果肉分離果皮與籽。雖然婆羅洲紅毛猩猩通常比其他的非洲猿類還要獨立，但牠們也是群居動物，而且能做出豐富的臉部表情。

如同其他的大型猿類，
婆羅洲紅毛猩猩的**臉部**
幾乎沒有毛髮，使牠的
表情更為清楚

朝前的雙眼有助於婆羅洲
紅毛猩猩判斷距離，也使
牠能加強眼部表情以傳達
情緒

這隻年輕的婆羅洲紅毛
猩猩有張粉紅色的臉，
但色素會隨著年紀增長
而累積，使皮膚逐漸變
成深棕色

高高噘起的嘴唇發出「親
吻的吱吱聲」；這樣的
現象是由口部上下方的
肌肉群將嘴唇往後拉所
導致

legs, arms, tentacles, and tails'
腿、臂（腕）、觸手與尾巴

腿：承受身體重量的肢體，用來移動與支撐身體。

臂(腕)：脊椎動物的前肢，通常用來抓握；或是章魚的附肢。

觸手：靈活的附肢，用來移動、抓握、感覺或攝食。

尾巴：伸長且靈活的附肢，位於動物身體的最末端。

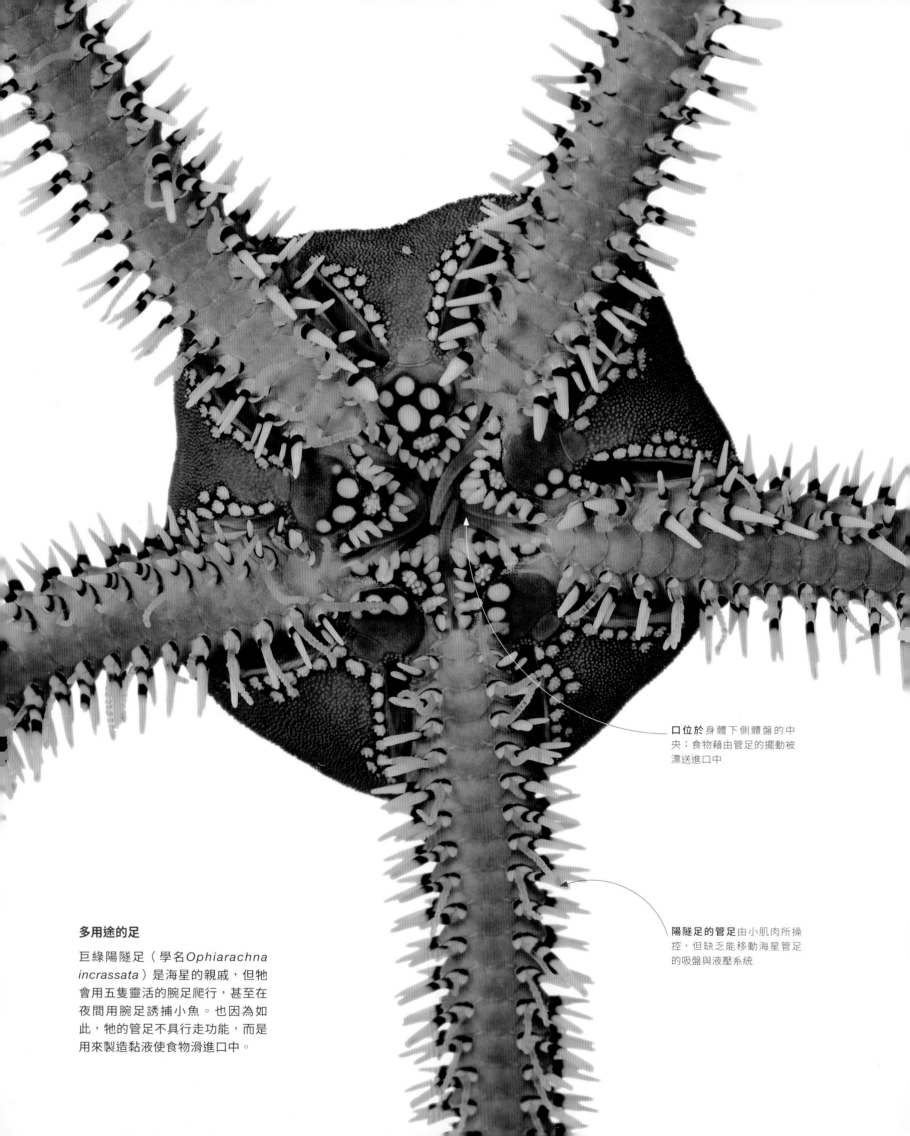

口位於身體下側體盤的中央；食物藉由管足的擺動被漂送進口中

多用途的足

巨綠陽隧足（學名*Ophiarachna incrassata*）是海星的親戚，但牠會用五隻靈活的腕足爬行，甚至在夜間用腕足誘捕小魚。也因為如此，牠的管足不具行走功能，而是用來製造黏液使食物滑進口中。

陽隧足的管足由小肌肉所操控，但缺乏能移動海星管足的吸盤與液壓系統

管足

海星與陽隧足都有類似於海葵的輻射對稱構造，但海葵固定附著在海底，必須靠漂流經過的食物維生，其他兩種動物則能夠移動身體獵食或吃水草。在數百條位於身體下側的肉質突出構造（稱為「管足」）協力合作下，海星似乎能沿著海底滑動。而陽隧足則能夠扭動細長又靈活的腕足，甚至利用它們緊緊抓住潛在獵物，讓空下來的管足負責探測與偵查。

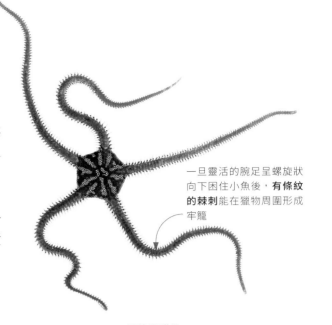

一旦靈活的腕足呈螺旋狀向下困住小魚後，有條紋的棘刺能在獵物周圍形成牢籠

巨綠陽隧足

學名 *Ophiarachna incrassate*

陽隧足能**使高度靈活的腕足像蛇一般蠕動**，藉以沿著海底爬行

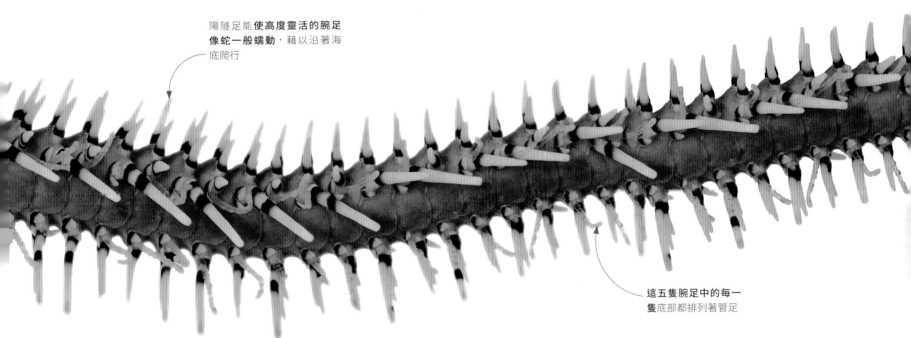

這五隻腕足中的每一隻底部都排列著管足

海星的液壓系統

海星的身上有一種用來裝海水的囊狀結構，稱為「壺腹」，位置就在每一條管足的上方。這些壺腹會透過棘皮動物特有的水道系統使內部填滿海水。當壺腹的肌肉收縮時，它們會將海水擠進下方的管足內。管足進而延伸並藉由吸盤黏著在海底，直到其肌肉收縮將海星向前拉動為止。

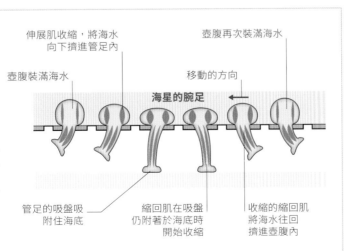

伸展肌收縮，將海水向下擠進管足內

壺腹裝滿海水

壺腹再次裝滿海水

移動的方向

海星的腕足

管足的吸盤吸附住海底

縮回肌在吸盤仍附著於海底時開始收縮

收縮的縮回肌將海水往回擠進壺腹內

附有吸盤的管足
海星的管足頂端有助於行走的吸盤。這些吸盤能強壯到足以拉開胎貝的殼。

節肢

外骨骼的演化（見第 68-69 頁）意味著動物能擁有堅固的結構。這樣的發展使身體能生長出具關節的腿與其他鉸接的附肢。雖然這些副產品有堅硬的外鞘，但它們同時也具有多個靈活的接點。由於關節與附肢內成對的肌肉連接在一起，因此這些附肢能夠屈曲與拉直。

顎足是特化的附肢，用來將食物放入口中

連接到頭胸部（身體中段）的附肢已經過強化，因此能作為腿用來行走或游泳

位於腹部下方的腹肢（槳狀附肢）用來游泳；在雌性身上，腹肢也用來抱住卵

成功脫逃

雜色龍蝦（學名*Panulirus versicolor*）的節肢使牠能在受控的狀態下迅速移動。具有節肢的無脊椎動物（或稱「節肢動物」）在任何地方都能順利逃跑；水中的甲殼類（例如這裡提到的雜色龍蝦）以及陸上的昆蟲、馬陸、蜈蚣與蛛形綱動物皆屬節肢動物。

在危急的情況下，龍蝦能藉由腹部肌肉的控制輕彈尾扇，使牠快速向後推進

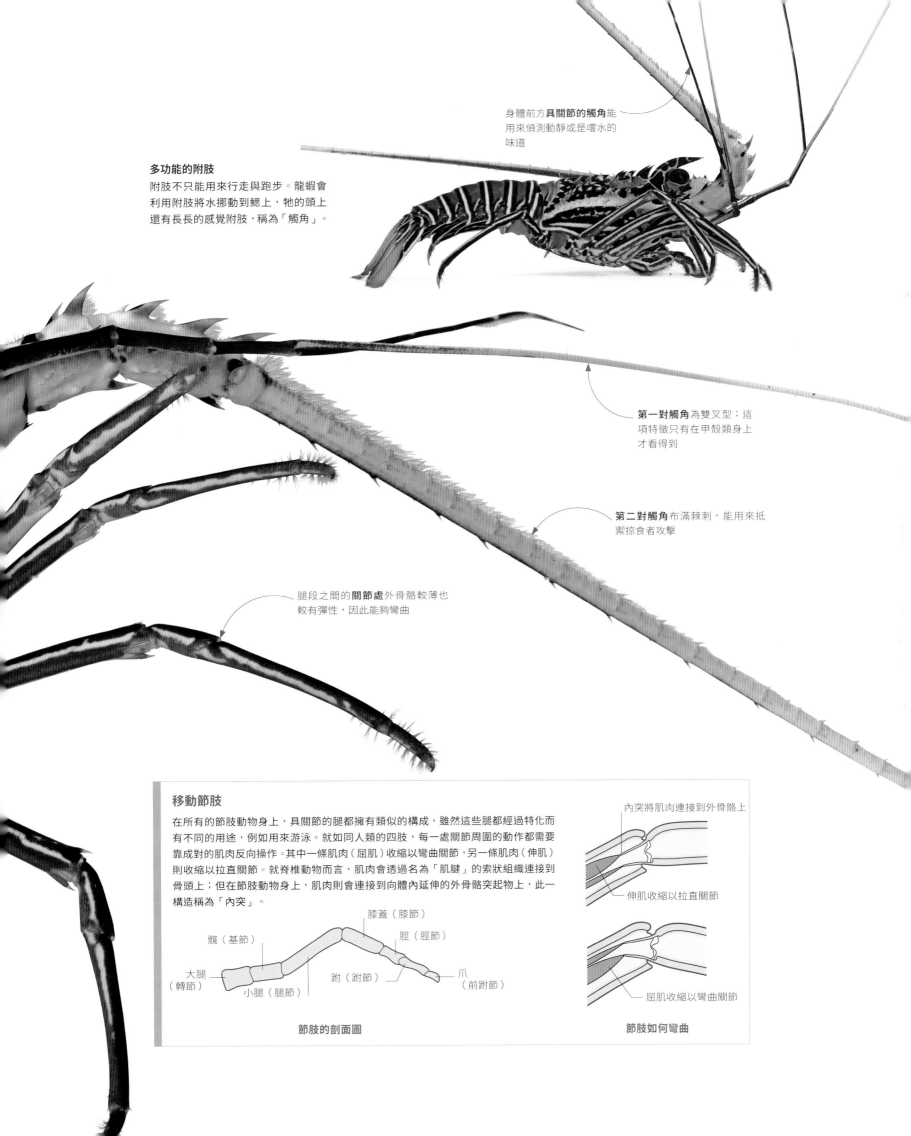

身體前方**具關節的觸角**能用來偵測動靜或是嚐水的味道

多功能的附肢

附肢不只能用來行走與跑步。龍蝦會利用附肢將水挪動到鰓上，牠的頭上還有長長的感覺附肢，稱為「觸角」。

第一對觸角為雙叉型；這項特徵只有在甲殼類身上才看得到

第二對觸角布滿棘刺，能用來抵禦掠食者攻擊

腿段之間的**關節處**外骨骼較薄也較有彈性，因此能夠彎曲

移動節肢

在所有的節肢動物身上，具關節的腿都擁有類似的構成，雖然這些腿都經過特化而有不同的用途，例如用來游泳。就如同人類的四肢，每一處關節周圍的動作都需要靠成對的肌肉反向操作。其中一條肌肉（屈肌）收縮以彎曲關節，另一條肌肉（伸肌）則收縮以拉直關節。就脊椎動物而言，肌肉會透過名為「肌腱」的索狀組織連接到骨頭上；但在節肢動物身上，肌肉則會連接到向體內延伸的外骨骼突起物上，此一構造稱為「內突」。

內突將肌肉連接到外骨骼上

伸肌收縮以拉直關節

屈肌收縮以彎曲關節

髖（基節）

膝蓋（膝節）

脛（脛節）

大腿（轉節）

小腿（腿節）

跗（跗節）

爪（前跗節）

節肢的剖面圖

節肢如何彎曲

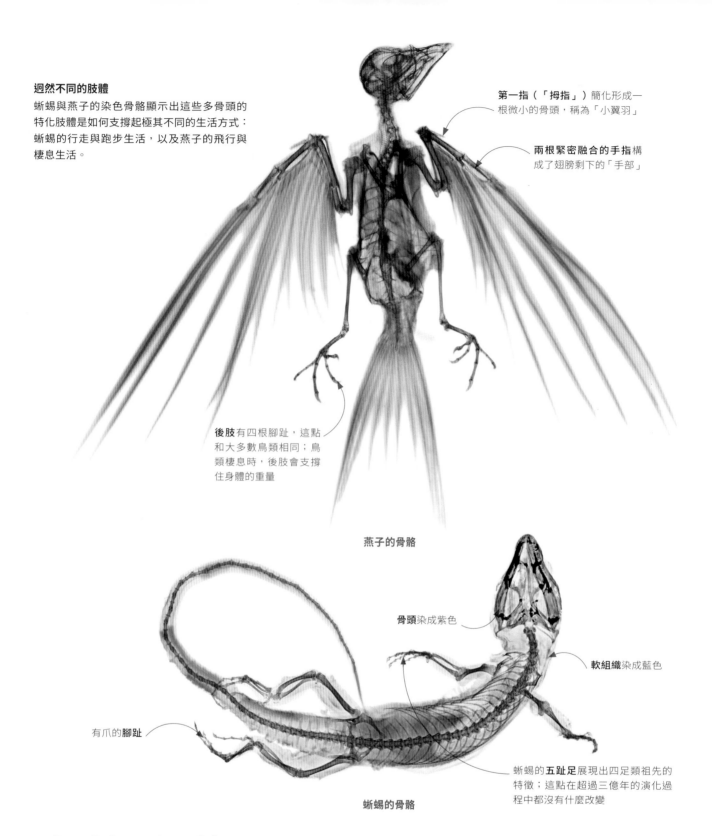

迥然不同的肢體

蜥蜴與燕子的染色骨骼顯示出這些多骨頭的特化肢體是如何支撐起極其不同的生活方式：蜥蜴的行走與跑步生活，以及燕子的飛行與棲息生活。

第一指（「拇指」） 簡化形成一根微小的骨頭，稱為「小翼羽」

兩根緊密融合的手指 構成了翅膀剩下的「手部」

後肢 有四根腳趾，這點和大多數鳥類相同；鳥類棲息時，後肢會支撐住身體的重量

燕子的骨骼

骨頭 染成紫色

軟組織 染成藍色

有爪的腳趾

蜥蜴的 **五趾足** 展現出四足類祖先的特徵；這點在超過三億年的演化過程中都沒有什麼改變

蜥蜴的骨骼

脊椎動物的四肢

具有四肢的脊椎動物（或稱「四足類」）是從魚類演化而來；魚類的肉鰭在經過特化後，變得能用來在陸地上行走。四足類遺傳了多骨頭的肢體；這些肢體是由單一上肢骨與兩根平行的下肢骨鉸接在一起，而下肢骨再藉由關節與腳趾不超過五根的足部連結。四足類從這個常見的「五趾型」逐漸演化出翅膀與鰭肢；也有一些四足類（例如蛇）在演化過程中失去了所有的肢體。

會飛的青蛙

從黑掌樹蛙（學名 *Rhacophorus nigropalmatus*）的X光影像中，可以看到大多數現存有肢兩棲類特有的四趾足與四指手。黑掌樹蛙細長的手指與腳趾支撐著寬闊的蹼；這些蹼能用來當作降落傘，使黑掌樹蛙能從高處的樹枝躍下，甚至還能短距離滑翔。

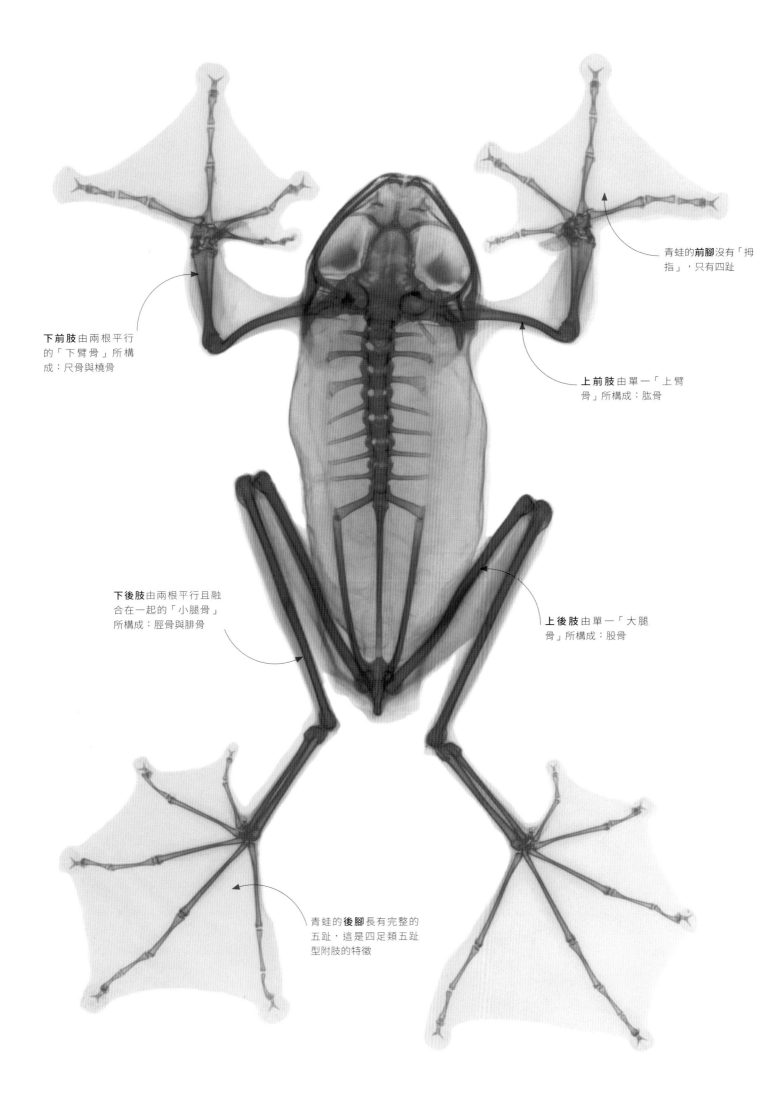

青蛙的**前腳**沒有「拇指」，只有四趾

下前肢由兩根平行的「下臂骨」所構成：尺骨與橈骨

上前肢由單一「上臂骨」所構成：肱骨

下後肢由兩根平行且融合在一起的「小腿骨」所構成：脛骨與腓骨

上後肢由單一「大腿骨」所構成：股骨

青蛙的**後腳**長有完整的五趾，這是四足類五趾型附肢的特徵

二趾樹獺

這隻年輕的霍氏二趾樹獺（學名 *Choloepus hoffmanni*）和其他樹獺一樣，天生具有強壯有力的肩膀肌肉組織；在搭配強勁的爪子後，將有助於支撐其上下顛倒的生活方式。

每一隻後腳上都有**三根有爪的腳趾**

每一隻前腳上都有**兩根有爪的腳趾**；這些爪子比三趾樹獺的爪子短

脊椎動物的爪子

陸生脊椎動物手指或腳趾末端的彎曲爪子能用來完成各種任務，包括理毛、增加附著力或是作為武器。所有鳥類、大多數爬蟲類與哺乳類，甚至某些兩棲類的身上都有爪子。爪子是由角蛋白（存在於洞角內的同一種堅硬蛋白質）所構成，而角蛋白則是由爪子基部的特殊細胞所生成。爪子會持續生長，並且由一根中央血管提供養分；只有靠磨爪才能防止它們長得太長。

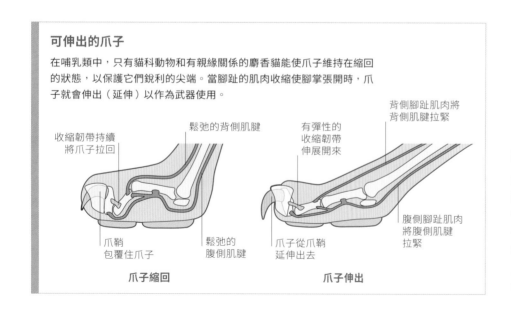

可伸出的爪子

在哺乳類中，只有貓科動物和有親緣關係的麝香貓能使爪子維持在縮回的狀態，以保護它們銳利的尖端。當腳趾的肌肉收縮使腳掌張開時，爪子就會伸出（延伸）以作為武器使用。

收縮韌帶持續將爪子拉回

鬆弛的背側肌腱

爪鞘包覆住爪子

鬆弛的腹側肌腱

爪子縮回

有彈性的收縮韌帶伸展開來

背側腳趾肌肉將背側肌腱拉緊

腹側腳趾肌肉將腹側肌腱拉緊

爪子從爪鞘延伸出去

爪子伸出

後腳有三根較短的爪子，在地面上時能用來將牠向前推進

鉤子般的爪子

如同其他中南美洲的樹獺，褐喉三趾樹獺（學名*Bradypus variegatus*）無法抓住樹枝攀爬，因為牠的趾頭部分融合在一起。取而代之的是，牠會把擴大的爪子當成鉤子，將自己拉上去吊掛在樹上。當褐喉三趾樹獺在地面上時，爪子會成為阻礙，因此牠只好用前臂爬行。

頸部有 8 或 9 塊椎骨
（多數哺乳類有 7
塊），能夠旋轉 330
度，使褐喉三趾樹獺
得以順利越過樹枝

年輕的樹獺在需要哺
餵的期間，會用爪子
緊緊抓住母親的毛長
達數月

前爪偶爾會
用來理毛

穩穩吊掛
雌樹獺一面用爪子倒吊在樹枝上，一面帶著自
己的寶寶緩慢移動。環扣住樹枝的爪子使牠能
花費最小的力氣吊著。由於這些爪子提供了如
此牢固的抓握，以致樹獺有可能在死後還會持
續懸掛在樹上。

粗硬的毛皮開有溝槽；在野
外，樹獺的毛會逐漸被藻類
佔據，而這可能有助於為牠
在森林棲息地中提供保護色

三趾樹獺的**前肢**比後肢要長許
多，因此在攀爬時會比兩趾的
親戚伸得遠

樹獺的毛頂端朝四肢的反
方向生長（這在哺乳類身
上並不常見），這使得牠
們在倒吊時雨水能順著毛
流掉

每一隻前腳上的**三根爪子**能
以寬闊的弧度生長到 8 公分
（3 英吋）的長度

聚焦物種

老虎

老虎是最大的貓科動物，也是頂尖的掠食者；牠的身體結構幾乎各方面都專為捉捕、殺戮與吞食獵物而設計。獨居且大多在夜間狩獵的老虎仰賴精細調整過的官能、速度與原始力量，以埋伏或跟蹤各種體型的獵物，包括豬、小鹿和亞洲水牛。

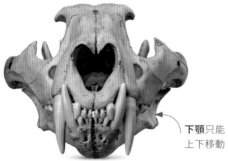

下顎只能
上下移動

強大的咬力
老虎的顱骨短闊強健；為了換得完美的
咬力，其下顎不具咀嚼能力。

並非所有的老虎都很巨大。西伯利亞虎比那些現身於印尼熱帶森林的老虎要重上3倍，因為在熱帶森林裡，龐大的體型會妨礙活動，也會增加過熱的可能性。不過多虧了柔軟的脊椎與肌肉發達的修長四肢，所有體型的老虎皆展現出絕佳的運動能力。一隻大型的成年老虎若從站立姿勢開始跳躍，水平距離能達到10公尺（32英呎）；牠的朝前大眼能增進立體視覺，使牠得以準確判斷距離。老虎的前肢和肩膀都很碩大，爪子能完全縮回，因此不會因磨損而變鈍。爪子用來攀爬、打鬥與劃出標示領域的抓痕，也能用來勾住、抓牢與撂倒牠們的獵物。一旦獵物倒地後，牠們的顎與牙齒就會充分發揮作用——如虎頭鉗似地緊緊夾住大型獵物的氣管，或是一口將較小型動物的頸骨咬斷，迅速了結牠們的性命。

以如此大型的動物來說，老虎保持低調的能力十分卓越。不論是在強烈或斑駁的光線下、在森林中、在草原上，甚至是在岩石地面上，花紋顯著的皮毛都能創造出驚人的偽裝效果。在極少數的變種身上，橙色可能會被白色取代，儘管條紋還在，但偽裝效果還是會打折扣。

老虎曾一度在廣大的分布區域與多樣的棲息地中茁壯成長，而這項事實暗示牠們的適應能力與如今縮小的活動範圍以及瀕危地位並不相稱——這樣的結果主要是由人類活動所致，而且在9個亞種當中，有3個已經滅絕。

原始的力量

老虎通常從背後攻擊，而且能運用全身重量在數秒內制服獵物。牠們能一餐解決圖中這種體型的鹿；至於較大型的獵物，牠們可能會將牠藏匿起來，並且花數天的時間吃完。

腿藉由關節與側身連接，使守
宮能緊貼垂直平面

腳趾吸盤是膨大的趾端，上
面長有極大數量的剛毛

有黏著力的腳

有爪子的腳趾和能抓握的腳是非常寶貴的攀爬工具，不過對小動物來說，
存在於原子與分子間的微小吸引力也是一種助力；即使是在最平滑的表
面，這三項條件也能共同創造出充足的抓地力。守宮的腳趾墊上披覆著
數百萬根微小的細毛，稱為「剛毛」。這些剛毛都會與平面黏著，並且
集體形成足夠的力量，以支撐住體重 300 公克（11 盎司）的守宮（甚至
是在倒掛的情況下）。

爬牆高手

許多守宮物種會運用牠們的攀爬能
力，緊緊抓住平滑的樹葉或岩石表
面，不過對其中的某些物種來說，建
築物的牆壁與天花板也一樣適合作為
狩獵昆蟲與其他無脊椎動物的地點。
大守宮（學名*Gekko gecko*）最初居
住在雨林中，不過已逐漸適應與人類
一起生活，如今在熱帶地區的住宅內
也能看到牠們的身影。

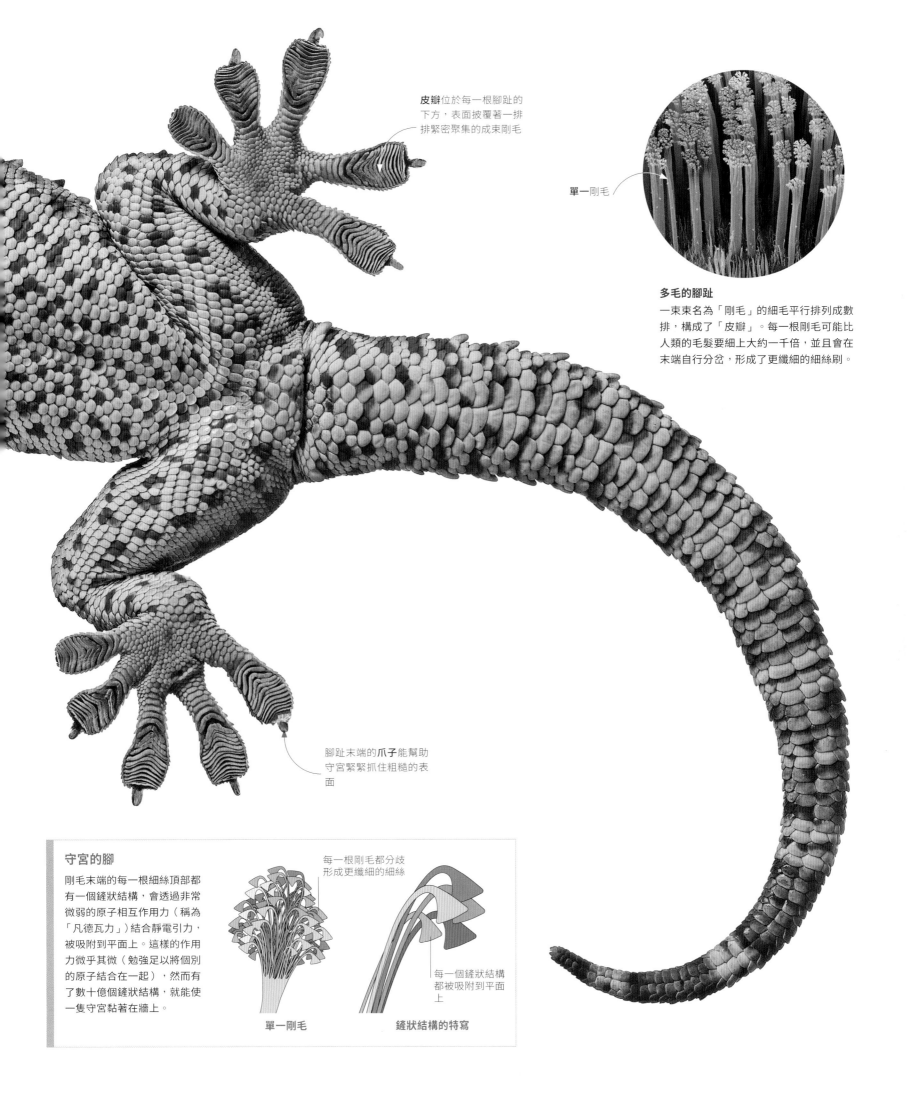

皮瓣位於每一根腳趾的下方，表面披覆著一排排緊密聚集的成束剛毛

單一剛毛

多毛的腳趾
一束束名為「剛毛」的細毛平行排列成數排，構成了「皮瓣」。每一根剛毛可能比人類的毛髮要細上大約一千倍，並且會在末端自行分岔，形成了更纖細的細絲刷。

腳趾末端的**爪子**能幫助守宮緊緊抓住粗糙的表面

守宮的腳
剛毛末端的每一根細絲頂部都有一個鏟狀結構，會透過非常微弱的原子相互作用力（稱為「凡德瓦力」）結合靜電引力，被吸附到平面上。這樣的作用力微乎其微（勉強足以將個別的原子結合在一起），然而有了數十億個鏟狀結構，就能使一隻守宮黏著在牆上。

每一根剛毛都分歧形成更纖細的細絲

每一個鏟狀結構都被吸附到平面上

單一剛毛　　　　**鏟狀結構的特寫**

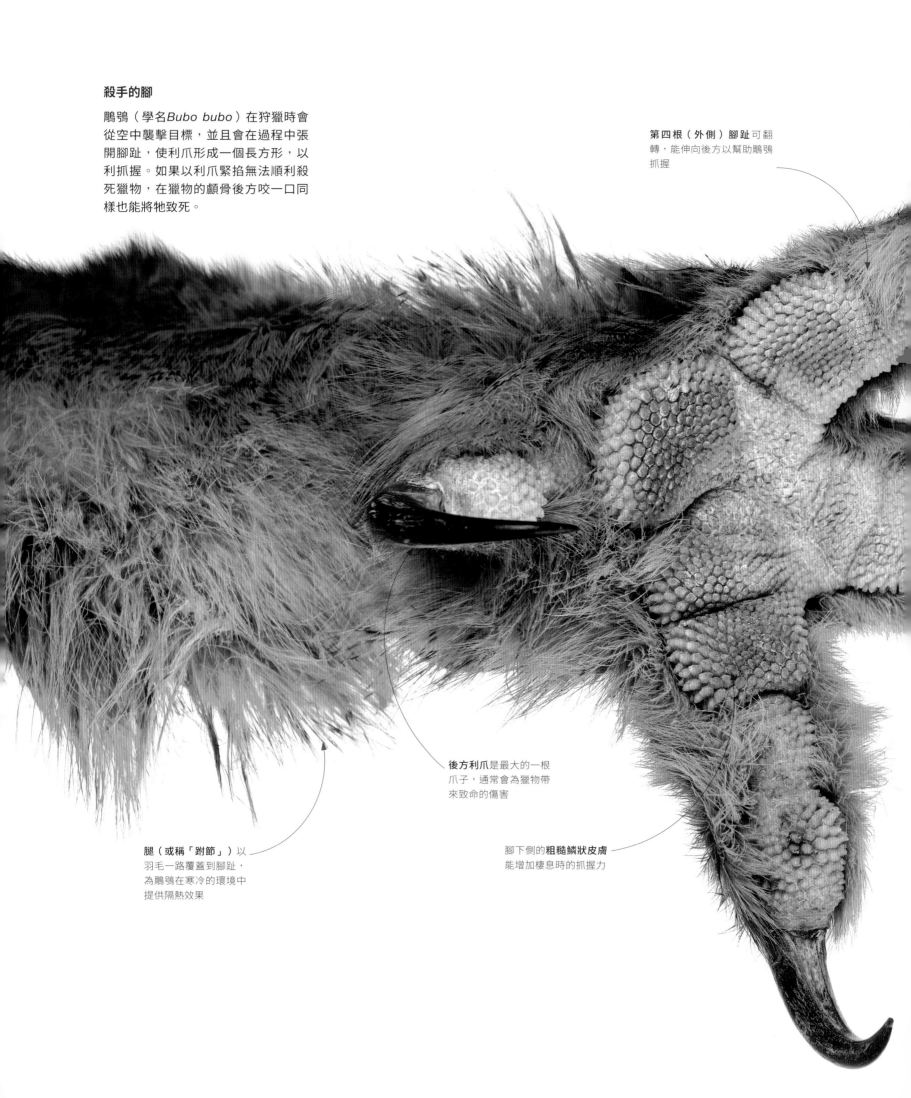

殺手的腳

鵰鴞（學名*Bubo bubo*）在狩獵時會從空中襲擊目標，並且會在過程中張開腳趾，使利爪形成一個長方形，以利抓握。如果以利爪緊掐無法順利殺死獵物，在獵物的顱骨後方咬一口同樣也能將牠致死。

第四根（外側）腳趾可翻轉，能伸向後方以幫助鵰鴞抓握

後方利爪是最大的一根爪子，通常會為獵物帶來致命的傷害

腿（或稱「跗節」）以羽毛一路覆蓋到腳趾，為鵰鴞在寒冷的環境中提供隔熱效果

腳下側的**粗糙鱗狀皮膚**能增加棲息時的抓握力

彎曲的利爪
具有尖銳的頂端，能深深嵌入獵物體內

雙腿在典型的俯衝姿勢中伸直，準備抓住獵物

第三趾比其他的腳趾略長一些

掠食霸主
鵰鴞是全世界數一數二的大型鴞，體重可達 4.2 公斤（9 磅）。牠能殺死體型大如幼鹿的獵物，而且據知甚至能對付其他掠食者，例如狐狸或鳶。

用來捕魚的腳

魚鷹的腳具有兩根朝前與兩根向後的腳趾；牠們在捕魚時就和鴞一樣，會用腳舉起沉重的獵物。此外，魚鷹還具有修長彎曲的利爪，以及腳趾下側有尖刺的皮膚，能確保牠們從水中舉起滑溜溜的獵物時，穩穩抓牢對方。

魚鷹　學名*Pandion haliaetus*

猛禽的腳

掠食性鳥類（或稱「猛禽」）具有可怕的武器——喙與利爪。兩者皆能用來像匕首般刺穿動物的肉，並且靠驚人的肌肉力量揮舞。不過通常帶來致命一擊的，是牠們有爪子的腳。猛禽會以虎頭鉗般的抓握力緊緊掐住獵物，並且用利爪刺穿對方的重要器官，以確保牠在準備進食時，對方已經沒有生命了。

懸掛的鎖

印度狐蝠（學名 *Pteropus giganteus*）之類的蝙蝠在用爪子緊緊抓住棲息處時，也會仰賴特別粗糙的肌腱將自己牢牢鎖在位置上，因此幾乎不需要花費肌力就能輕鬆倒吊。蝙蝠與鳥類不同，腳上沒有反向的腳趾。

蝙蝠的爪子在承受倒吊的身體重量時能保持閉合

攀爬與棲息

當四足的脊椎動物經過演化而變得會飛行後，牠們的前肢不得不成為翅膀，只剩下後肢用來在著陸時支撐牠們的身體。如今，蝙蝠的翅膀上仍有爪子，能夠幫助牠們抓握，而鳥類則是完全仰賴雙腳奔跑與攀爬。不過這兩種飛行專家的腳皆能在緊緊抓住棲息處的同時，支撐住牠們全身的重量，而且牠們不會因此而變得疲累──甚至在牠們睡覺時也是如此。基於這個原因，蝙蝠和鳥類就算棲息在高處也相當自在。

鎖住的肌腱

一隻鳥棲息時，牠的大腿肌肉會收縮以彎曲雙腳，使得延伸至腳趾頂端的屈肌肌腱受到拉扯，肌腱的張力增加進而導致鳥的腳趾緊緊抓住棲息處。由於肌腱位於腱鞘內，因此在鳥的重量壓迫下，腱鞘與肌腱對應的皺褶面就會鎖在一起。

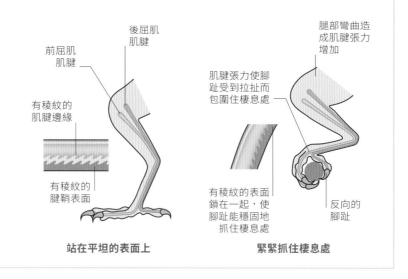

後屈肌肌腱

前屈肌肌腱

腿部彎曲造成肌腱張力增加

肌腱張力使腳趾受到拉扯而包圍住棲息處

有稜紋的肌腱邊緣

有稜紋的腱鞘表面

有稜紋的表面鎖在一起，使腳趾能穩固地抓住棲息處

反向的腳趾

站在平坦的表面上　　　　**緊緊抓住棲息處**

啄木鳥的喙具有強化的
基部，能在牠探尋樹裡
的昆蟲時吸收震動

如拇指般的反向腳趾使
鳥能夠棲息與抓握

鳾的大小與外形使牠能倒掛
在樹上，以及在樹葉間搜尋
種子與堅果

腳趾的構成（兩趾朝前
兩趾向後）使啄木鳥能
棲息在垂直的樹幹上

短壯的腿與長爪能幫
助鳥緊緊抓住垂直的
樹幹

尾羽因含有羽枝而變得硬
挺，能夠在鳥棲息時協助支
撐牠的重量

以標準的腳趾構成（三
趾朝前一趾向後）棲息
在樹上

努力抓住樹幹

生活在樹上必須具備的不只是良好的抓握力，還要有絕
佳的平衡感——尤其是要緊緊抓住垂直的樹幹時。紅腹
啄木鳥（學名*Melanerpes carolinus*）能張開兩根朝前
與兩根向後的腳趾，並且用牠的尾巴作為支撐。體型小
上許多的白胸鳾（學名*Sitta carolinensis*）由於十分敏
捷，以致牠能以頭下腳上的方式爬下樹幹。

偶蹄哺乳類

鼷鹿是一種極小型的有蹄動物，有些幾乎和兔子一樣大。如同其他的偶蹄動物，鼷鹿的每隻腳都是由第三趾和第四趾來支撐。

分趾蹄（分裂成兩個腳趾，和未分開的馬蹄不同）

如同其他的有蹄類，鼷鹿具有**修長的四肢**，裡面包含骨頭與肌腱

哺乳類的蹄

許多能疾速奔跑的哺乳類都擁有高度特化的腳：牠們用腳趾頂端的平底蹄行走，而非其祖先的彎曲腳爪。腳趾的數目也減少了，以致鹿、羚羊與其他偶蹄哺乳類的重量集中在其中一對腳趾上，而馬、貘與犀牛則集中在奇數腳趾上。有蹄的腳與修長纖細的輕盈四肢（靠近身體質心的較高處有健壯結實的肌肉）使牠們能輕鬆邁出較大的步伐，以最快的速度躲避掠食者。

腳的姿勢

蹠行哺乳類（例如人類與熊）靠腳的平坦部分來支撐體重；奔跑速度較快的動物則具有提高的腳骨，藉以增加腿的長度。趾行哺乳類（例如狗）的腳趾末端骨頭貼地，然而在偶蹄哺乳類身上，所有的腳趾都提高到頂端著地的位置，藉以達到最大的邁步距離。

圖例

■ 股骨（大腿）
■ 脛骨–腓骨（小腿）
■ 跗節（上足）
■ 蹠骨（下足）
■ 趾骨（腳趾）

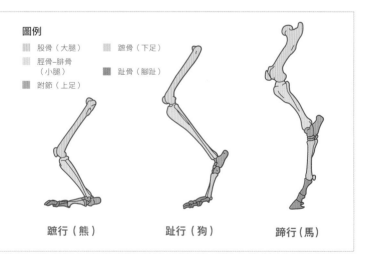

蹠行（熊）　　趾行（狗）　　蹄行（馬）

奇蹄哺乳類

馬科動物具有單蹄的腳,圖中的普氏野馬(或
稱蒙古野馬,學名*Equus przewalskii*)就是其
中一例。這種身體重量集中放在中趾(第三
趾)上,同樣也發生在犀牛(所有的腳都有三
趾)與貘(前腳四趾後腳三趾)身上。偶數腳
趾則在鹿與羚羊身上獨立演化形成。

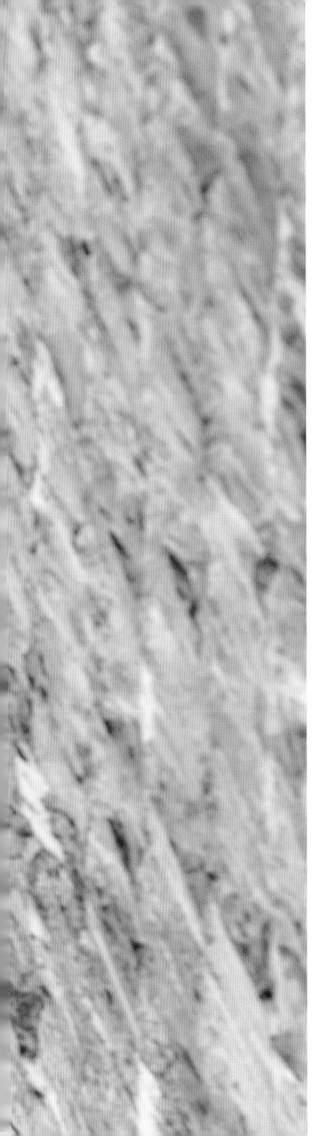

阿爾卑斯羱羊

若想在險峻的岩壁上保持平衡,就必須要有過人的膽識,然而對山羊、綿羊與羱羊來說,這是牠們日常的生活方式。冒險顯然是值得的,因為這麼做能確保掠食者無法接近牠們——對於這些暴露在開闊棲息地的動物而言尤其重要。

在大約1千1百萬年前,亞洲的某個地方有一群腳步穩健的有蹄動物,在經過演化後逐漸成為特化的攀岩高手,發展出既短又健壯的脛骨。而如今,在歐亞大陸與北美部分地區山上的所有有角偶蹄哺乳類當中,羚牛、山羚、山羊、綿羊與羱羊就佔了超過三分之一。

相較於大多數的偶蹄動物,中歐的阿爾卑斯羱羊(學名*Capra ibex*)攀岩技術又更勝一籌,而且居住在海拔達3200公尺(10500英呎)的地方,遠遠高於林木線。也曾有人看見牠們棲息在坡度60度的水壩牆上。

動作靈巧的幼羊

一隻年輕的雄性阿爾卑斯羱羊正在攀爬義大利北部一座人工水壩的陡坡,過程中被石牆上流出的鹽所吸引。牠沿著曲折的Z字形路線攀牆,往下走時則採取較直的路線。

這些動物的蹄上有軟墊,能增加附著力(見下圖);膝蓋後方則形成了硬皮,能保護牠們不被尖銳的岩石劃傷。牠們的棲息地裡沒有大型掠食者;在冬天時,陡峭的岩石斜坡與深谷的側面使牠們暫時不會受深雪影響。母羊會在那裡生產,而牠們的小羊很快就學會要如何在斜坡上站穩腳步;母羊會一直等到春天再帶領小羊前往草地,享用那裡較營養的野草。身體較輕盈與腿較短的羊才有辦法順利通過陡峭的岩壁,也因此到了牠們11歲時,雄羊會移動到較平坦的地面,不再回到斜坡上。

居住在山上十分困難,許多羱羊都死於雪崩。牠們也可能因此感染一種會導致失明的眼疾;受到感染的羊差不多每3隻就會有1隻因而摔死。不過羱羊的族群數量時高時低,當食物充裕時,高達95%的年輕羱羊都會順利存活,進入到成年階段。

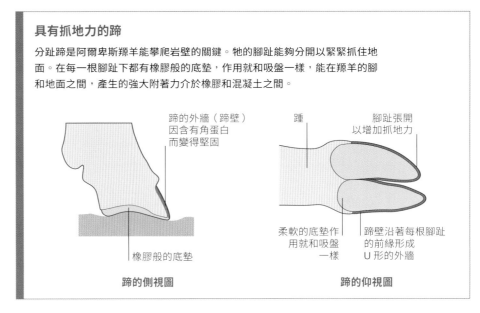

具有抓地力的蹄

分趾蹄是阿爾卑斯羱羊能夠攀爬岩壁的關鍵。牠的腳趾能夠分開以緊緊抓住地面。在每一根腳趾下都有橡膠般的底墊,作用就和吸盤一樣,能在羱羊的腳和地面之間,產生的強大附著力介於橡膠和混凝土之間。

蹄的外牆(蹄壁)因含有角蛋白而變得堅固

橡膠般的底墊

蹄的側視圖

踵

腳趾張開以增加抓地力

柔軟的底墊作用就和吸盤一樣

蹄壁沿著每根腳趾的前緣形成U形的外牆

蹄的仰視圖

毒刺用於自我防禦
或殺死大型獵物

指節是鉗爪上的可動
手指

帝王蠍
學名 *Pandinus imperator*

鉗爪用於夾碎小獵
物，或是使較大的
獵物無法動彈後，
再以毒刺蜇牠

「前節」是鉗爪上不能動的部
分，由一個充滿肌肉的寬大掌部
所構成

節肢動物的鉗爪

某些節肢動物的口器就像鉗子，能用來咬或抓握。但還有其他形式的鉗
狀結構形成於動物（例如螃蟹、蠍子與淡水螯蝦）的四肢末端。這些鉗
爪（又稱為「螯」）需要靠移動步足的相同肌肉來控制，只不過鉗爪的
肌肉作用是使爪子般的手指能夠夾緊。小巧的鉗爪能靈敏地控制食物，
而巨大的鉗爪則能用來作為可怕的防禦武器。

鉗爪的動作

如同許多會動的動物身體部位，鉗爪也含有一
對拮抗肌群：其中一側肌群藉由收縮使會動的
手指閉合，另一側則使手指張開。拉扯外骨骼

延伸部分的肌肉稱為「內突」。大型屈肌能賦
予鉗爪相當大的力量：爬樹高手椰子蟹的巨大
鉗爪甚至能把椰子剝開，以享用裡面的果肉。

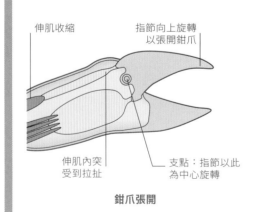

伸肌收縮

指節向上旋轉
以張開鉗爪

伸肌內突
受到拉扯

支點：指節以此
為中心旋轉

鉗爪張開

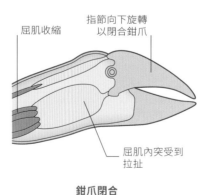

屈肌收縮

指節向下旋轉
以閉合鉗爪

屈肌內突受到
拉扯

鉗爪閉合

鉗爪的**鋸齒狀內緣**形
成了切削面

成對的**較小型附肢充當口
器**，其中包括用來碾碎食
物的大顎

**頭部底下如四肢般的
附肢稱為「顎足」**，
能用來控制食物

甲殼類的外骨骼因礦物
質而提升了強度，以致
螯蝦的鉗爪變得特別堅
硬，也特別像貝殼

前兩對步足的末端有自己的小
鉗爪；這些附有鉗爪的腿稱為
「螯足」

重要的鉗爪

破壞者螯蝦（學名*Cherax destructor*）
會運用精巧的附肢結合複雜的口器，攝
取牠在澳洲的河裡搜尋到的少量食物。
碩大健壯的鉗爪也使牠能從找到的死魚
身上把肉扯下來，並且作為抵禦攻擊者
的強大武器。

龍蝦與兩隻小蝦（約1840年）

在他40幾歲遊歷日本各地的期間，歌川廣重
（原名「安藤廣重」）對鄉間的明媚景色深
感著迷，進而製作了描繪山水與大自然的木
刻版畫；而這些畫作也激發了西方藝術家在
創作上的靈感。這幅畫在印製之際，日本的
木刻版畫正處於技術、色彩與質感的巔峰時
期；龍蝦喀嗒作響的腿和不規則的觸角就像
在紙上活了過來。

雙鯉（1831 年）
歌川廣重的雙鯉木刻版畫以祖母綠的眼子菜作為背景；畫中的每一鱗片與鰭條皆描繪清晰。鯉魚是武士的象徵，代表的是勇氣、尊嚴與刻苦耐勞。

藝術作品中的動物

浮世藝術家

描繪浮世的木刻版畫——「浮世繪」並非人們可能猜想的那樣，是關於海洋與河川生物的自然研究。「浮世」在日本指的是 17 世紀晚期有錢商人經常出沒的戲院與妓院；當時，城市生活、情色藝術、民間故事與山水景色的版畫變得非常受歡迎。在接近 19 世紀的尾聲，國內旅遊的盛行導致日本民眾更常造訪鄉間，也促使藝術家以絕美的風景圖以及細緻的鳥類、魚類與其他動物畫像作為回應。

版畫在製作巔峰時，生產量可達數千幅，再加上價格固定，因此所有人都負擔得起。出版商對版畫有全面的控制權，他們會找設計師或畫師、雕版師以及拓印師一同合作：畫家的畫作摹本面朝下置於紋理細密的櫻桃木版上，接著雕版師直接在紙上雕刻，將圖畫描摹到木版上。從18世紀中開始，單色與簡單的雙色版畫逐漸被豔麗的全彩「浮雕」版畫取代；後者採用個別的雕板印製不同顏色，並且以手工拓印，使雕版幾乎不會磨損，也因此能生產出數千幅版畫。

自古以來，日本本土宗教「神道」的基本信仰認為每一座山、每一條河與每一棵樹都有神靈存在。在民間傳統中，動物具有象徵意義：舉例來說，兔子會帶來繁榮，而鶴則代表長壽。19世紀藝術家歌川（安藤）廣重捨棄了浮世繪的娼妓、歌舞伎與城市生活主題，改以自然界的理想化描繪為重，這樣的作法與當時日本人民亟欲重返傳統價值的想法不謀而合。其寧靜的山水畫以及對鳥類、動物與魚類的細緻刻畫也受到西方世界的廣泛喜愛，並且啟發了多位印象派畫家，包括文森·梵谷、克勞德·莫內（Claude Monet）、保羅·塞尚（Paul Cezanne）以及詹姆斯·惠斯勒（James Whistler）。

當代藝術家與版畫家歌川廣重一生70年來的畫作在日本與西方皆同等馳名。回顧其數量龐大的肉筆畫以及山、海、富士山與花鳥動物研究的木版畫，他這麼寫道：「在73歲之際，我開始領會鳥、獸、魚和昆蟲的結構……若繼續嘗試，那麼到了86歲時，我肯定會更了解牠們。如此一來，等到了90歲時，我將已洞察牠們的本質。」

> **（廣重）有一項本領，就是透過生動的描繪使旁觀者更加體會自然之美。**

中井宗太郎，收錄於《歌川廣重的彩色版畫》（*THE COLOUR-PRINTS OF HIROSHIGE*），愛德華·費爾布羅瑟·斯特蘭格（EDWARD F. STRANGE），1925年

肩膀的球窩關節位置
比其他猿類的還要後
面，使身體能夠旋轉

肩膀因鎖骨牢牢連接至肩
胛骨而穩固

膝關節的構造使腿能伸得比
多數其他靈長類的還要直

**既短又筆挺的軀
幹**有助於懸掛或
坐在樹枝上

反向的大腳趾使腳
能穩穩抓住樹枝

和媽媽一起懸在空中

一隻年幼的黑冠長臂猿（學名*Hylobates
pileatus*）用手緊緊抓住媽媽的毛；將來
有一天，牠的手會幫助牠在雨林棲息地
的高聳樹枝間，做出令人佩服的體操動
作。不過可能還要等兩年，這隻小長臂
猿才有辦法做到這點。

特別長的手臂能增加長臂猿的可及範圍，使他能以最快的速度在樹木間擺盪

相較於其他猿類，長臂猿的大拇指依比例而言較短，反向的情況也較不明顯，因此較難抓握物體

擺盪
於樹林間

身為善於攀爬且已適應樹冠生活的靈長類（例如長臂猿），牠們強大的肌肉控制大多都移轉到了手臂：就身體比例而言，長臂猿與其他靈長類相形之下，手臂格外修長。他們會利用手臂將自己向上拉起，懸掛於樹枝上，並且以雙手交替的方式擺盪於樹木間。這種手臂擺盪推進運動稱為「臂躍行動」，在穿越樹冠時是一種既快速又有效率的移動方法。長臂猿和蜘蛛猴習慣靠臂躍行動來移動。

十分修長的手指在懸掛枝頭時能形成一個穩固的掛勾

臂躍行動

長臂猿具有靈活的腕關節，使他能做出懸吊手臂時必要的旋轉動作。當以較悠閒的速度移動時，長臂猿總是至少會有一隻手掛在樹枝上，但是當兩隻手完全鬆開擺盪時，他就能增加手握處之間的距離，進而以較快的速度穿梭於樹木間。

手腕內獨特的球窩關節

長臂猿擺盪至下一個手握處的間隔距離可達 2.25 公尺（7.5 英呎）

靈活的手腕使身體能旋轉將近 180 度

長臂猿向後旋轉身體至另一側，以重複完整的擺盪動作

長臂猿如何在樹木間移動

手部靈巧度

反向的拇指（拇指與其他手指的方向相反）有助於靈長類握緊物體。猿類會運用強力抓握進行攀緣。牠們也能藉由精細抓握操縱物體，但牠們較短的拇指必須要夾在食指的側面。只有拇指較長的人類，才能輕鬆地將拇指與其他手指的指尖捏在一起。

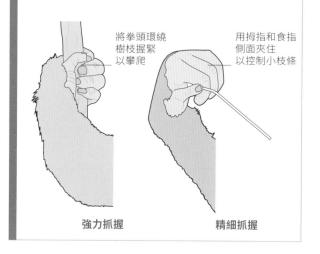

將拳頭環繞樹枝握緊以攀爬

用拇指和食指側面夾住以控制小枝條

強力抓握　　　　**精細抓握**

多功能的工具

大型猿類的手結合了力量與卓越的靈敏度，圖中這隻倭黑猩猩（學名 *Pan paniscus*）的手就是其中一例。如同有親緣關係的黑猩猩與人類，大多數的倭黑猩猩都是右撇子，但牠們能同時運用雙手。

細長的手指能各自獨立活動

相較於身體的任何其他部位，**指尖的肉墊**具有較多感覺接收細胞

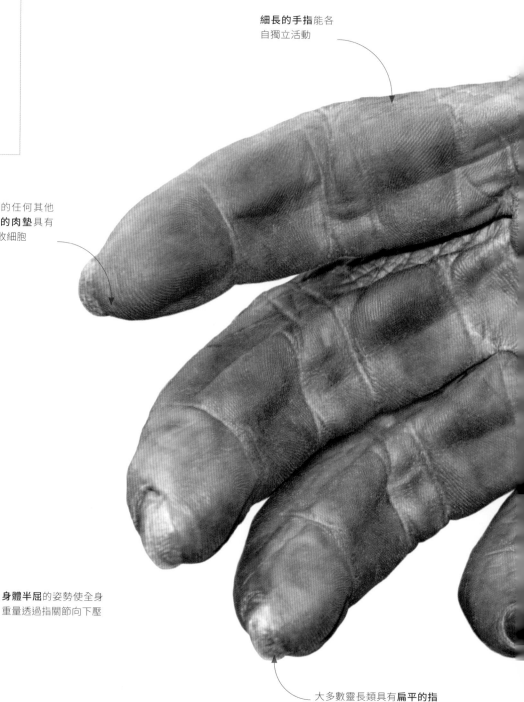

身體半屈的姿勢使全身重量透過指關節向下壓

用「指關節」行走的動物

能夠抓握的手加上靈敏的指尖在攀爬樹木時很有幫助，但是在以四肢行走時就沒那麼有用了。這隻黑猩猩（學名 *Pan troglodytes*）就和所有的非洲猿類一樣，大部分時間都待在地上，並且能以指關節支撐身體的重量。這麼做不僅能保護敏感的手掌皮膚，也表示牠們能攜帶著物體移動。

大多數靈長類具有**扁平的指甲**而非爪子，但有些同時具有爪子和指甲

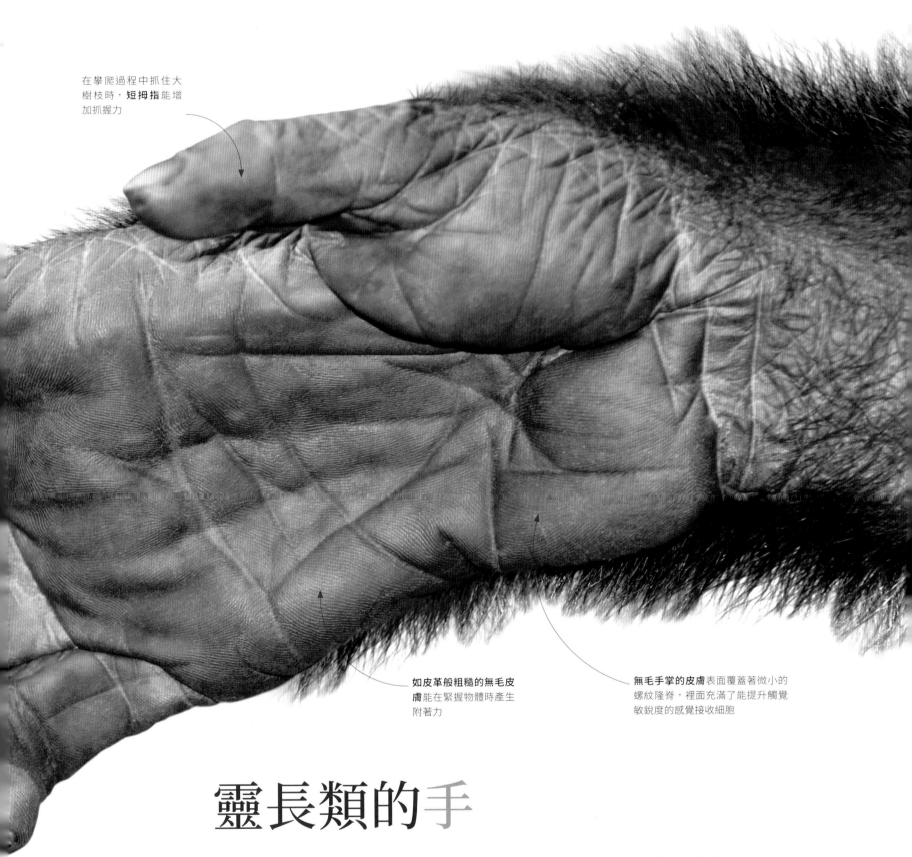

在攀爬過程中抓住大樹枝時，**短拇指**能增加抓握力

如皮革般粗糙的無毛皮膚能在緊握物體時產生附著力

無毛手掌的皮膚表面覆蓋著微小的螺紋隆脊，裡面充滿了能提升觸覺敏銳度的感覺接收細胞

靈長類的手

許多動物會運用牠們的四肢抓握，但沒有動物能像較高級的靈長類那樣擁有如此靈敏的雙手。猿類和猴類的手指經演化而達到了最大的機動性，指尖更具備高度敏銳的肉墊，能辨別出無數的接觸點。此一特性結合牠們卓越的腦力，使靈長類善於操縱身邊的物體。

紅毛猩猩

身為猩猩屬當中唯一倖存的成員，紅毛猩猩居住在亞洲逐漸減少的雨林裡，而演化上的改變，使牠們的身體非常適合在林冠間攀緣穿梭。這些高智能生物會善用工具、搭建遮雨棚，以及用藥草自我治療。

亞洲大型猿是地球上最大、最重的樹棲哺乳類，也是其中一個飽受威脅的極危物種。紅毛猩猩的馬來語orangutan意思是「森林中的人」，其中涵蓋三個不同的物種：婆羅洲紅毛猩猩（學名*Pongo pygmaeus*）、蘇門答臘紅毛猩猩（學名*P. abelii*），以及較稀有的塔巴努里紅毛猩猩（學名*P. tapanuliensis*）——後者唯一已知的棲息地是蘇門答臘島北部的巴丹托魯（Batang Toru）森林。這三種紅毛猩猩長相類似：蓬亂的毛依據物種不同而有從橙到略紅的顏色變化，軀幹龐大但相對較短，手臂十分修長有力。

成年雄性的體重超過90公斤（200磅），雌性則介於30–50公斤（66–110磅）。牠們的身體因適應性變化，而能夠順利穿梭於森林中極度柔韌的樹枝間。不同於體重較輕的靈長類，牠們需仰賴一連串動作搭配（例如行走、攀爬與擺盪），才能跨越較

寬的間距。紅毛猩猩一生中絕大部分的時間都花在攝食、覓食、休息以及穿梭在雨林林冠間——尤其是蘇門答臘島的物種，為了躲避掠食者（例如老虎），幾乎不會到地平面上。牠們靠水果維生，並且以樹葉、昆蟲與非葉蔬菜補充營養，偶爾也會吃蛋或小型哺乳類。成年的紅毛猩猩以獨居為主，但雌性每4或5年繁殖一次，因此可能會和依賴牠的子女（通常只有一隻）在一起，而且子女可能會持續留在身邊長達11年。

追求新高度

紅毛猩猩具備能抓握的手腳，以及比人類的力氣多上7倍的手臂，因此十分擅長攀爬。右圖中的這隻婆羅洲紅毛猩猩正在攀登高達30公尺（98英呎）的絞殺榕藤蔓，以尋找食物。

完美適應森林林冠生活
除了高度發達的肌肉，紅毛猩猩的骨骼也顯露出獨特的適應性改變，使牠非常適合居住在樹林中。

靈活的髖關節旋轉角度和肩關節的一樣大

腳具有反向腳趾，能用來抓握樹枝

大型顱骨保護高度發達的大腦；後者能控制三維的複雜運動

高密度的上臂骨（肱骨）為手臂肌肉提供錨定點，藉以產生更多力量

手臂比腿長1.5倍；成年紅毛猩猩的臂展可超過2公尺（6英呎）

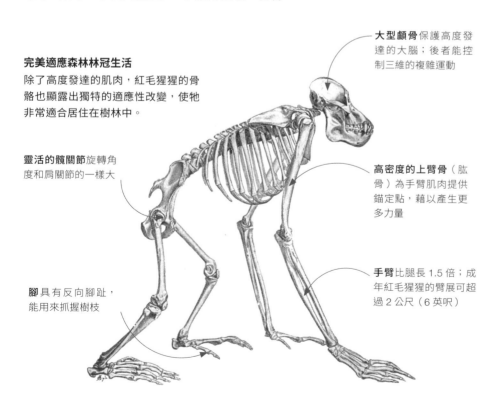

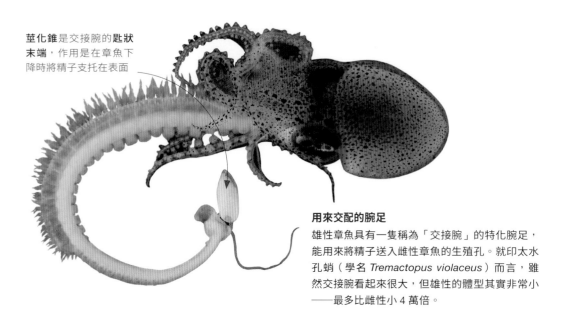

莖化錐是交接腕的**匙狀末端**，作用是在章魚下降時將精子支托在表面

用來交配的腕足

雄性章魚具有一隻稱為「交接腕」的特化腕足，能用來將精子送入雌性章魚的生殖孔。就印太水孔蛸（學名 *Tremactopus violaceus*）而言，雖然交接腕看起來很大，但雄性的體型其實非常小——最多比雌性小 4 萬倍。

章魚的腕足

某些軟體動物（包括章魚和魷魚）為了成為敏捷的狩獵者，而捨棄了其親戚（蛞蝓和蝸牛）的緩慢爬行生活。牠們具有大頭和大眼，口部周圍還有一圈肌肉發達的腕足。章魚有八隻具吸盤的腕足；這些腕足靠網狀皮膚連結在一起，形成了極有效的捕捉機制。

吸盤具備擠壓肌與味覺感測器

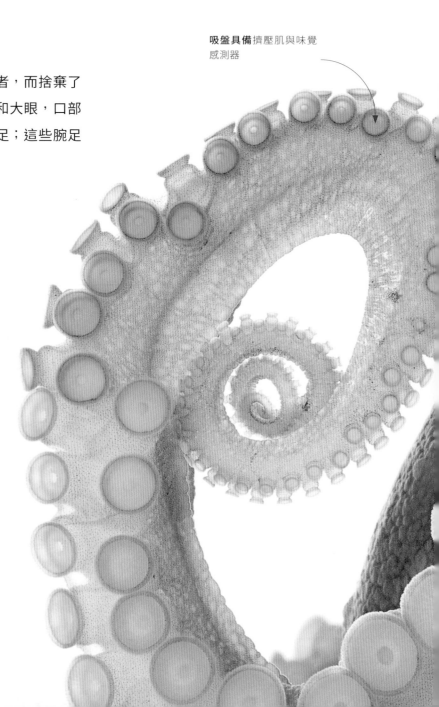

充滿肌肉的腕足

章魚的腕足幾乎完全由肌肉組成，作用就像是一個肌肉液壓調節器：肌肉會互相擠壓，而不是擠壓骨骼。縱向、橫向與垂直肌會朝不同方向移動腕足，就如同其他肉質液壓調節器（例如舌頭或象鼻）的肌肉。

表皮層

真皮層

橫向肌

吸盤肌肉

靜脈

垂直肌

縱向肌

動脈

神經索

吸盤

章魚腕足與吸盤的剖面圖

腕足能捲成緊密的圈狀，
因為章魚靈活的身體內不
具堅硬的骨骼

腕足間的皮膚網是外
套膜（覆蓋於所有軟體
動物身上的薄皮）的延
伸部分

盤繞的腕足

這隻淺色的南方脊蛸（學名*Octopus berrima*）高舉著盤繞的腕足模仿漂浮
的海草，在澳洲沿海的米白色沙粒上完
美地偽裝自己。控制八隻腕足是很吃力
的工作：章魚的神經細胞有三分之二都
投入在腕足活動的調節上。

多疣的皮膚含有色素
細胞，能使皮膚顏色
變深，以掩護或展現
自己

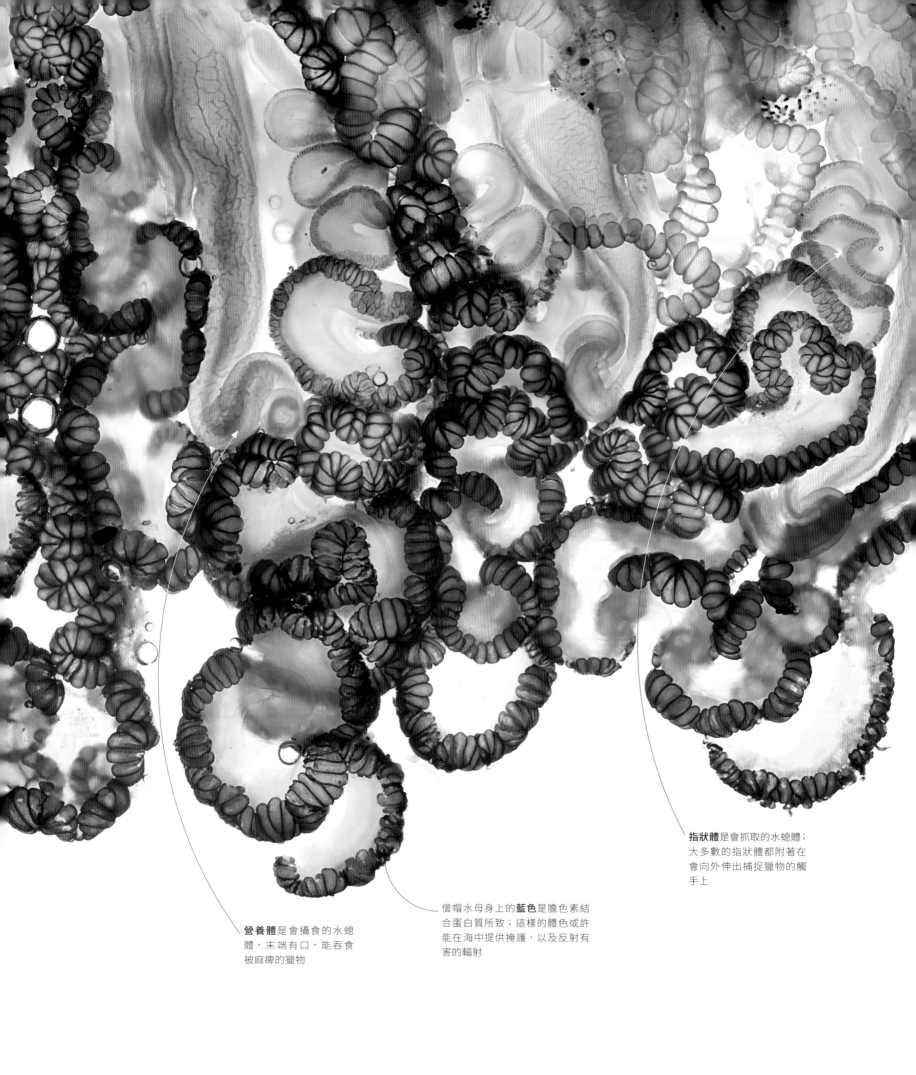

指狀體是會抓取的水螅體；大多數的指狀體都附著在會向外伸出捕捉獵物的觸手上

營養體是會攝食的水螅體，末端有口，能吞食被麻痺的獵物

僧帽水母身上的**藍色**是膽色素結合蛋白質所致；這樣的體色或許能在海中提供掩護，以及反射有害的輻射

捲成**圈狀**的觸手含有集中的成群刺絲胞，能夠麻痺小魚和其他海洋動物

致命的接觸

僧帽水母是一種管水母。管水母不是單獨一隻水母，而是由互相連結的個體所構成漂浮群體；這些個體稱為「水螅體」（見第32–33頁）。僧帽水母的水螅體經過特化，會執行各種不同的任務，例如攝食或繁殖；有些帶有會螫人的觸手，拖曳長度可達30公尺（100英呎）以上，能困住牠們接觸到的任何小動物。

螫人的觸手

水母和牠們的親戚（例如僧帽水母）都是掠食者，但牠們並不是靠迅速追擊或強大肌力取得獵物，而是仰賴具麻痺效果的毒液征服牠們的犧牲者。牠們的觸手皮膚上布滿了特化的細胞，稱為「刺絲胞」。每一個刺絲胞都藏有一種精密裝置，能夠將摻有毒液的微小魚叉射進獵物的肉裡。

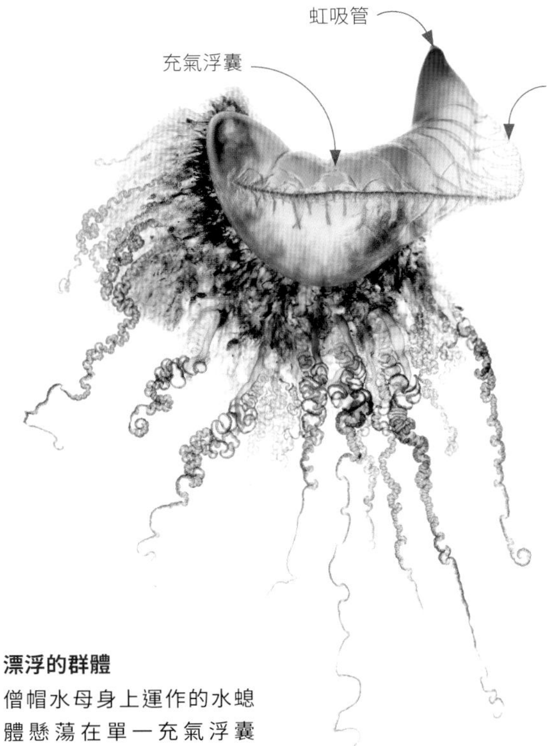
虹吸管
充氣浮囊
帆

漂浮的群體
僧帽水母身上運作的水螅體懸蕩在單一充氣浮囊上。浮囊不僅具備用來乘風的帆，還有可調節的虹吸管，在遇到危險時能使氣體從浮囊中洩出。

排放毒液

刺絲胞含有捲成圈狀的內翻長管（就像把橡皮手套的手指部分翻過來那樣），上面充滿了毒液。一旦刺絲胞因為水母與獵物接觸而受到觸發，上面的蓋子就會猛然打開，接著長管就會迅速彈出。棘刺會刺破獵物的皮膚，使毒液能流入傷口。

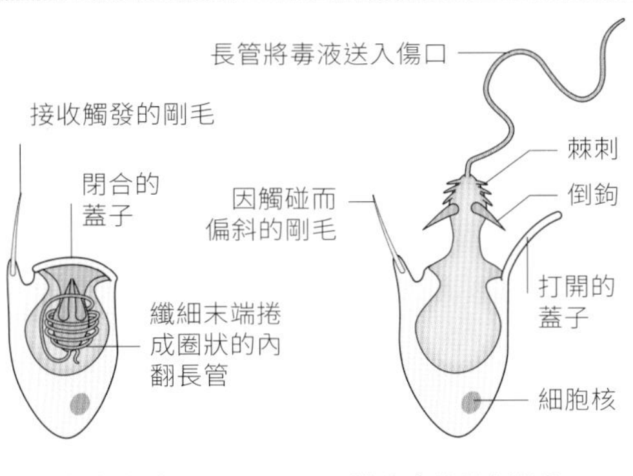
長管將毒液送入傷口
接收觸發的剛毛
棘刺
倒鉤
閉合的蓋子
因觸碰而偏斜的剛毛
打開的蓋子
纖細末端捲成圈狀的內翻長管
細胞核
靜止不動的刺絲胞
排出毒液的刺絲胞

捲纏尾

身體的可「捲纏」部位具有抓握的功用。顎、手和腳通常都能捲纏，但許多動物也會運用牠們的尾巴。一個能徹底捲纏的尾巴具有足夠的力量與靈活度，能支撐住全身的重量。蜘蛛猴將牠們的尾巴當作第五肢，用來懸掛在樹枝上，而海馬則用牠們的尾巴纏住水草，以避免被洋流沖走（見第 262–263 頁）。許多動物都有尾巴，儘管捲纏的程度較小，但仍舊能協助攀緣或支撐。

靈敏的尾巴
棕頭蜘蛛猴（學名 *Ateles fusciceps*）的尾巴在靠近頂端處有一小塊光禿禿的皮膚，上面的隆脊就像是靈長類手指上感覺敏銳的肉墊（見第 238 頁）。牠會用尾巴抓住樹枝，藉以擺盪、攝食或飲水。

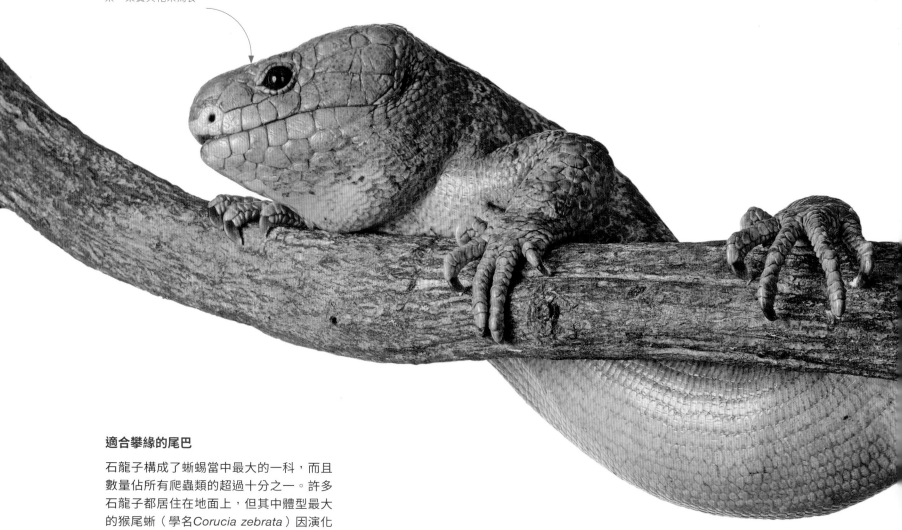

大大的楔形頭部具有寬闊的顎，能夠以樹葉、果實與花朵為食

適合攀緣的尾巴
石龍子構成了蜥蜴當中最大的一科，而且數量佔所有爬蟲類的超過十分之一。許多石龍子都居住在地面上，但其中體型最大的猴尾蜥（學名 *Corucia zebrata*）因演化而發展出高度靈活的尾巴，能幫助牠在樹木間攀爬而不會掉落。

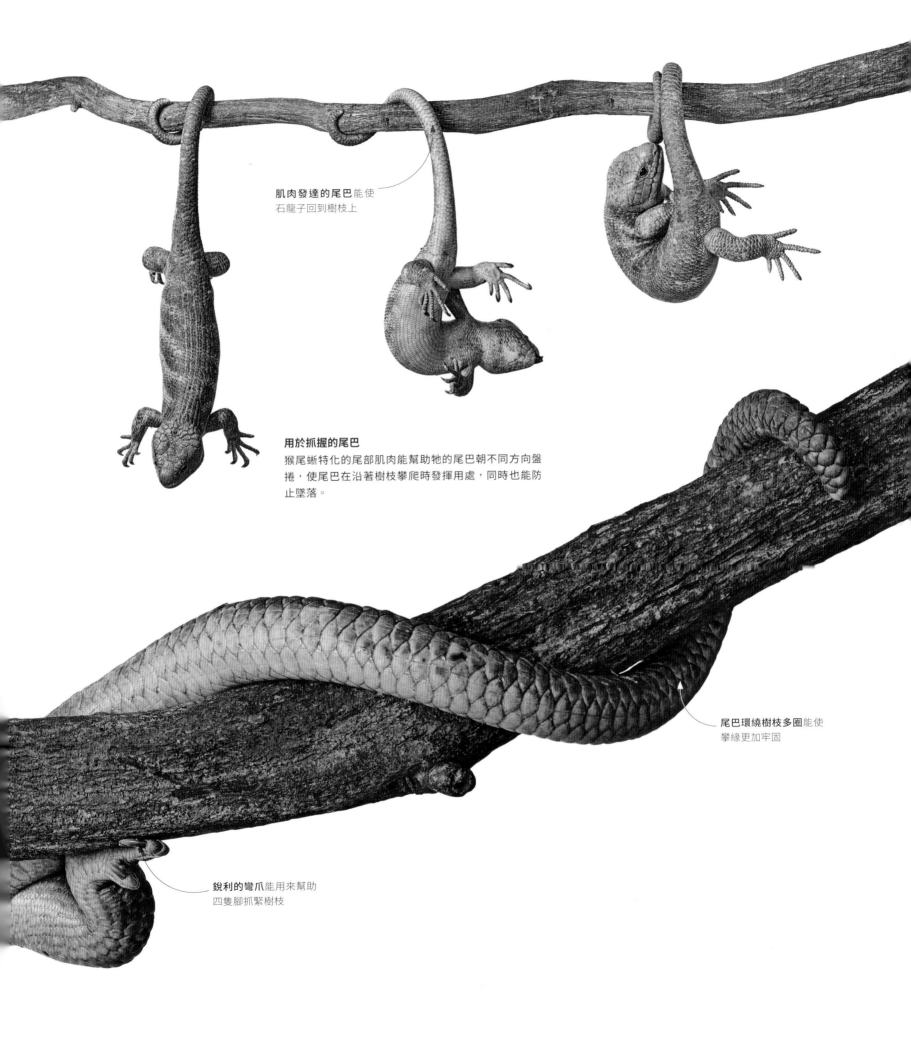

肌肉發達的尾巴能使
石龍子回到樹枝上

用於抓握的尾巴
猴尾蜥特化的尾部肌肉能幫助牠的尾巴朝不同方向盤
捲，使尾巴在沿著樹枝攀爬時發揮用處，同時也能防
止墜落。

尾巴環繞樹枝多圈能使
攀緣更加牢固

銳利的彎爪能用來幫助
四隻腳抓緊樹枝

針尾維達鳥

引人注目、類似燕雀的針尾維達鳥（學名 *Vidua macroura*）就生態而言極具魅力。嘈雜的鳴聲、壯觀的展示飛行與令人驚豔的緞帶狀尾羽——這些全都是雄鳥的特徵，然而全身黃褐色、毫不起眼的雌鳥卻能以挑剔的眼光，決定雄鳥的發展。

針尾維達鳥廣泛分布於撒哈拉以南非洲，非原生種也存在於葡萄牙、波多黎各、加州與新加坡。雄鳥與雌鳥體型皆小，身長約12–13公分（4¾–5英吋）。雌鳥的外形並不顯眼，但牠對同類雄鳥卻能發揮重大的影響力。因演化而產生的怪癖導致雌性維達鳥偏好的雄鳥需具備顯著的黑白條紋羽毛、鮮紅色的鳥喙以及修長的尾羽。名為「失控性擇」的演化機制應該是造成最後一項特徵比例誇張的原因——尾巴長度約20公分（8英吋），幾乎達到體長的兩倍。

大膽的色彩與醒目的尾巴很可能較受歡迎，因為它們是可靠的指標，代表雄鳥活力充沛、營養狀況良好，以及寄生蟲感染量低。隨著時間的推移，性別魅力成為影響演化的最主要因素，而世世代代的雌鳥所做出的選擇，也導致雄鳥的尾巴長到

不利生存的地步。這些羽毛的成長與維護需要耗費能量；它們會使飛行變得更困難，而且肯定會增加雄鳥被掠食者捉住的風險。然而在生物學上，較長的尾巴也帶來了難以抗拒的好處，那就是繁殖的機會。原則上，尾巴較短的雄鳥可能會活比較久，但平均而言繁殖的後代數量會比較少。話雖如此，尾巴沒辦法長到無限長，而不論牠們多有魅力，自然選擇還是會淘汰掉尾巴最長的雄鳥。

求偶展示

這張多重曝光的照片捕捉到一隻雄鳥利用有節奏的振翅突顯尾羽，同時上下快速躍動，試圖停留在雌鳥棲息處前的同一位置。

成年的橫斑梅花雀大小和針尾維達鳥差不多，兩者的雛鳥體型也類似

寄養父母

雌性針尾維達鳥具有「巢寄生」的習性，意思是牠會把卵產在其他鳥類的巢裡——通常為橫斑梅花雀（學名 *Estrilda astrild*）的鳥巢。後者會將這些幼小的針尾維達鳥連同自己的雛鳥一起扶養長大。

fins, flippers and paddles

鰭、鰭肢與槳狀附肢

鰭：用來推進、導向與平衡的薄膜狀附肢。

鰭肢：寬闊、扁平的肢體，存在於海豹、鯨魚與企鵝的身上，特別適合用來游泳。

槳狀附肢：水生動物的鰭或鰭肢。

強健的游泳好手

體型和力量足以逆流而行的動物構成了海中的自游生物族群，圖中的這對銀磷烏賊（學名 *Sepioteuthis sepiodea*）配偶是其中一例。

身體兩側**波動的鰭片**與單一的虹吸式噴射口能推動銀磷烏賊在水中前進

自游生物
與浮游生物

游泳能力強、能抵抗洋流的水生動物稱為「自游生物」。所有其他隨洋流漂移的動物則屬於「浮游生物」。體型極其微小的水生動物很可能屬於浮游生物：水的黏滯性使牠們前進時就如同人類在糖漿中行走般困難，因此帶動牠們的不是肌力，而是洋流。有些浮游生物是動物（例如魚和螃蟹）的幼體，有些則終其一生都維持相同狀態。

浮游生活

橈足類（右圖）身長大多小於 1 公釐的甲殼類，是浮游動物的成員，存在於海洋到池塘等水生棲息地中。許多橈足類移動時皆仰賴觸角般的細長附肢向後急速抽動，因此看起來就像在水中跳躍。這些突進的動作使牠們能克服水的黏滯性，同時也不會感到疲累，以致牠們在體型相當的所有動物中速度最快也最強壯。

浮游蛞蝓

開放海域中的海天使、海蝶與其他海蛞蝓會利用翅膀狀的肉質突出物（或稱「疣足」）推動自己前進。體型最大的海天使「裸海蝶」（學名 *Clione limacina*）身長不超過3公分（1⅛ 英吋）。儘管牠努力拍動疣足，但還是對洋流無招架之力，因此被歸類為浮游生物。

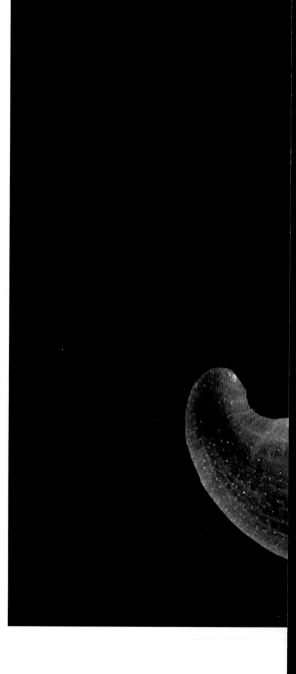

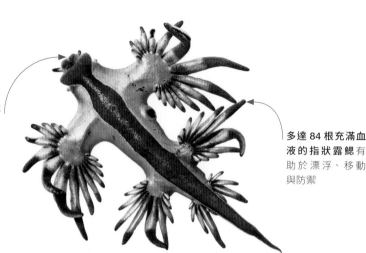

又寬又鈍的頭部
具有強壯的顎，
能緊緊夾住獵物

多達 84 根充滿血
液的指狀露鰓有
助於漂浮、移動
與防禦

漂流的掠食者

大西洋海神海蛞蝓能夠利用水的表面張力
以背朝下的方式漂浮，讓洋流把牠帶到食
物旁邊。這種海蛞蝓以較大型的藍色刺胞
動物為食，其露鰓頂端的深藍色很可能來
自獵物體內的色素。

聚焦物種

大西洋海神海蛞蝓

不擅長游泳的大西洋海神海蛞蝓（學名 *Glaucus atlanticus*）大部分時間
都上下顛倒地漂浮在開放海域。這種海蛞蝓主要以高毒性的僧帽水母為
食，是體型極小的掠食者；螫刺長度約 3 公分（1 英吋），但卻能比體
型大上許多的獵物還要強大。

　　大西洋海神海蛞蝓俗稱「藍龍」，亦叫做
「藍天使」或「藍海燕」，隸屬於「裸鰓類」海
蛞蝓。如同其他的海蛞蝓，大西洋海神海
蛞蝓是無殼的海螺，身體柔軟，會用一種
如刮刀般的齒狀結構，將獵物一塊一塊刮
下來吃；這種結構稱為「齒舌」。然而不同
於居住在海底的底棲親戚，大西洋海神海
蛞蝓是遠洋的浮游生物：牠們生活在海洋
的中上層，在世界各地的溫帶與熱帶海洋
都曾被人發現。

　　這種動物之所以俗稱為藍龍，是因為牠
身上有「翅膀」；這些從身體兩側向外伸展
的扇狀突出物稱為「露鰓」。露鰓通常長在
海蛞蝓的背上，但這種海蛞蝓的露鰓卻是
從類似粗短前臂與腿肚的身體部位長出。
大西洋海神海蛞蝓能夠擺動這些附肢與上
面的露鰓，也因此它們比較像是四肢與手
指，作用是使這種海蛞蝓能夠游向獵物
——只是效力很薄弱。儘管如此，漂浮才

是牠主要的移動模式，而胃裡的氣囊就是
牠用來漂浮的工具。氣囊加上露鰓廣大的
表面積，使大西洋海神海蛞蝓能夠隨著風
與海浪輕鬆漂浮。反蔭蔽為大西洋海神海
蛞蝓提供了某種程度的保護：當牠的背面
朝下時，銀藍相間的深色腹面會和海面融
為一體，使牠躲過空中掠食者的視線；而
較淺色的背面在天空的襯托下也會形成保
護色，使海底掠食者往上看時難以察覺。

有觸手的龍

僧帽水母的觸手是西洋海神海蛞蝓最
喜愛的食物。這種海蛞蝓會將僧帽水
母的刺細胞（或稱「刺絲胞」）完整
地吃下肚，然後再把這些刺細胞集中
儲存在露鰓頂端的特殊囊袋裡，作為
一種防禦武器。

魚如何游泳

魚類藉由身體的波動或四肢的擺動（見第 50 頁與第 259 頁）向前游進。但是在開闊海域的三維空間中移動時，不只會面臨推進力帶來的挑戰：魚類必須控制牠們的垂直和水平移動方向，同時還要保持豎立。牠們的身體也必須有浮力，才能避免往下沉。鯊魚靠富含油脂的組織漂浮於水中，而大多數的硬骨魚則是靠充滿氣體的鰾來維持浮力。

海底的生活

外形像鰻魚的魚類居住在海底，因而避開了在中層水域游泳時會遇到的問題；這幅16世紀的畫作所描繪的江鱈（學名 *Lota lota*）就是其中一例。相較於身體較短的魚，這些瘦長的魚因波動而在身上形成的多個起伏，會為牠們帶來更大的阻力。不過較緩慢的游泳速度卻很適合在洞穴和裂縫中生活。

流線外形以及有鱗片的皮膚能幫助變色連鰭䲁在水中前進時減少阻力

偶鰭能透過擺動協助變色連鰭䲁控制方向、通過狹小空間，以及徘徊於中層水域

背鰭能防止翻滾，幫助變色連鰭䲁在水中維持豎立與平穩

胸鰭能為變色連鰭䲁在海底的短距離蹦跳與「徘徊」動作提供動力

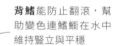

相較於生活在開放與中層水域的魚類，變色連鰭䲁的尾巴就和牠的軀幹一樣，在游泳時扮演著無足輕重的角色

魚鰭在游泳中的作用

背鰭與臀鰭有助於防止魚繞著身體的長軸翻滾。成對的胸鰭與腹鰭則能穩定身體，以避免向前傾倒（俯仰）與左右翻轉（偏擺）。藉著改變魚鰭的位置，魚就能夠變換方向。

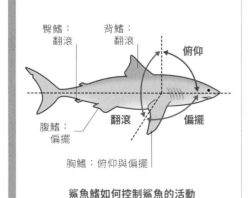

臀鰭：翻滾　　背鰭：翻滾　　俯仰

腹鰭：偏擺　　翻滾　　偏擺

胸鰭：俯仰與偏擺

鯊魚鰭如何控制鯊魚的活動

游泳與沉落

鯊魚、鮪魚、䲁魚和其他開放海域的善泳魚類會波動肌肉發達的軀幹，藉以產生驅動力，然而如畫般迷人的變色連鰭䲁（學名 *Synchiropus picturatus*）卻是靠胸鰭的波動向前推進。這是生活在珊瑚礁底部所造成的適應性變化，因為在那裡，短距離的游泳「蹦跳」是最佳的移動方式。就連鰭䲁而言，牠們的鰾很小或甚至不存在，因此無法產生浮力：只要向前的推進力停止，牠們就會往下沉。然而藉著擺動胸鰭，牠們就能在海底前進。

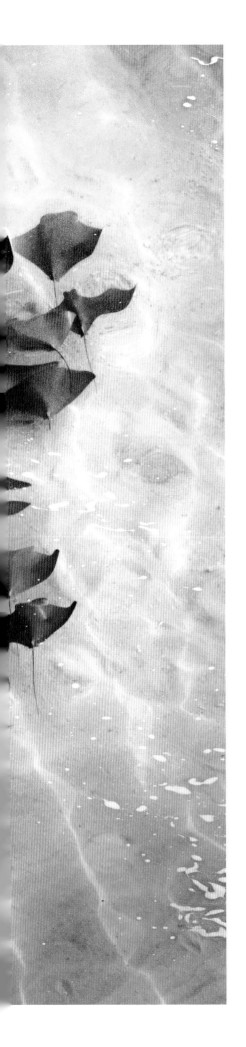

> 蝠鱝離開水面時,
> **胸鰭**持續上下拍動

巨大的魟魚

牛鼻魟有菱形的身體和球根狀的隆起頭部,是體型極大的一種魟魚,悠游於大陸棚上方或河口與海灣附近的溫暖水域。短尾牛鼻魟(學名*Rhinoptera jayakari*)的「鰭展」長達90公分(35英吋),相較於多數魟魚具有較短的鞭子狀尾巴,牠們經常聚集成龐大的魚群,就如同左圖所示。

蝠鱝跳躍

少數具有大鰭的魟魚在壯觀的展示過程中會躍出水面,蝠鱝(學名 *Mobula* sp.)就是其中一例。目前科學家仍不清楚這種行為是為了甩開寄生蟲,還是一種社交訊號。

水底的翅膀

所有的魚類都需要某種推進的動力來源。魟魚的推進力是來自碩大、突出的胸鰭;牠們的胸鰭沿著從頭部延伸全尾部的寬闊基部,連接到扁平的身體上。體型最小的魟魚游泳時會運用巧妙的波動,使胸鰭沿著邊緣向內呈波紋起伏——牠們甚至能在中層水域徘徊,但體型較大的物種會像振翅般拍動胸鰭,以「飛越」海洋。

向前推進

有些魚會藉由波動身體部位(以橘色標示)的方式推進。比起那些胸鰭呈波紋起伏的魚(例如魟魚),靠身體的波浪狀律動前進的鰺速度會比較快。其他魚類則利用擺動,也就是來回移動某個身體構造(以藍色標示)。箱魨的身體以硬鱗披覆,十分堅硬,因此牠們會拍動尾巴產生動力。隆頭魚則是划動胸鰭來前進。

———— 波動的胸鰭

奧氏江魟
學名 *Potamotrygon orbignyi*

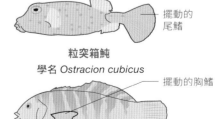

———— 擺動的尾鰭

粒突箱魨
學名 *Ostracion cubicus*

———— 擺動的胸鰭

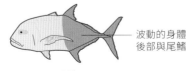

———— 波動的身體後部與尾鰭

珍鰺
學名 *Caranx ignobilis*

紅背唇隆頭魚
學名 *Notolabrus fucicola*

魚鰭

當魚在水中推進時（見第 259 頁），魚鰭不僅能控制方向，也能提升推進力
——尾鰭能為波動的身體增加動力。許多魚類游泳時完全仰賴魚鰭的運動，
海馬（見第 262-63 頁）就是其中一例。最突出的魚鰭種類是尾鰭與背鰭，以
及成對的胸鰭與腹鰭。

單一的背鰭能防止魚翻
滾，並且幫助牠變換方向
或停止不動

成對的胸鰭能協
助魚上升或下降

成對的腹鰭能幫
助魚急轉或驟停

臀鰭能使魚
保持穩定

披著裝甲的獵人

俄羅斯鱘（學名*Acipenser gueldenstaedtii*）
雖然是極為古老的一種魚類（全身披覆著裝
甲般的骨質鱗片，稱為「盾片」），但牠的
鰭和多數魚類的都很相似。牠的偶鰭使牠在
獵捕無脊椎動物、甲殼類動物和其他食物
時，能夠敏捷地扭轉和轉向。

背鰭

大多數的魚背上都有向外突出的背鰭。
除了在魚游泳時穩定魚身外，背鰭也
能用來抵禦掠食者、進行挑釁或求偶
的展示，或是作為掩護。就鮟鱇魚而
言，牠的背鰭甚至能作為吸引獵物的
誘餌。魚能藉由連接到鰭棘與鰭條的
一連串肌肉，抬高或降低自己的背鰭。

細長的鐮刀狀背鰭

堅硬的鰭棘能用
來抵禦掠食者

拖曳型
鐮魚
學名*Zanclus cornutus*

棘刺型
日本的鯛
學名*Zeus faber*

尾鰭

大多數的魚會利用尾鰭推進。魚尾的形狀會透露棲息地與生活方式的相關線索。無裂片、圓形或筆直的尾鰭主要存在於移動較緩慢的魚類身上，牠們棲息在淺水域；新月形與分叉的尾鰭則常見於游泳速度快或長距離移動的魚類身上，牠們生活在開放或較深水域。

寬闊的尾巴有助於靈活操控動作，但也會產生高阻力

圓形
棘頰雀鯛
學名*Premnas biaculeatus*

又薄又硬的尾巴使魚能夠高速游泳

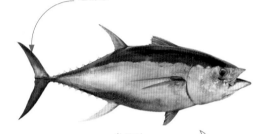

半月形
大西洋黑鮪
學名*Thunnus thynnus*

狹窄的尾巴基部能降低阻力

分叉形
月魚
學名*Lampris guttatus*

平坦的外形能帶來良好的加速與機動性能

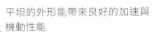

邊緣微凹形
大口黑鱸
學名*Micropterus salmoides*

尾巴的尖端是由臀鰭與尾鰭融合所形成

尖頭形
飾妝鎧弓魚
學名*Chitala ornata*

表面積大能增進機動性能

平截形
擬刺尾鯛
學名*Paracanthurus hepatus*

鰭棘能用來將魚鎖進裂縫中，作為一種在夜間自我保護的方式

背鎖型
嫗鱗魨
學名*Balistes vetula*

長長的背鰭能防止魚翻滾

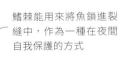

連續型
白胸刺尾魚
學名*Acanthurus leucosternon*

第二背鰭由柔軟的鰭條構成

第一背鰭由堅硬的鰭棘構成

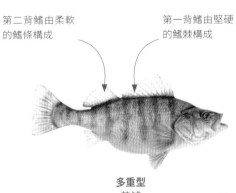

多重型
黃鱸
學名*Perca flavescens*

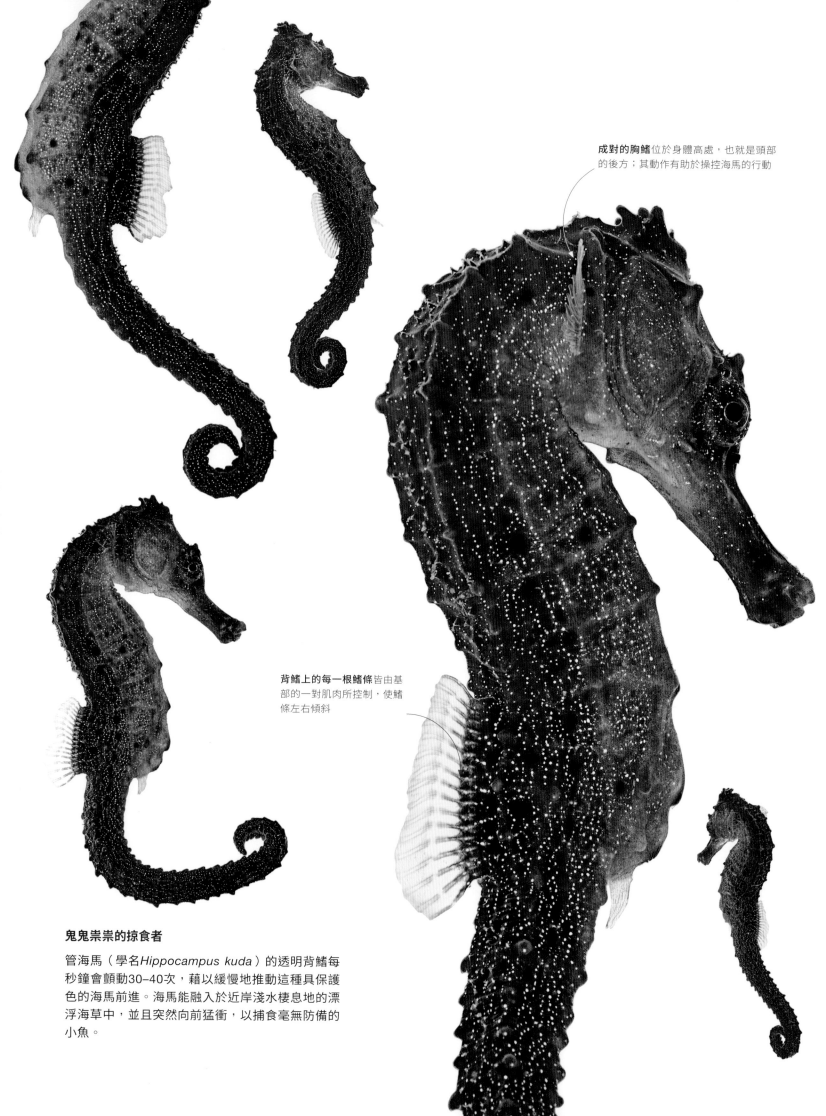

成對的胸鰭位於身體高處，也就是頭部的後方；其動作有助於操控海馬的行動

背鰭上的每一根鰭條皆由基部的一對肌肉所控制，使鰭條左右傾斜

鬼鬼祟祟的掠食者

管海馬（學名*Hippocampus kuda*）的透明背鰭每秒鐘會顫動30–40次，藉以緩慢地推動這種具保護色的海馬前進。海馬能融入於近岸淺水棲息地的漂浮海草中，並且突然向前猛衝，以捕食毫無防備的小魚。

長管狀的口能吸入些許距離外的浮游獵物，以彌補游泳速度緩慢所造成的不便

可捲纏的尾巴能用來緊緊抓住物體（例如海草），以防止海馬被洋流沖走

從背鰭的前端到後端連續不斷的鰭棘（或鰭條）能藉由顫動造成魚鰭波動

用背鰭游泳

當其他的魚類衝刺時，海馬則是滑行於近岸的水草與珊瑚間，憑藉著一股表面上難以察覺的力量向前推進。牠們的垂直身體和向前傾斜的頭部由骨質環構成的護甲所包覆。只有獨特的無鰭尾巴具有高靈活度，作用是以捲纏的方式抓緊水草的莖，而不是游泳。透明的背鰭靠顫動產生推進力，取代了胸鰭的角色；而胸鰭則用來操縱方向。

斑翼文細身飛魚

說到逃離海中的掠食者，斑翼文細身飛魚（學名 *Hirundichthys affinis*）具有一項明顯的優勢：牠能利用推進力躍出水面，使飛行速度達到每小時 72 公里（44 英哩），單次滑行距離達到 400 公尺（1300 英呎），並且能在滑行途中轉向或改變高度。

據估有65種飛魚棲息在熱帶與溫帶海域，並且依據「翅膀」的數量被分成兩類。所有的飛魚都有大幅擴大的胸鰭，使牠們能在水上滑行。此外，牠們還有流線體型，以及不平均的分叉尾巴——下裂片大上許多。斑翼文細身飛魚這類四翼飛魚存在於大西洋東部與西北部、墨西哥灣以及加勒比海。除了胸鰭外，牠們也有擴大的腹鰭；而且因為有了第二組翅膀，牠們比兩鰭的親戚更具空氣動力的優勢。

不同於鳥類和蝙蝠的是，飛魚不會主動拍動翅膀，而是仰賴胸鰭擴大的表面積維持在空中滑翔。斑翼文細身飛魚和其他四翼飛魚的腹鰭適當地演化成一種有助於穩定的裝置，作用類似飛機的水平尾翼，能控制俯仰動作。腹鰭也可能會呼應體型大小：相較於兩翼飛魚，長度約15到50公分（6到20英吋）的飛魚和斑翼文細身飛魚等四翼飛魚通常腹鰭較長。只有四翼飛魚有辦法在半空中變換方向。

為了能在空中滑翔，四翼飛魚會以最快每小時36公里(22英哩)的速度游向水面。當每秒拍打五十次的尾巴將飛魚送離水面時，胸鰭跟著展開，於是飛魚開始滑翔。飛魚生活在比攝氏20–23度（華氏68–73度）還要溫暖的水域；專家認為由於牠們的肌肉收縮得不夠快速，因此無法在較冷的溫度下起飛。

延長的空中時間

當飛魚再次進入水中時，尾巴會先碰到水面。不過只要較大的裂片一碰到水，牠們就會快速拍打尾巴。透過這種「滑行」行為，牠們能延長飛行時間數次。在空中，牠們則會將尾巴抬高以保持穩定。

飛魚壁畫

自古以來，人們一直都為飛魚著迷與感動。這幅米諾斯文明（Minoan）的壁畫是源自費拉科庇（Phylakopi）遺址，位置在地中海的米諾斯島上，繪製時間約為公元前2千5百年。

這幅壁畫描繪的是**兩翼飛魚**

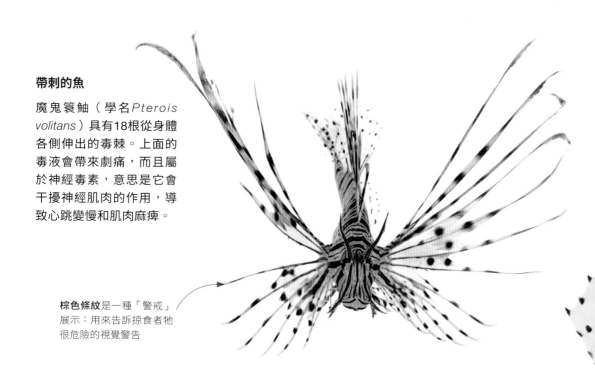

帶刺的魚

魔鬼簑鮋（學名*Pterois volitans*）具有18根從身體各側伸出的毒棘。上面的毒液會帶來劇痛，而且屬於神經毒素，意思是它會干擾神經肌肉的作用，導致心跳變慢和肌肉麻痺。

棕色條紋是一種「警戒」展示：用來告訴掠食者牠很危險的視覺警告

有毒的棘

幾乎所有現存魚類的鰭都靠堅韌又有彈性的鰭條支撐；這些鰭條在皮表內形成，接著嵌入更深處並呈扇形展開，提供成魚結構上的輔助。然而就某些魚而言，鰭的前面還長有更堅硬的骨質棘刺作為強化構造。雖然棘刺本身就能用來抵禦掠食者，但有一些魚（例如鮋科魚類）會進一步利用棘刺作為注射毒液的武器。有些棘刺甚至能製造出動物界中最致命的混合毒素。

臀鰭的前緣有三根毒棘

輸送毒液

從獅子魚的毒棘剖面圖可以看到在海綿狀的外層底下，有一段實心的骨頭——兩側有深槽，用來裝載一對長長的腺體。當毒棘刺穿肉時，表面的皮膚會往後捲，進而產生衝擊壓力擠壓到腺體，導致腺體釋放毒液到傷口內。

毒腺
骨質核心
皮膚將毒液密封在內

表面上皮被磨掉
毒液被釋放出來

穿刺受害者前的毒棘

穿刺受害者後的毒棘

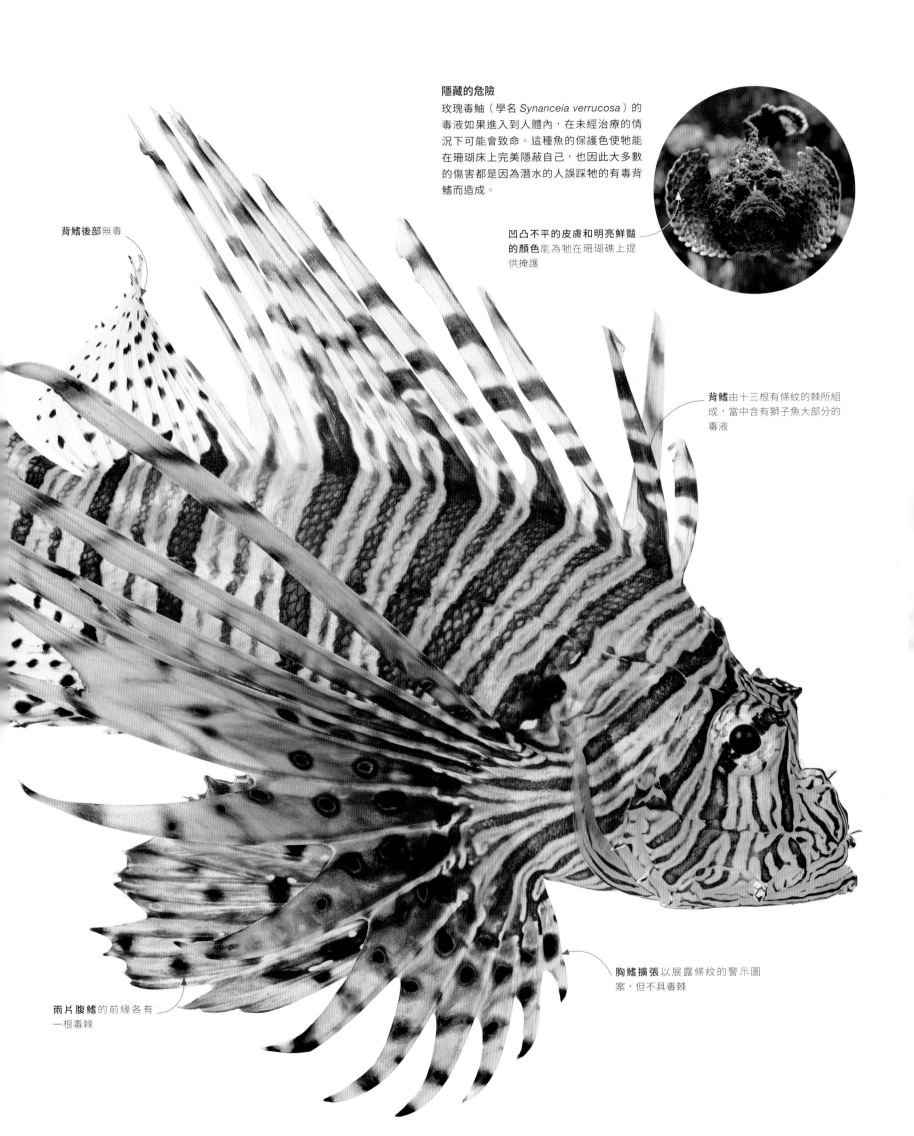

隱藏的危險
玫瑰毒鮋（學名 *Synanceia verrucosa*）的毒液如果進入到人體內，在未經治療的情況下可能會致命。這種魚的保護色使牠能在珊瑚床上完美隱蔽自己，也因此大多數的傷害都是因為潛水的人誤踩牠的有毒背鰭而造成。

凹凸不平的皮膚和明亮鮮豔的顏色能為牠在珊瑚礁上提供掩護

背鰭後部無毒

背鰭由十三根有條紋的棘所組成，當中含有獅子魚大部分的毒液

胸鰭擴張以展露條紋的警示圖案，但不具毒棘

兩片腹鰭的前緣各有一根毒棘

大象鑲嵌畫

羅馬人很重視大象,因為牠們不僅能用來背負重物和戰鬥,也是珍貴的外來動物。這隻大象來自一幅包含 3 種動物的地板鑲嵌畫,馬和熊是另外兩種動物。這幅第 2 或第 3 世紀的畫位於「拉貝里之家」(House of the Laberii),地點在突尼西亞的奧德納(Oudhna)。

藝術作品中的動物
豐裕的帝國

生動的濕壁畫與鑲嵌畫存在於古羅馬帝國的每個角落;這些倖存下來的畫作顯露出古羅馬人對自然恩惠的恣意領受。畫中描繪了作為菜色的魚和動物、來自異國的寵物、地位神聖的生物,以及狩獵與競技場的場景,藉以頌揚自然界的富饒。然而在現實生活中,許多羅馬人的消遣都展現出對動物福祉的漠視。

羅馬世界的室內設計師是無名工匠與畫家;他們受命用濕壁畫和鑲嵌畫妝點牆壁與地板,以彰顯貴族名門的財富與地位。大型的海洋生物鑲嵌畫是較受喜愛的公共浴場與私人住宅裝飾;在這兩個地方有牡蠣和魚的淡水和海水養殖池,能隨時提供食物。在最細緻的作品中,工藝師創作出可辨別的水生物種,包括角鯊、魟魚、鯛魚和鱸魚。某些別墅甚至挖有溝渠,能從那不勒斯引進海水到別墅的池子裡。

羅馬藝術作品中的大象大多被認為是一種如今已滅絕的小型北非亞種。較大型的印度象在畫中則是運載著士兵上戰場。西西里的鑲嵌畫顯示出牠們是如何連同熊、花豹、獅子、老虎、犀牛以及許多其他動物和鳥類,在印度和非洲數以百計地遭到捕獲。這些動物由船運送而來後,就會被關起來作為展示與競技場的狩獵表演(venatio)所用。

孔雀濕壁畫

羅馬以繁殖為目的,從印度進口孔雀作為羅馬女神茱諾(Juno)的神鳥、有錢人的外來寵物,甚至宴會的美味佳餚。這隻圍籬上的鮮豔孔雀被描繪在一幅濕壁畫(公元前 63 年 – 公元 79 年)的修復斷片上;這幅濕壁畫很可能來自義大利的龐貝(Pompeii)。

海洋生物

那不勒斯近海的豐富漁獲透過美食家的角度,呈現在這幅公元第1世紀的鑲嵌畫中。這幅畫是從義大利的龐貝古城遺跡中修復而來。肥碩的魚類、貝類和海鰻,以及畫中央龍蝦與章魚的生死搏鬥,交織成生動的畫面,看起來就像是「農牧神之家」(House of the Faun,也就是這幅畫遭人發現的地點)的菜單看板。

> ❝ 看到高貴的野獸因狩獵長矛而竄,一個有教養的人能從中得到什麼樂趣。❞

西塞羅(CICERO),《致友書》(*AD FAMILIARES*),公元前62年–43年

在海底走路

某些海洋魚類已放棄在開放水域中游泳，改為終生定居在海底。其中有許多魚類的鰭因此而演化成能用來在海床上行走，而不是幫助魚類在中層水域中控制身體。成對的胸鰭與腹鰭變得更強健，以協助支撐魚的重量；末端也變得更寬闊，使這些鰭運作起來反而比較像腳。就躄魚以及有親緣關係的深海鮟鱇魚而言，牠們的胸鰭能像手肘般彎曲，因此更為靈活。

手狀鰭
躄魚的胸鰭上有突出蹼外的指狀骨質鰭條，能用來增加在海床上的附著力。

岩石間的小丑

大斑躄魚（學名*Antennarius maculatus*）能完美隱蔽於珊瑚礁岩基部的海綿間；牠雖然沒有許多開放水域魚類所擁有的速度與敏捷性，但卻有能力攀過海底岩層。牠會利用旗狀釣餌吸引較小的魚類靠近牠伺機而動的顎。

移動緩慢的躄魚具有**多疣的鮮豔皮膚**，能幫助牠隱身於珊瑚、海綿與海草間

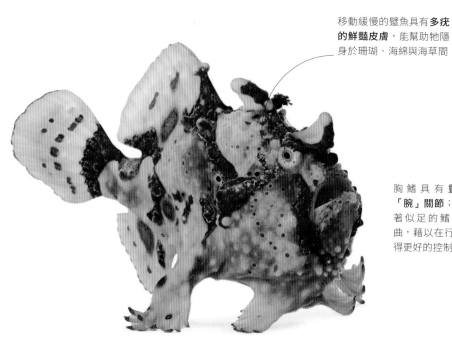

胸鰭具有**靈活的「腕」關節**；這意味著似足的鰭能夠彎曲，藉以在行走時獲得更好的控制

用來作為腿的鰭

數種魚群的鰭已演化成若干利於行走的形式。腹鰭的位置較接近身體前面，藉以穩定魚身，而胸鰭則變成和腳較類似的瘦長狀。大部分時間都不在水中的彈塗魚主要靠胸鰭推進，並且利用吸盤狀的腹鰭穩定身體。至於躄魚則是兩對鰭都長得像腳；牠比較像是四足的陸生動物，能同時運用這些鰭在行走時產生最大的驅動力。

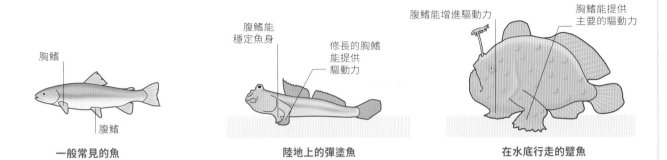

胸鰭

腹鰭

一般常見的魚

腹鰭能穩定魚身

修長的胸鰭能提供驅動力

陸地上的彈塗魚

腹鰭能增進驅動力

胸鰭能提供主要的驅動力

在水底行走的躄魚

可動的釣餌位於一根稱為「吻觸手」的細長桿狀物上，能用來吸引獵物

小小的腹鰭主要用來幫助魚身豎立，但也能向下抵住海床，以獲得更大的驅動力

回到水中

爬蟲類具有堅硬防水的皮膚，雖然在陸地上演化而來，但許多後代都回到了其祖先的水下棲息地。就生活在海中的海龜而言，這樣的轉變基本上已經完成了：海龜再加上一種淡水河龜如今是腳完美特化成鰭肢的唯一爬蟲類。牠們只會為了產卵而冒險上岸。

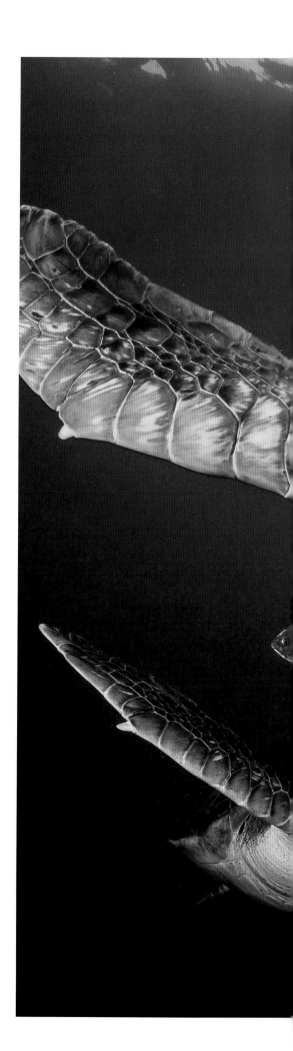

悠游於海中

綠蠵龜就如同所有的海龜，游泳時會以拍動的鰭肢推擠海水，使身體向前推進。鰭肢不論向上或向下拍動都會產生推進力，剩下的有蹼後腳則像舵一般，能用來控制方向。

革龜是體型最大的海龜物種；之所以如此命名，是因為牠們的殼上覆蓋著皮革狀的皮膚

用來築巢的腳

重量超過1公噸的革龜（學名 *Dermochelys coriacea*）會利用鰭肢將自己抬到岸上，然後用後腳挖洞，為牠會呼吸空氣的卵築巢。

趨同演化

會游泳的脊椎動物儘管不同種類之間只存在著遙遠的親緣關係，但牠們皆發展出外形利於產生水動力的鰭肢，就類似鯊魚和其他魚類的鰭。海龜與海豚是從會行走的祖先演化而來，企鵝的鰭肢則是特化的翅膀。

肱骨　尺骨　手指　橈骨

海豚

肱骨　尺骨　手指　橈骨

海龜

肱骨　尺骨　手指　橈骨

企鵝

驚人的力量

鯨豚類的尾鰭不具任何骨骼成分，牠們的脊柱只延續到尾鰭的基部。巨大的無骨尾葉藉由強而有力的上下揮動推擠海水，就能驅使鯨魚的碩大身體向前進。

鯨豚類的尾鰭

沒有任何哺乳類比海豚和鯨魚（合稱「鯨豚類」）還要適應水中生活。牠們具有魚雷狀的流線體型，能夠使阻力最小化。此外，特化成鰭肢的前肢則有助於穩定身體。不過能提供向前驅動力的莫過於牠們的巨大尾鰭。鯨豚尾葉是由實質的結締組織團塊所構成，再以平行的束狀硬蛋白（即「膠原蛋白」）強化結構。

水平的尾巴

海牛與儒艮合稱為「海牛目動物」；這些水生哺乳類經演化而形成了與鯨豚類相似的適應性變化。牠們會運用相同的水平尾巴上下擺動以產生推進力，這點與左右擺動的魚尾大不相同。儒艮的尾巴上有類似於鯨豚類尾鰭的分岔，而海牛的尾巴則演化成鏟狀的尾槳。

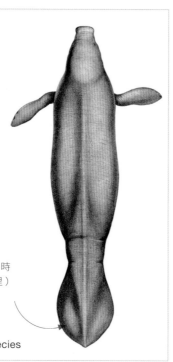

平坦的尾巴能以每小時高達 15 英哩（24 公里）的速度推動海牛前進

海牛 學名 *Trichechus* species

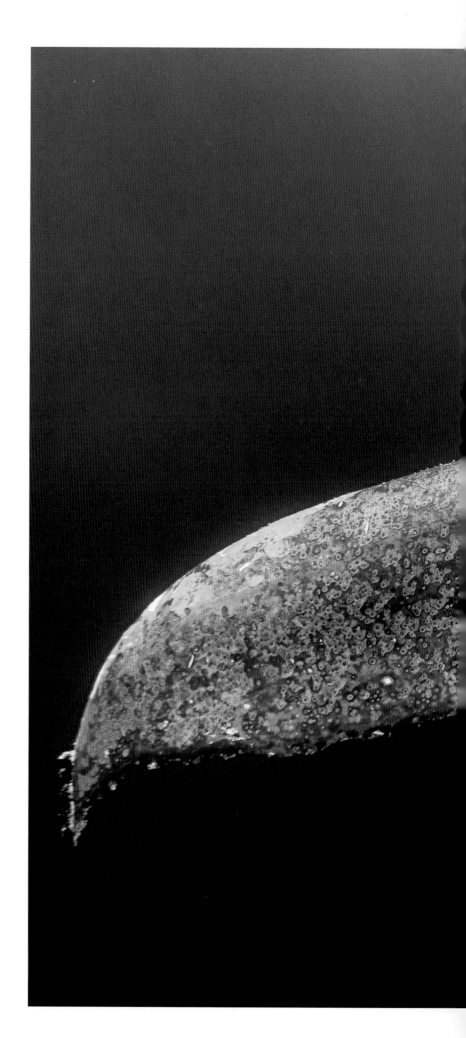

wings and parachutes

翅膀與翅膜

翅膀：如機翼般產生升力的任何結構，包括鳥類或蝙蝠的特化前肢、昆蟲的胸部表皮延伸部分，以及鼯猴或鼯鼠的皮瓣。

翅膜：使空氣阻力最大化以減緩動物下降速度的任何結構，包括指(趾)間與肢體間的皮膜與皮瓣。

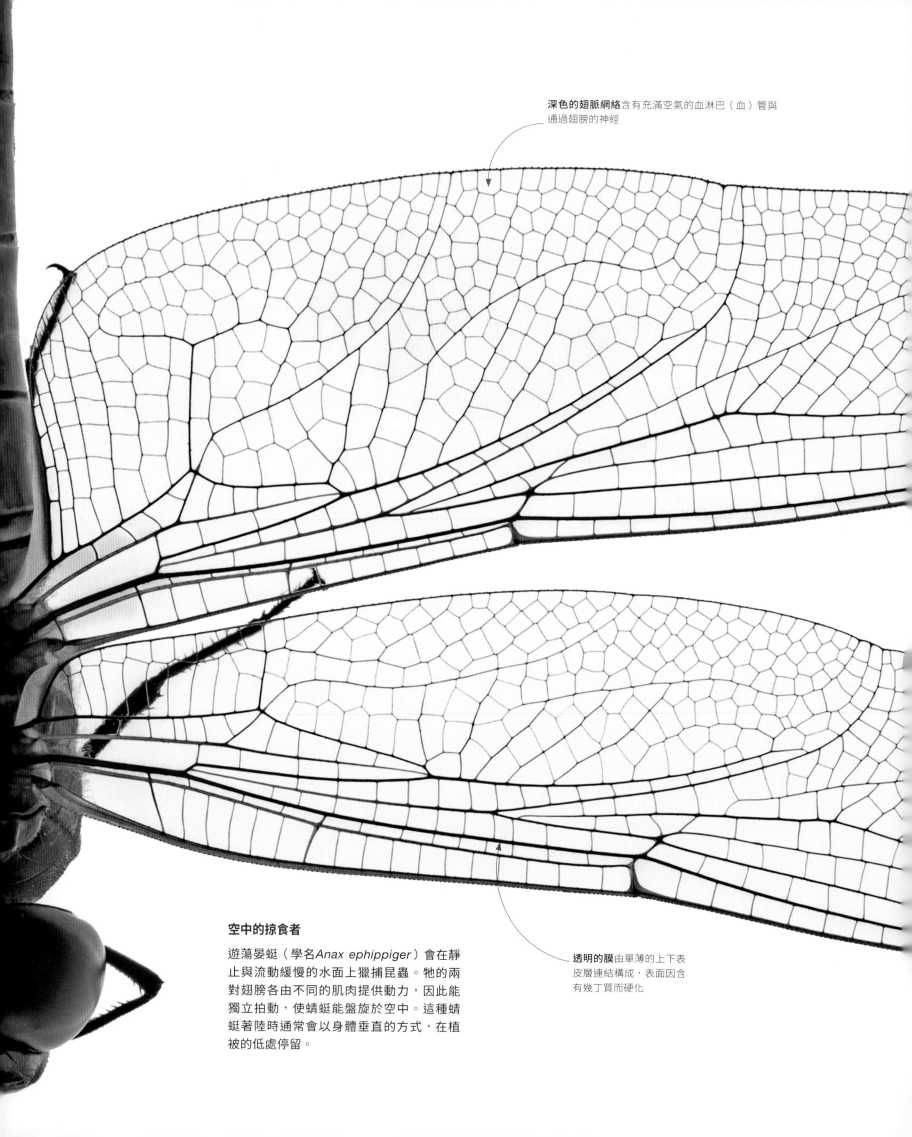

深色的翅脈網絡含有充滿空氣的血淋巴（血）管與通過翅膀的神經

空中的掠食者

遊蕩晏蜓（學名*Anax ephippiger*）會在靜止與流動緩慢的水面上獵捕昆蟲。牠的兩對翅膀各由不同的肌肉提供動力，因此能獨立拍動，使蜻蜓能盤旋於空中。這種蜻蜓著陸時通常會以身體垂直的方式，在植被的低處停留。

透明的膜由單薄的上下表皮層連結構成，表面因含有幾丁質而硬化

微型的空氣動力學

昆蟲的翅膀拍動時會製造出微小的渦旋（即旋轉的氣流）。這些渦旋會產生升力，用來對抗這隻昆蟲的重量所造成的引力作用，就如同這隻雙齒勾蜓（學名 *Cordulegaster bidentata*）所示。

蜻蜓飛行時會將腿夾緊在身體下方

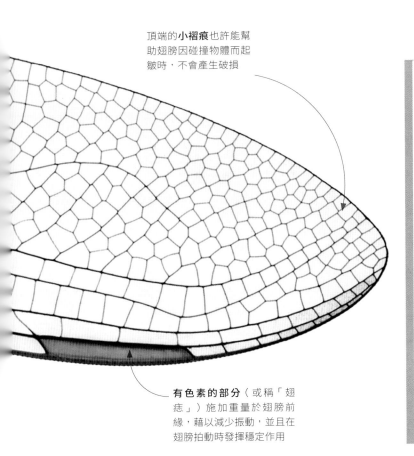

沿著翅膀前緣分布的**橫脈**作用就和邊角支撐架一樣，能增進翅膀的剛度

頂端的**小褶痕**也許能幫助翅膀因碰撞物體而起皺時，不會產生破損

有色素的部分（或稱「翅痣」）施加重量於翅膀前緣，藉以減少振動，並且在翅膀拍動時發揮穩定作用

昆蟲的飛行

四億年前，昆蟲成為了史上第一種飛上藍天的動物。牠們的飛行是靠翅膀的拍動提供動力；直到今日，牠們仍是唯一能做到這點的無脊椎動物。翅膀從堅硬外骨骼的突出物演化而來後，克服了升空以及在半空中操控動作的挑戰。牠們的翅膀不僅強壯，重量也輕，而且是經由不同的有力肌肉聯合操縱。

胸部的肌肉

最早會飛行的昆蟲在拍動翅膀時，是靠直接連接到翅膀的一組肌肉將翅膀往下拉，再靠另一組間接肌肉拉動胸頂，利用軸轉作用使翅膀向上復位。蜻蜓與蜉蝣至今仍這麼做。後來的昆蟲則完全仰賴間接肌肉使胸部變形，藉以造成翅膀上下拍動；這種方式能使雙翅目昆蟲與蜜蜂的振翅速度提升到每秒鐘數百次。

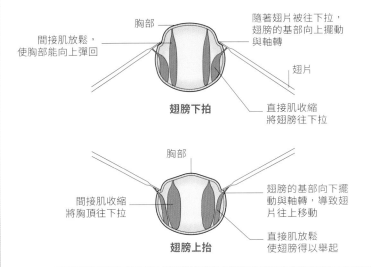

間接肌放鬆，使胸部能向上彈回

胸部

隨著翅片被往下拉，翅膀的基部向上擺動與軸轉

翅片

翅膀下拍

直接肌收縮將翅膀往下拉

胸部

間接肌收縮將胸頂往下拉

翅膀的基部向下擺動與軸轉，導致翅片往上移動

翅膀上抬

直接肌放鬆使翅膀得以舉起

光的戲法

黑框閃藍蝶（學名*Morpho peleides*）身上豔麗的電藍色是由結構所致，而不是色素。每一鱗片（彼此間距幾乎不到千分之一公釐）上面的微小隆脊在反射光時，光線之間的相互干擾會抵銷掉藍色以外的所有顏色，使藍色變得更明顯。

黑框閃藍蝶
學名 *Morpho peleides*

翅膀的黑色邊緣是由黑色素所致，而不是光線干擾

鱗翅

鱗翅目昆蟲（蝴蝶與蛾）的明顯特徵是翅膀與身體布滿了微小的鱗片；由於太過細緻，以致掉落時樣子宛如灰塵。在顯微鏡底下，這些部分重疊的鱗片看起來就像迷你的屋瓦。鱗片的可能用途包括留住空氣以增加升力，或甚至幫助昆蟲從掠食性蜘蛛的網上溜走。不過它們也是蝴蝶能擁有炫目色彩的原因——不論背後的目的為何。

多用途的色彩

蝴蝶與甚至某些日間飛行的蛾都是顏色極其鮮豔的鱗翅目昆蟲，例如最上方的鶹蛺蝶（學名*Consul fabius*）、中間偏左的藍雲鼠蛺蝶（學名*Myscelia orsis*）及中間偏右的蛾（學名*Ceretes thais*）；牠們可能會藉由炫耀翅膀的花紋求偶或嚇跑掠食者。不過顏色也能用來偽裝自己：最下方是鶹蛺蝶的腹面，翅膀下側看起來就像枯葉，以致當牠闔上翅膀時，幾乎難以被察覺。

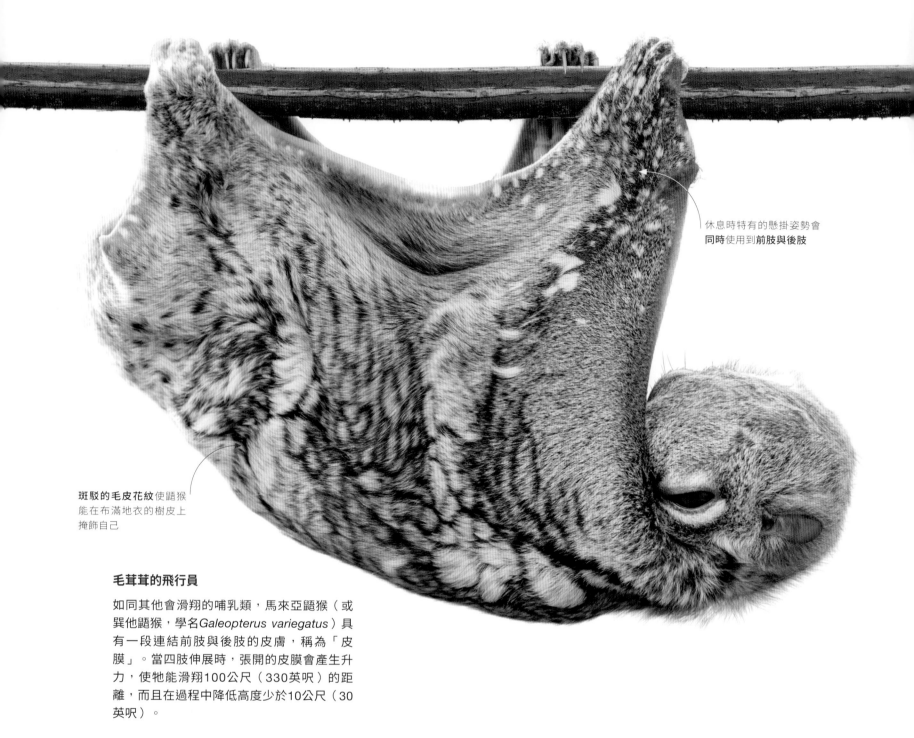

休息時特有的懸掛姿勢會
同時使用到**前肢與後肢**

斑駁的**毛皮花紋**使鼯猴
能在布滿地衣的樹皮上
掩飾自己

毛茸茸的飛行員

如同其他會滑翔的哺乳類，馬來亞鼯猴（或
巽他鼯猴，學名*Galeopterus variegatus*）具
有一段連結前肢與後肢的皮膚，稱為「皮
膜」。當四肢伸展時，張開的皮膜會產生升
力，使牠能滑翔100公尺（330英呎）的距
離，而且在過程中降低高度少於10公尺（30
英呎）。

滑翔與傘降

每一個主要的脊椎動物類群（從魚類到哺乳類）都具有一些能在空中滑翔的物種。
這一點都不令人意外，因為滑翔是相當有效率的移動方式：一旦動物有辦法起飛，
就會完全仰賴其符合空氣動力學的外形（而不是靠肌肉提供驅動力）以產生升力，
使牠能夠滑翔一段距離。滑翔會使飛行阻力減少到最小，但相形之下，傘降卻會
使阻力增加到最大。藉由將翅膀轉換成降落傘，動物就能降低衝擊速度，進而安
全降落。

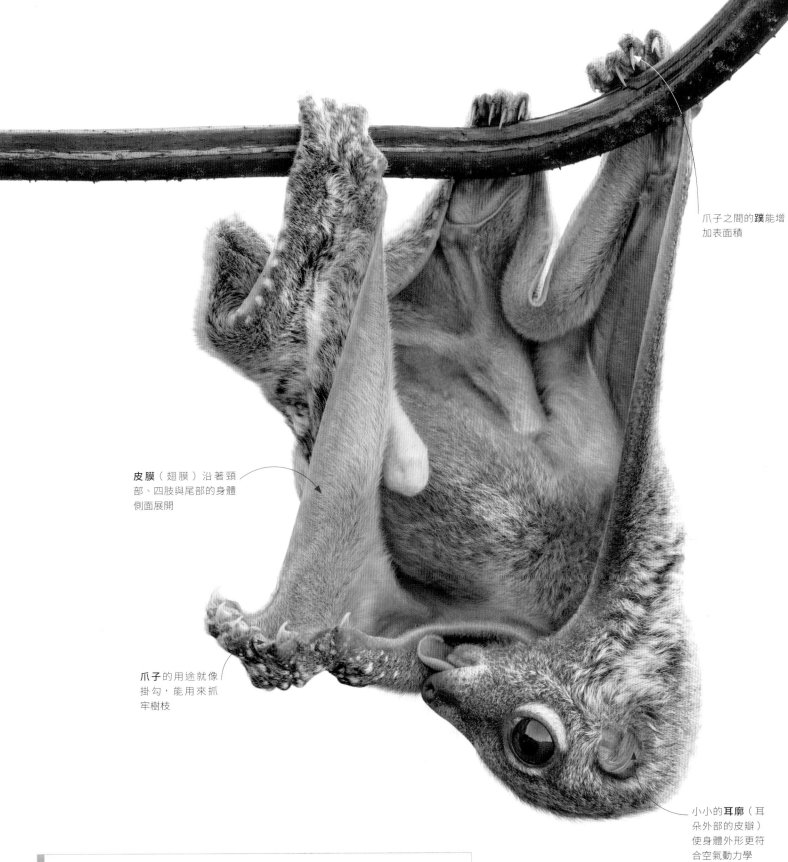

爪子之間的**蹼**能增
加表面積

皮膜（翅膜）沿著頸
部、四肢與尾部的身體
側面展開

爪子的用途就像
掛勾，能用來抓
牢樹枝

小小的**耳廓**（耳
朵外部的皮瓣）
使身體外形更符
合空氣動力學

「飛行」的齧齒動物

利用皮膜滑翔的形式在數個
哺乳類群中各自獨立演化。
鼯鼠的皮膜從手腕延展至腳
踝。必要時，牠們能在半空
中變換方向。

鼯鼠

鳥類如何飛翔

動物若要飛行，就需要克服引力與設法升空，同時也要有能力向前推進。沒有任何的脊椎動物類群比鳥類具有更多會飛的物種。當鳥類從有羽毛的直立恐龍演化而來時，牠們以肌肉驅動的前肢經特化形成了翅膀，使牠們能藉此獲得征服天空所需的升力與推進力。隨著手指數量減少，牠們的臂骨構成了翅膀的框架，而具有硬挺羽片的飛羽（牢牢地深入於骨頭內）則形成了符合空氣動力學的翅膀表面。

空中的掠食者

在普通的飛行中，紅隼（學名 *Falco tinnunculus*）會以大約每小時32公里（20英哩）的速度緩慢移動。如同其他種類的隼，紅隼具有修長狹尖的翅膀；這項特徵使牠不僅能高速飛行與偶爾翱翔，也能一面逆風盤旋，一面搜尋地面上的小型哺乳類獵物。

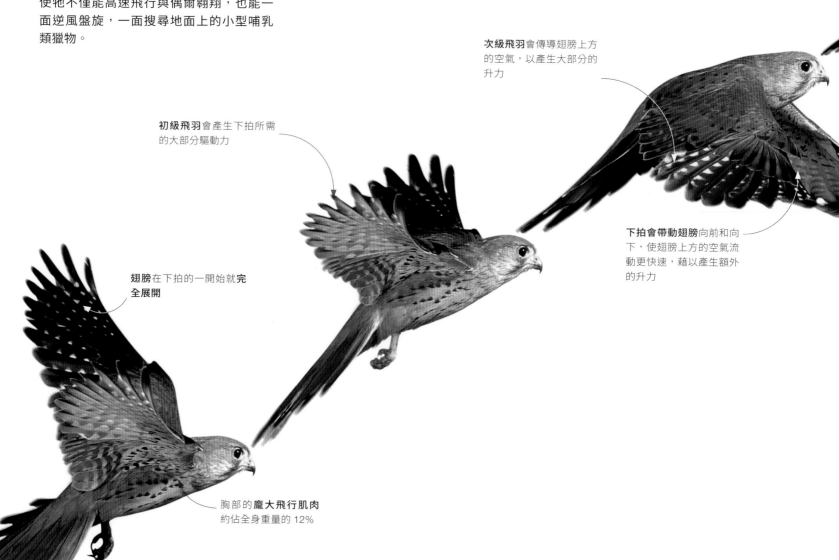

次級飛羽會傳導翅膀上方的空氣，以產生大部分的升力

初級飛羽會產生下拍所需的大部分驅動力

下拍會帶動翅膀向前和向下，使翅膀上方的空氣流動更快速，藉以產生額外的升力

翅膀在下拍的一開始就**完全展開**

胸部的**龐大飛行肌肉**約佔全身重量的 12%

翅膀開始展開，準備好要再
次下拍

翅膀上抬時，羽毛會稍微分開使空氣
能穿過；翅膀推擠空氣的力道較小，
但仍能產生一些升力

翅膀上抬時會摺疊向身體靠
近，藉以減少表面積，並且
使空氣阻力降到最小

外翼的每一片羽毛內緣皆重疊在接下
來的羽毛下方，因此在下拍時能維持
硬挺並推擠著空氣

拍動的翅膀

強而有力的胸肌連結到胸骨的強健龍骨突上，能
藉由收縮使翅膀拍動，進而形成向前飛行所需的
驅動力。就大多數的鳥類而言，下拍能提供推進
力。升力則是靠翅膀的外形產生——翅膀的凸狀
上表面能使空氣流動得較快，導致翅膀上方的壓
力小於下方，進而將身體往上拉。

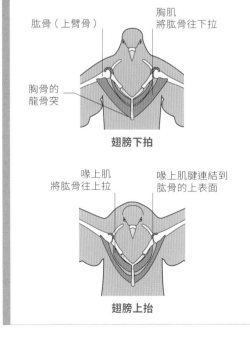

肱骨（上臂骨）

胸肌
將肱骨往下拉

胸骨的
龍骨突

翅膀下拍

喙上肌
將肱骨往上拉

喙上肌肌腱連結到
肱骨的上表面

翅膀上抬

鬍兀鷲

身高相當於 5 歲小孩、體重相當於家貓 2 倍的鬍兀鷲（學名 *Gypaetus barbatus*）在地面上看起來很壯觀，在空中更是氣勢磅礡：身為頂級的滑翔高手，牠能在高聳崎嶇的地區上方翱翔數小時，藉以搜尋屍骨作為食物。

鬍兀鷲又稱為「髭兀鷲」。牠們生活在歐洲、亞洲與非洲山區，棲息在通常高於1000公尺（3300英呎）的懸崖上，在尼泊爾可能甚至高於5000公尺（16400英呎）。

鬍兀鷲是唯一一種飲食幾乎全由骨頭組成（高達85%）的脊椎動物。儘管幾乎沒有競爭者會來搶奪這項特殊的主食，但牠們必須飛得又遠又廣，才能找到足夠的骨頭維生；有些鬍兀鷲據知曾在一天內就移動了700公里（435英哩）遠的距離。基於這項原因，鬍兀鷲通常分布零星，游弋巡視的範圍遼闊，在某些地點甚至涵蓋數百平方公里。

鬍兀鷲的廣大翼展使牠們幾乎不用振翅、只需要乘著上升氣流就能翱翔，體型略大的雌性翼展甚至長達3公尺（10英呎）。牠們能從高空中掃視活動範圍或迅速掠過地面，藉以找出懸崖頂與偏僻峽谷內的雪羊或野生綿羊屍體。

面對食物，其他兀鷲採取的是「餓死或飽死」的狼吞虎嚥策略，但鬍兀鷲的攝食習慣卻很規律，每天吞入的骨頭重量約佔體重的8%——大概是465公克（1磅）。牠們會將小骨頭完整吞下肚，把較大骨頭帶到離地50至80公尺（165至260英呎）的空中拋向岩石，使它們碎成可吞食的大小，強酸胃液會在24小時內分解肚子裡的骨頭。

展翅翱翔的生活

成年鬍兀鷲在白天會有高達80%的時間翱翔於空中，搜遍底下的陸地以尋找食物。一旦離開地面，牠們就會乘著山風，以每小時20–77公里（12–48英哩）的速度滑翔。

紅頸猛禽

鬍兀鷲習慣在富含氧化鐵的土壤或水中浸浴，藉以將羽毛染成紅色。在年紀相仿的鬍兀鷲當中，染色越明顯的可能代表地位越高。

羽毛因氧化鐵而**染成紅色**，隨著年齡增長會逐漸變得更紅

帶有溝槽的高聳翅膀

形狀寬闊的翅膀加上初級飛羽之間的深槽結構，提供了更大的
升力，使鳥類除了能花費較少力氣飛高外，也能降落在較狹窄
的空間裡。這種翅膀外形不僅是猛禽（例如鵰與鷹）的特徵，
也存在於天鵝與較大型涉禽的身上。

深槽能減少翅膀
頂端附近的亂流

金鵰
學名*Aquila chrysaetos*

修長的翅膀即
使在頂端仍維
持寬闊

王鵟
學名*Buteo regalis*

總翼展為 145–
165 公分（55–65
英吋），能提供
額外的升力

大紅鸛
學名*Phoenicopterus roseus*

頂端的羽毛形成
指狀的延伸部分

小禿鸛
學名*Leptoptilos javanicus*

高速的翅膀

一端逐漸變細的單薄翅膀利於高速飛行以及提升飛行的機動
性。空中攝食（例如燕子、雨燕與岩燕）和祕密狩獵（例如隼）
的鳥類皆擁有這類翅膀。鴨子與濱鳥類也有相同形狀的翅膀；
牠們雖然不講求空氣動力的表現，但會藉由快速振翅在水平飛
行中高速移動。

翅膀形狀適於
快速直飛

藍翅鴨
學名*Spatula discors*

尖細的翅膀頂端使
美洲隼能高速俯衝

美洲隼
學名*Falco sparverius*

**尖細的翅膀
頂端**能減少
飛行阻力

麗色鳳頭燕鷗
學名*Thalasseus elegans*

**修長、彎曲的
翅膀**摺疊時長
度超過尾巴

煙囪刺尾雨燕
學名*Chaetura pelagica*

橢圓形的翅膀

雀形目（麻雀與鶇等足部構造適合抓握棲歇的鳥類）與雞形目的橢圓形翅膀適於快速起飛與短時間衝刺，雖然能在灌木濃密的棲息地中提供絕佳的機動性，但消耗的能量也相當多。雖然許多雀形目鳥類仍能達成長距離遷徙，但雞形目鳥類皆無法撐過長程飛行。

坦氏孤鶇
學名*Myadestes townsendi*

典型的橢圓形狀有助於提升鶇在茂密森林棲息地的機動性

綠藍鴉
學名*Cyanocorax luxuosus*

橢圓形翅膀是松鴉、喜鵲和烏鴉的特徵

艾草松雞
學名*Centrocercus urophasianus*

又短又圓的翅膀形狀利於快速起飛

松鴉
學名*Garrulus glandarius*

獨特的翅膀花紋使松鴉在飛行中顯得醒目

高展弦比的翅膀

如同特技表演者在走鋼索時使用的長桿，狹長的翅膀能帶給鳥類更高的穩定性。這種翅膀形狀也會產生較小的阻力，這表示鳥類能消耗較少能量飛行較長距離。高展弦比的翅膀適於海鳥（例如海鷗、鰹鳥、穴鳥與信天翁）的長程高空飛行。

博氏鷗
學名*Chroicocephalus philadelphia*

翅膀頂端的上面是黑色，下面是白色

短尾信天翁
學名*Phoebastria albatrus*

2.1 公尺（7 英呎）的巨大翼展使短尾信天翁無須振翅就能翱翔數小時

鳥翼

翅膀形狀是一種指標，能用來判斷鳥類如何飛行，以及是否為掠食或被掠食物種。除了具特殊用途的翅膀外──例如蜂鳥的翅膀（見第 292-93 頁）能透過可移動的羽毛，獲得盤旋所需的控制力，其它多數鳥類的翅膀能被歸類成 4 種基本的形狀，每一種都和特定範圍的飛行速度、風格以及距離有關。

皇帝企鵝

南極洲的皇帝企鵝（學名 *Aptenodytes forsteri*）重達 46 公斤（101 磅）、高達 1.35 公尺（4.4 英呎），是世界上最大的企鵝。此一物種雖然和其他的企鵝一樣不會飛，但流線形的身體和特化成鰭肢的翅膀，卻使牠們在鳥類中具備無與倫比的潛水能力。

在放棄飛行的演化過程中，皇帝企鵝同時失去了浮力。比起那些會飛的鳥類，牠們的骨頭密度較高，導致身體的重量比水略重一些。原本用來在空中飛翔的硬挺翅膀，如今為牠們在密度較高的中層水域中提供驅動力；唯一一個靈活的翅膀關節作用是將肱骨（上臂）連接到肩膀上。然而皇帝企鵝和那些會飛的鳥類具有相似的翅膀肌力，因此能有力地拍動翅膀以潛入深處尋找食物。用來在水中控制方向的腳位置太後面，以致於牠們在陸地上必須要垂直站立。

皇帝企鵝因為身體較重，維持浸沒在水中所需的能量也較少，使牠們能潛得較久和較深。正因如此，每一次的食物搜尋行動都會帶來較大的淨能量增益。皇帝企鵝捕捉浮冰底下類似蝦的磷蝦，但牠們的食物主要是魚和魷魚，通常捕捉於深達200公尺（660英呎）或更深的水域。一次潛水通常會維持3到6分鐘，不過也曾有過20到30分鐘的記錄，而且牠們有辦法潛到

565公尺（1850英呎）的深處。

皇帝企鵝能靠夏季捕獲量所累積的體脂肪，撐過嚴酷的南極洲冬季，也就是牠們的繁殖期。在產下單獨一顆卵後，雌企鵝會長途跋涉以橫越冰原到海中覓食。雄企鵝則會將卵置於腳上，用溫暖的腹部皮膚皺褶覆蓋，在氣溫低到攝氏負62度（華氏負80度）的環境中孵卵；牠在這段期間完全不會進食。當雛鳥孵化出來時，雄企鵝會用食道分泌的營養「乳汁」餵養牠。待雌企鵝回來後，角色就會互換：雌企鵝負責照顧雛鳥，雄企鵝則前往大海——準備享用4個月以來的第一餐。

用鰭肢飛行

氣泡從這些潛水皇帝企鵝的防水羽毛釋放出來。一旦進入水中，牠們拍動翅膀的弧度會大到在上舉時，兩翅的頂端幾乎互相碰觸到。

適於潛水的翅膀

如同企鵝，海雀（例如海鸚、崖海鴉與刀嘴海雀）會利用翅膀的推進力幫助牠們潛水。企鵝的短硬翅膀只有基部會動，與海雀的翅膀則較大也較靈活，雖然會因而限制住潛水深度，但卻使牠們得以在空中飛翔。

翅膀後緣有大型飛羽

翅膀後緣有小型覆羽

刀嘴海雀
學名*Alca torda*
一般潛水最大深度：15公尺（49英呎）

小藍企鵝
學名*Eudyptula minor*
一般潛水最大深度：69公尺（226英呎）

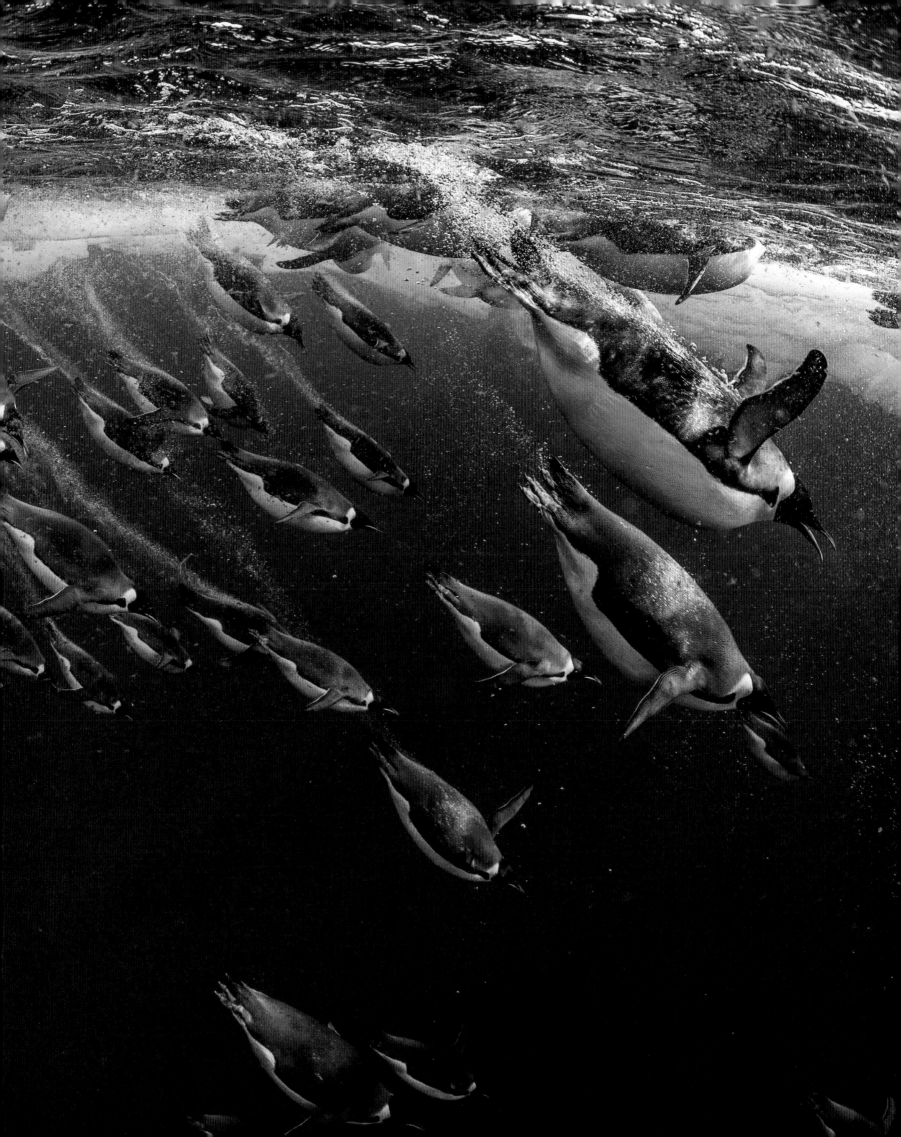

高效率的胸肌藉由快速收縮，將力量傳送到翅膀；它們構成了蜂鳥身體質量的30%，而這比其他振翅力量強大的鳥類都還要多

採集花蜜的鳥類

如同其他的蜂鳥，這隻雄性的藍頂妍蜂鳥（學名*Thalurania colombica*）主要以花蜜為食，其他的食物則包括昆蟲與花粉。為了採集這種富含能量的主食，這隻鳥必須藉由每秒鐘振翅高達90次的頻率，使牠以幾乎靜止的狀態，盤旋在富含花蜜的花朵前面。

每一隻小腳只有在靜止不動地棲息時，才會派上用場；蜂鳥就算只是沿著棲息處移動短距離，也會用飛的，而不會用走的

盤旋

飛行動物之所以能待在空中，是因為隨著牠們的移動，翅膀上方的氣流會為牠們帶來浮力（見第 284–85 頁）。但是當一隻動物在同一位置盤旋時，由於沒有前進運動，因此牠必須迎風飛翔，或是以能夠維持氣流的方式移動翅膀。許多昆蟲能做到這點，因為當牠們前後揮動柔軟的翅膀時，不論是在向前或向後的行程中皆能產生升力。大多數鳥類的翅膀操縱效率不足以做到這點——只有蜂鳥的翅膀例外。

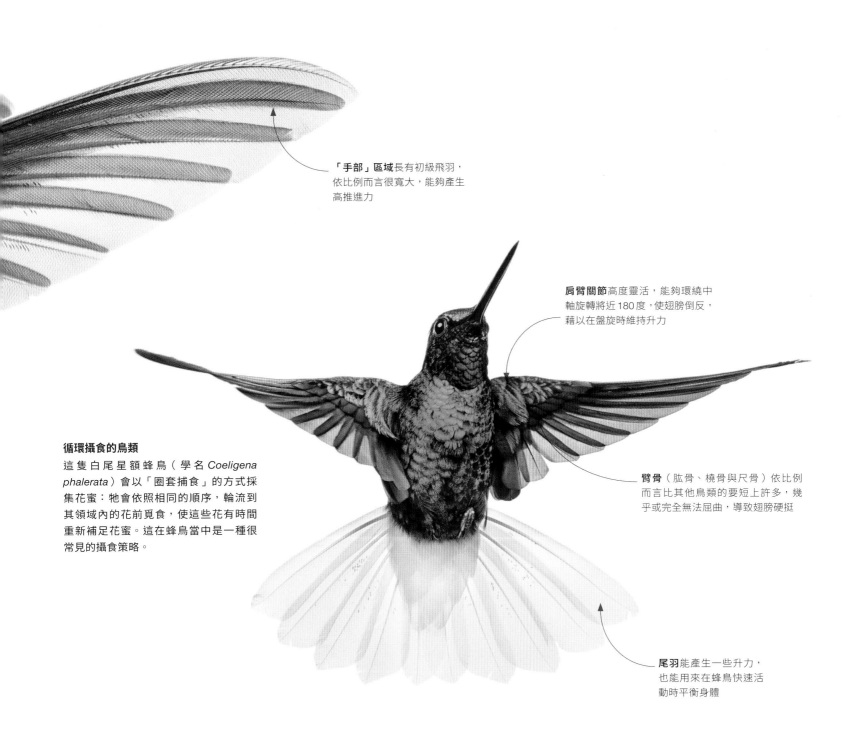

「手部」區域長有初級飛羽，
依比例而言很寬大，能夠產生
高推進力

肩臂關節高度靈活，能夠環繞中
軸旋轉將近180度，使翅膀倒反，
藉以在盤旋時維持升力

循環攝食的鳥類

這隻白尾星額蜂鳥（學名 *Coeligena phalerata*）會以「圈套捕食」的方式採集花蜜：牠會依照相同的順序，輪流到其領域內的花前覓食，使這些花有時間重新補足花蜜。這在蜂鳥當中是一種很常見的攝食策略。

臂骨（肱骨、橈骨與尺骨）依比例
而言比其他鳥類的要短上許多，幾
乎或完全無法屈曲，導致翅膀硬挺

尾羽能產生一些升力，
也能用來在蜂鳥快速活
動時平衡身體

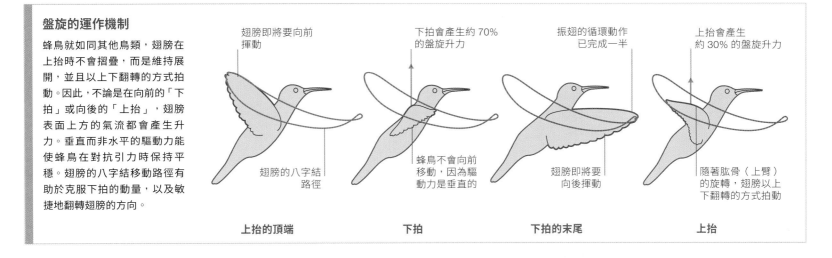

盤旋的運作機制

蜂鳥就如同其他鳥類，翅膀在上抬時不會摺疊，而是維持展開，並且以上下翻轉的方式拍動。因此，不論是在向前的「下拍」或向後的「上抬」，翅膀表面上方的氣流都會產生升力。垂直而非水平的驅動力能使蜂鳥在對抗引力時保持平穩。翅膀的八字結移動路徑有助於克服下拍的動量，以及敏捷地翻轉翅膀的方向。

翅膀即將要向前
揮動

翅膀的八字結
路徑

下拍會產生約 70%
的盤旋升力

蜂鳥不會向前
移動，因為驅
動力是垂直的

振翅的循環動作
已完成一半

翅膀即將要
向後揮動

上抬會產生
約 30% 的盤旋升力

隨著肱骨（上臂）
的旋轉，翅膀以上
下翻轉的方式拍動

| 上抬的頂端 | 下拍 | 下拍的末尾 | 上抬 |

美杜姆群鵝圖（第 4 王朝，約公元前 2575 年 –2551 年）
這幅古王國時期的知名畫作是在灰泥牆上彩繪雕刻而成，當中刻畫了三種鵝：白額雁、豆雁與紅胸黑雁。該畫出自奈費爾馬特王子（Prince Nefermaat）之妻伊泰特（Atet）的墓室，而這座陵墓就位於古城美杜姆（Meidum）法老王諾弗魯（Pharaoh Sneferu）的金字塔旁。

藝術作品中的動物
埃及的鳥類

古埃及的尼羅河畔蘊含了豐富的鳥類生態。房舍蓋在河附近，居民則是忠實的觀察員，不僅將鳥類的外形複製在宗教圖像與象形文字上，也將鳥類的力量與特徵賦予神祇。鳥類作為食物來源與宗教啟發的價值一直延續到死後的世界；在那裡，死去的人能從眾多鳥類形象當中選擇其一，作為自己的化身。

埃及的藝術形式充滿了自然世界的反映，其中鳥類格外受到崇敬。從空中的隼、燕、鳶、鴞到水濱的鷺、鶴、鸕，豐富多樣的種類反映在埃及字母上：多達 70% 的物種皆融入於象形文字中。

神祇被分配到不同的鳥類特徵，藉以強化他們的力量；掌管天空的荷魯斯（Horus）據描述為擁有隼首的神，原因是他和隼一樣飛行在令人目眩的高空中。一眼代表太陽、另一眼代表月亮的荷魯斯在橫越天空時，行經路程就像日出日落的軌跡。托特（Thoth）則是魔法、智慧與月亮之神，具有鷿首和像新月的彎曲鳥喙。

古墓壁畫所展現的死後世界是一片富饒之地。死者能藉由喪葬咒語轉變成自己所選的鳥類，或是化身為「巴」（Ba）——每晚逃離墓地的人頭鳥身怪。在第18王朝的內巴蒙（Nebamum）墓室壁畫中，可以看到這位文牘抄寫員恢復成人形，在肥沃的沼澤地上打野味，以及盤點為來世所準備的家禽數量。

動物神祇（第 19 王朝，約公元前 1294 年）
在這幅古墓壁畫中，伊西斯（Isis）之子與天空之神——擁有隼首的荷魯斯正在迎接法老王拉美西斯一世（Ramses I）來到死後的世界。在旁協助的則是死亡與喪葬之神——擁有胡狼首的阿努比斯（Anubis）。

內巴蒙的貓
（第18王朝，約公元前1350年）

一隻著迷於獵鳥活動的黃褐色貓被描繪在《內巴蒙的沼澤狩獵》（Nebamum Hunting in Marshes）的局部。這幅壁畫出自一位埃及文牘抄寫員的墓室。貓通常被視為生育與分娩之神芭絲特（Bastet）的象徵。內巴蒙的貓眼睛被鍍上了薄金，這點暗示地具有重要的宗教意義。

> " 身為隼，我生活在光明之中。我的皇冠與光輝皆賜予我力量。"
>
> 第78章，《死者之書》（THE BOOK OF THE DEAD）

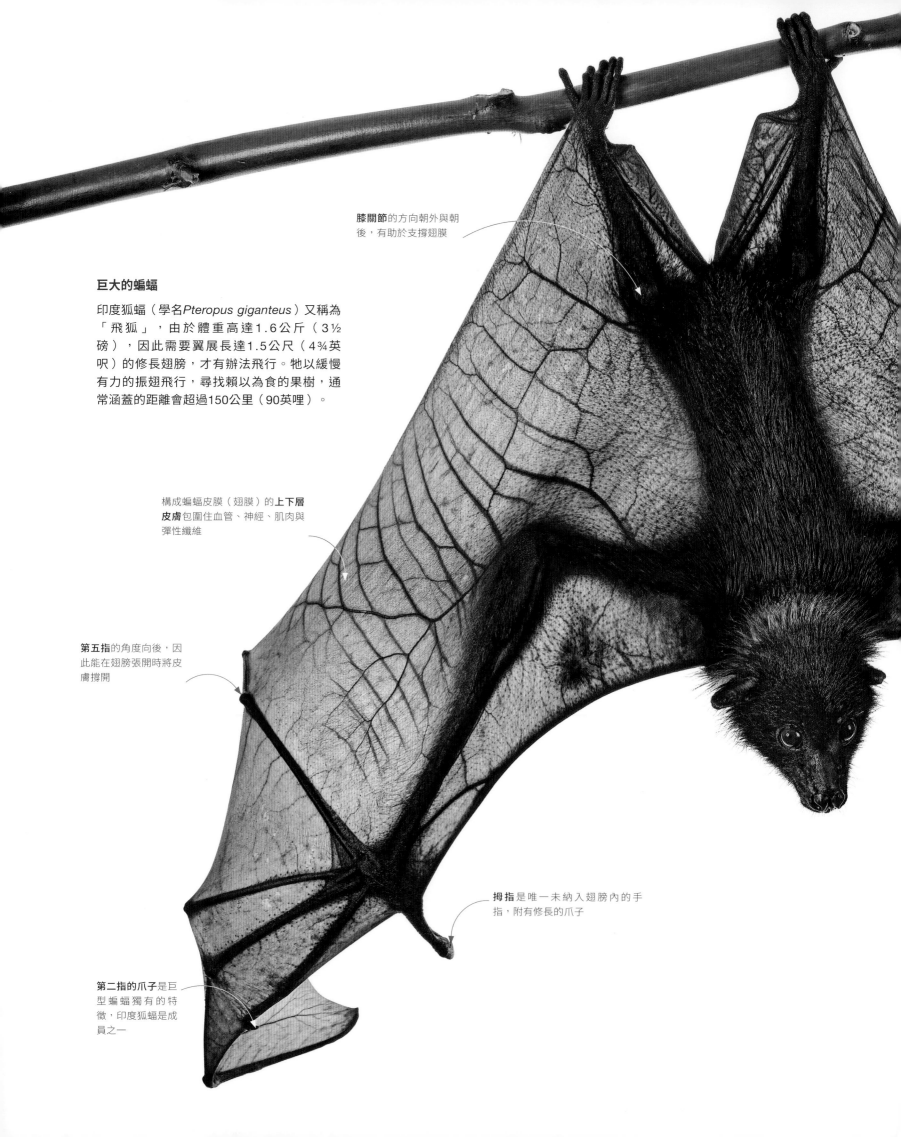

膝關節的方向朝外與朝後，有助於支撐翅膜

巨大的蝙蝠

印度狐蝠（學名*Pteropus giganteus*）又稱為「飛狐」，由於體重高達1.6公斤（3½磅），因此需要翼展長達1.5公尺（4¾英呎）的修長翅膀，才有辦法飛行。牠以緩慢有力的振翅飛行，尋找賴以為食的果樹，通常涵蓋的距離會超過150公里（90英哩）。

構成蝙蝠皮膜（翅膜）的**上下層皮膚**包圍住血管、神經、肌肉與彈性纖維

第五指的角度向後，因此能在翅膀張開時將皮膚撐開

拇指是唯一未納入翅膀內的手指，附有修長的爪子

第二指的爪子是巨型蝙蝠獨有的特徵，印度狐蝠是成員之一

用尾巴支撐
安哥拉游離尾蝠（學名 *Mops condylurus*）這類小型蝙蝠通常具有修長的尾巴，能用來支撐兩腿間展開的皮膜。尾部皮膜能為蝙蝠在飛行時帶來更大的升力。

腿之間的額外表面除了會產生空氣動力，也能用來捕捉飛行的昆蟲獵物

第三指通常最長，而且一直延伸到翅膀頂端

由皮膚構成的翅膀

蝙蝠和鳥類一樣靠動力飛行；牠們藉由拍動翅膀產生所需的驅動力，使牠們能在空中移動。然而，蝙蝠並沒有能在表面產生空氣動力的硬挺飛羽（見第 122–23 頁），而是具有皮膜。牠們的皮膜在瘦長的手指骨間延展，一路連結到腳跟。由持續生長的皮膚所構成的翅膀對周遭空氣的靈敏度較高，也較能做出相應的調整；這表示蝙蝠在捕捉飛行的昆蟲或搜尋果實與花蜜時，能穩定操控飛行動作。

翅膀形狀

翅膀形狀的描述是以展弦比作為依據：即翅膀長度與寬度的比例。翅膀寬短（低展弦比）的蝙蝠著重機動性與準確度（例如生活在茂密森林中），而翅膀窄長（高展弦比）的蝙蝠則能在高空中較快且持久地飛行。

埃及裂顏蝠
學名*Nycteris thebaica*

非洲假吸血蝠
學名*Cardioderma cor*

低展弦比

貝爾墓蝠
學名*Saccolaimus peli*

米達游離尾蝠
學名*Mops midas*

高展弦比

eggs and offspring

卵與子代

卵：(1)受精並發育成胚胎前的雌性動物性細胞；(2)雌性動物排出體外的新個體，由具有保護力的外層所包覆，內含胚胎以及維持其發育所需的營養供給與環境。

子代：動物的幼子。

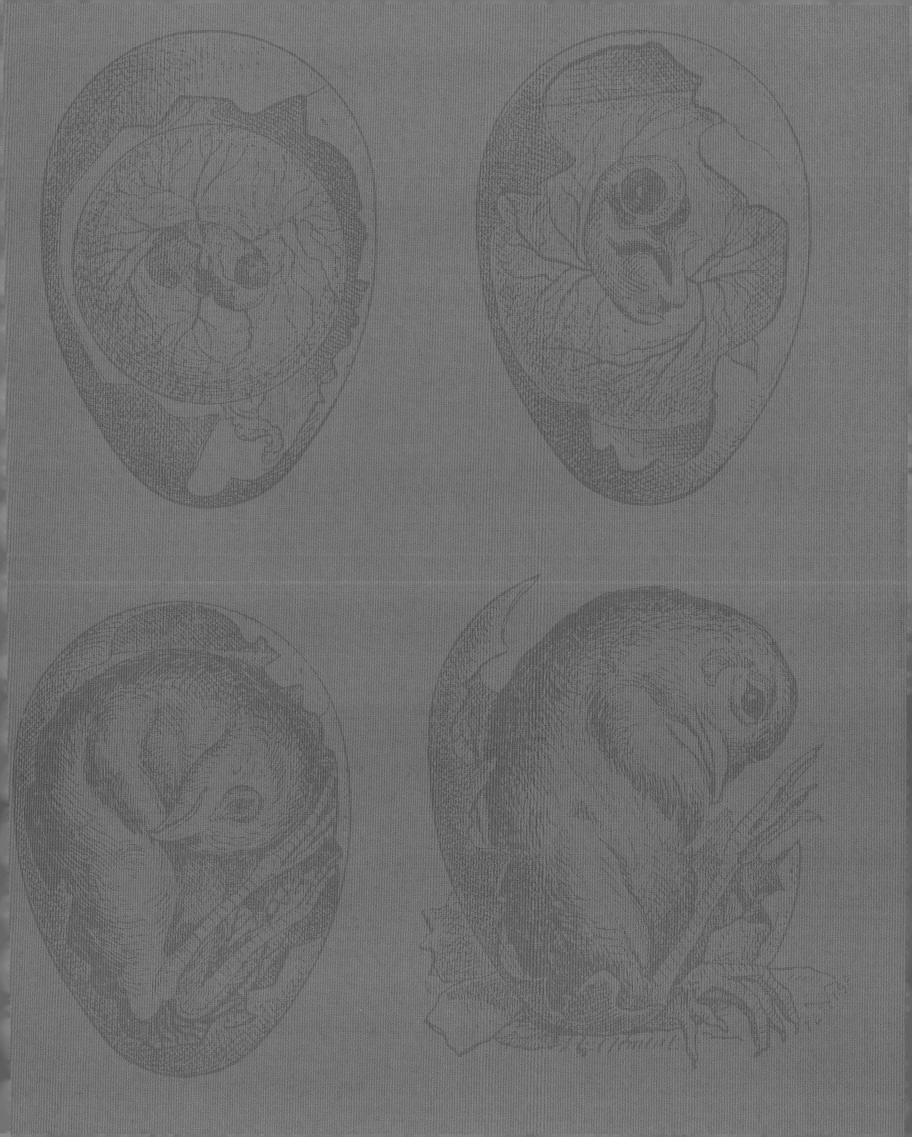

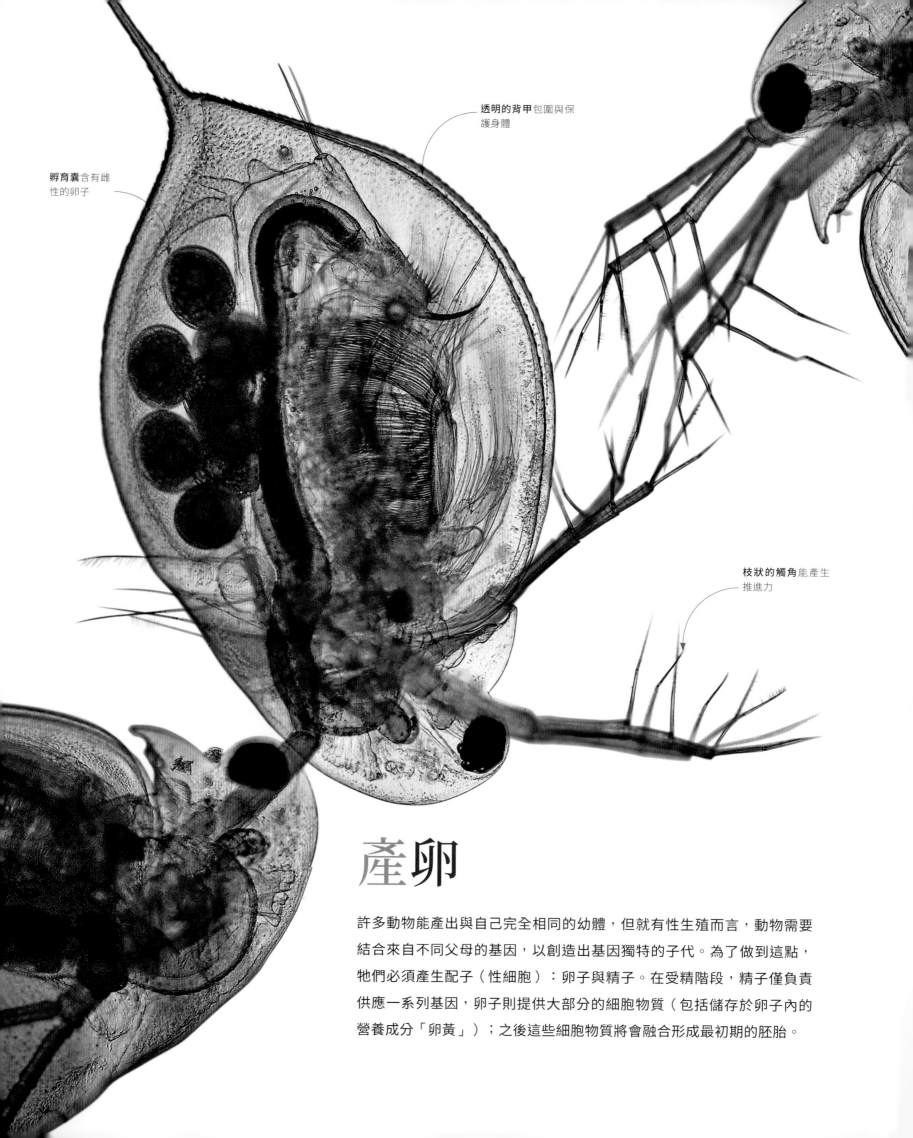

孵育囊含有雌性的卵子

透明的背甲包圍與保護身體

枝狀的觸角能產生推進力

產卵

許多動物能產出與自己完全相同的幼體，但就有性生殖而言，動物需要結合來自不同父母的基因，以創造出基因獨特的子代。為了做到這點，牠們必須產生配子（性細胞）：卵子與精子。在受精階段，精子僅負責供應一系列基因，卵子則提供大部分的細胞物質（包括儲存於卵子內的營養成分「卵黃」）；之後這些細胞物質將會融合形成最初期的胚胎。

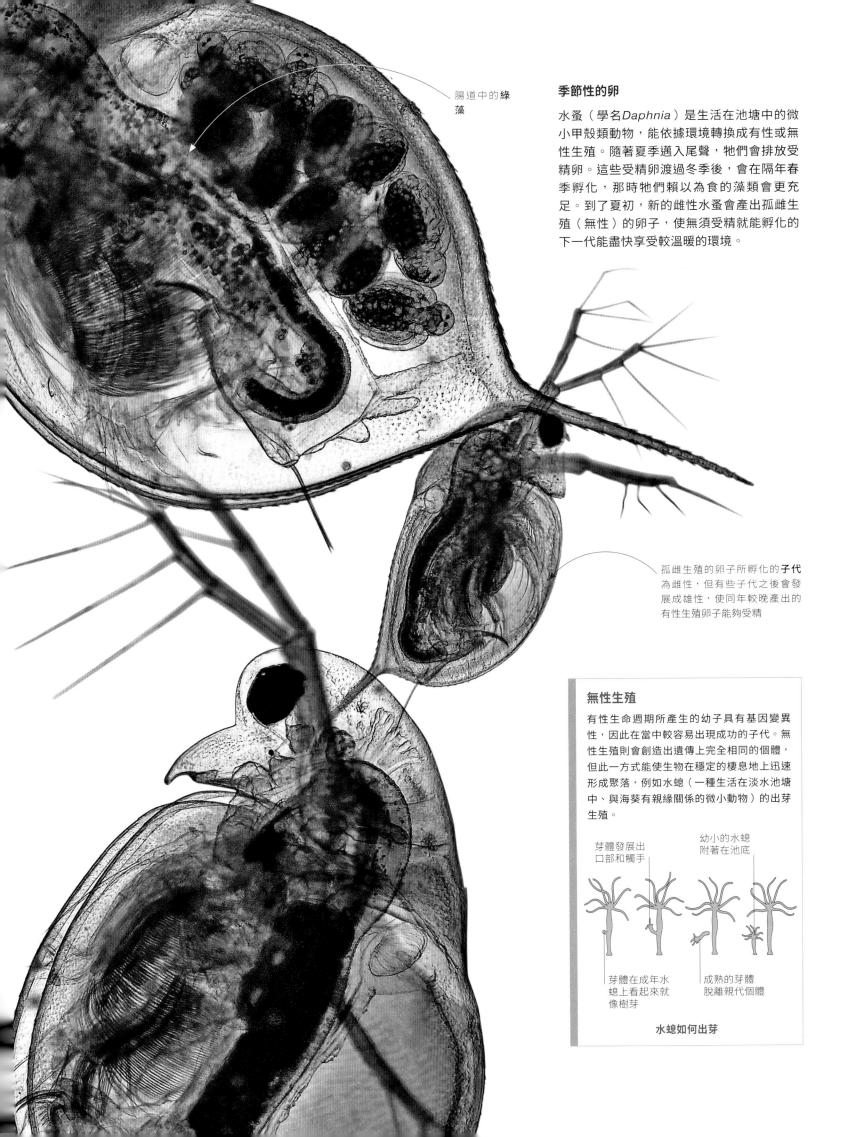

腸道中的**綠藻**

季節性的卵

水蚤（學名*Daphnia*）是生活在池塘中的微小甲殼類動物，能依據環境轉換成有性或無性生殖。隨著夏季邁入尾聲，牠們會排放受精卵。這些受精卵渡過冬季後，會在隔年春季孵化，那時牠們賴以為食的藻類會更充足。到了夏初，新的雌性水蚤會產出孤雌生殖（無性）的卵子，使無須受精就能孵化的下一代能盡快享受較溫暖的環境。

孤雌生殖的卵子所孵化的**子代**為雌性，但有些子代之後會發展成雄性，使同年較晚產出的有性生殖卵子能夠受精

無性生殖

有性生命週期所產生的幼子具有基因變異性，因此當中較容易出現成功的子代。無性生殖則會創造出遺傳上完全相同的個體，但此一方式能使生物在穩定的棲息地上迅速形成聚落，例如水螅（一種生活在淡水池塘中、與海葵有親緣關係的微小動物）的出芽生殖。

芽體發展出口部和觸手

幼小的水螅附著在池底

芽體在成年水螅上看起來就像樹芽

成熟的芽體脫離親代個體

水螅如何出芽

產卵的青蛙

幾乎所有的兩棲類皆行體外受精,而大多數的蛙類還會藉由一種稱為「抱接」的行為,將成功機率提升到最大。雄蛙通常會從背後抱緊雌蛙,使牠們的泄殖腔開口互相靠近。接著雄蛙的精子與雌蛙的卵子會同時排放。

其他的雄蛙可能會聚集過來,以爭奪具有生殖能力的雌蛙

後腳上**寬闊的蹼**能在水中產生推進力;雌蛙在抱接過程中可能會繼續游動

在**骨盆抱接**的動作中,雄蛙會緊緊環抱住雌蛙的後腿基部

受精

在有性生殖中,來自不同個體的 DNA 會隨著卵子受精而混合在一起,進而產生基因變異性。動物用各式各樣的方式確保生殖過程盡可能有效:許多在水中生產(排放精子與卵子)的動物做法很單純,就是盡可能產出許多性細胞,以增加精子遇到卵子的機會;至於其他動物則會在體內保留少數卵子,並且透過交配達成體內受精。

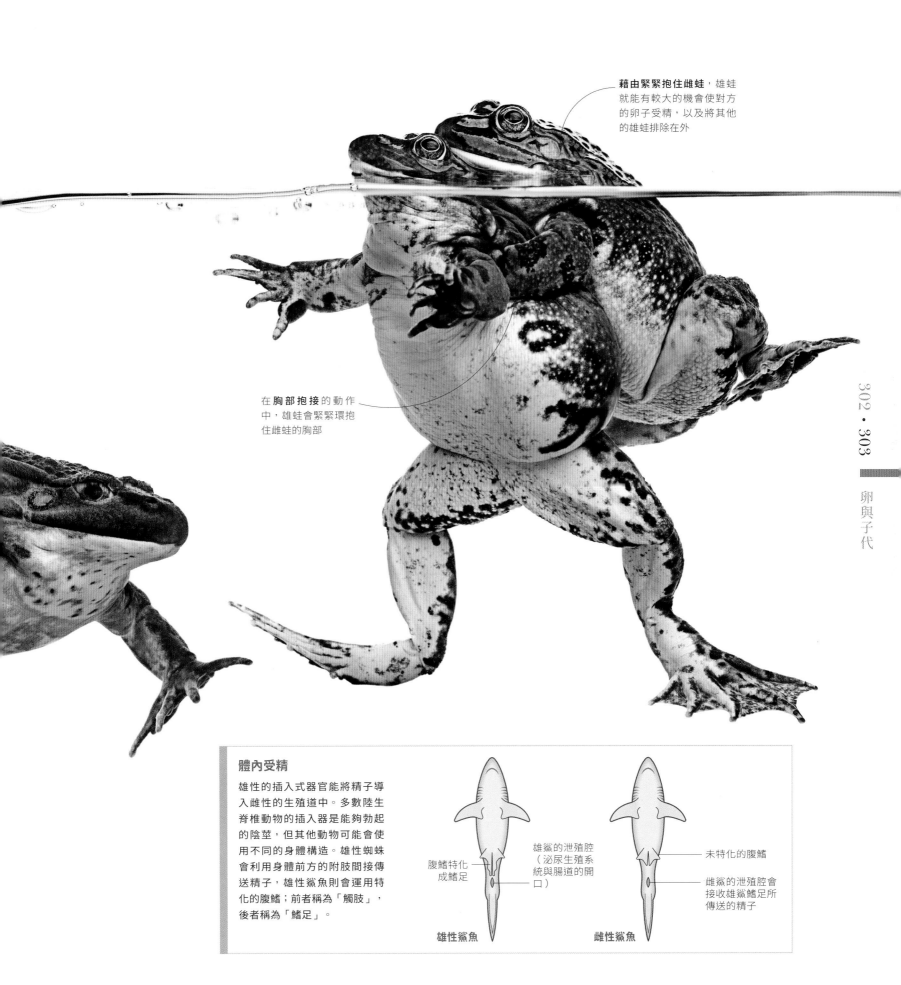

藉由緊緊抱住雌蛙，雄蛙
就能有較大的機會使對方
的卵子受精，以及將其他
的雄蛙排除在外

在**胸部抱接**的動作
中，雄蛙會緊緊環抱
住雌蛙的胸部

體內受精

雄性的插入式器官能將精子導
入雌性的生殖道中。多數陸生
脊椎動物的插入器是能夠勃起
的陰莖，但其他動物可能會使
用不同的身體構造。雄性蜘蛛
會利用身體前方的附肢間接傳
送精子，雄性鯊魚則會運用特
化的腹鰭；前者稱為「觸肢」，
後者稱為「鰭足」。

腹鰭特化
成鰭足

雄鯊的泄殖腔
（泌尿生殖系
統與腸道的開
口）

未特化的腹鰭

雌鯊的泄殖腔會
接收雄鯊鰭足所
傳送的精子

雄性鯊魚

雌性鯊魚

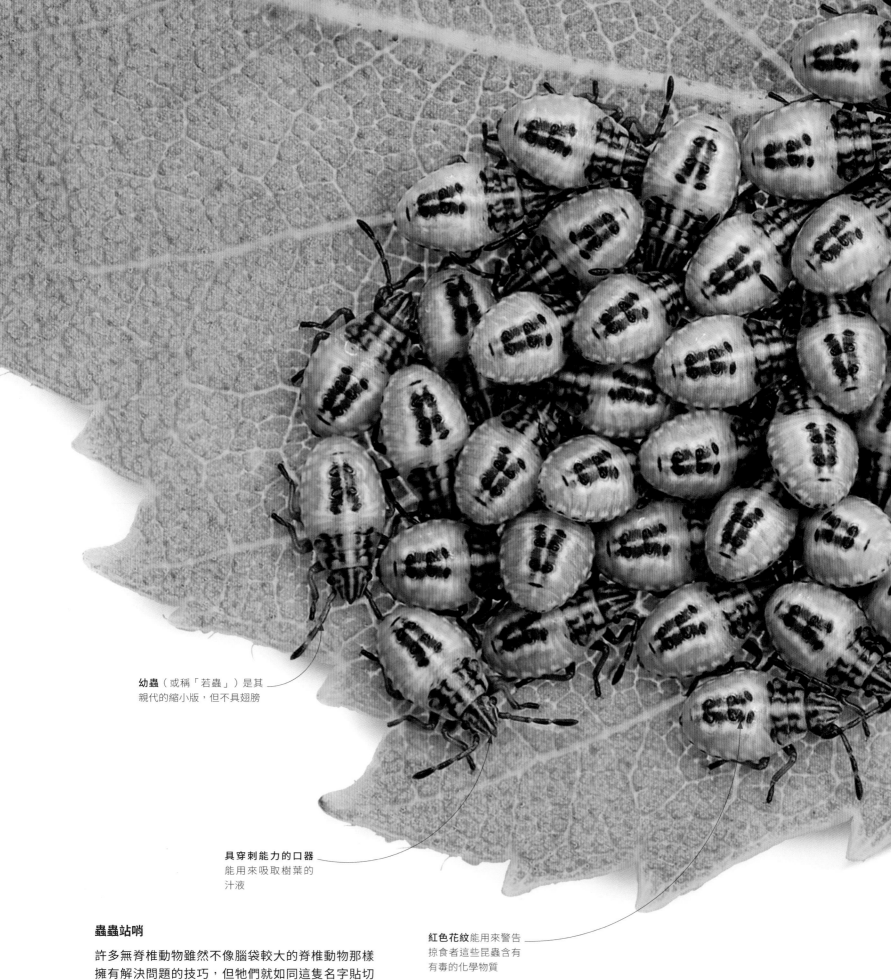

幼蟲（或稱「若蟲」）是其
親代的縮小版，但不具翅膀

具穿刺能力的口器
能用來吸取樹葉的
汁液

蟲蟲站哨

許多無脊椎動物雖然不像腦袋較大的脊椎動物那樣
擁有解決問題的技巧，但牠們就如同這隻名字貼切
的「父母蟲」（即「歐洲盾椿」，學名*Elasmucha
grisea*，英文俗稱parent bug），會利用刻印在其行
為中的養育技巧，提升子女的存活機會。

紅色花紋能用來警告
掠食者這些昆蟲含有
有毒的化學物質

葉莖（或稱「葉柄」）是步行掠食者進到葉子部分的唯一入口，因此蟲媽媽待在此處防守

蟲媽媽會藉由觸角感覺幼蟲是否在場，因此如果幼蟲脫離隊伍，牠就能將牠們拉回來

歐洲盾椿會利用牠們的盾狀身體守護幼蟲；牠能振動翅膀或從胸部下方的腺體排放惡臭氣味，藉以驅趕大多數的小型掠食者

前腿與觸角包圍與保護著正在發育的卵

等待孵化
巴西刺椿（學名 *Antiteuchis* sp.）的蟲媽媽就如同有親緣關係的歐洲盾椿，有可能會守護自己的卵，以防止它們被寄生蜂攻擊。

父母的奉獻

所有的父母都會為繁殖後代投注時間與精力——即便只是製造卵子與精子，但有些動物還會進一步照顧自己的子代。花費時間養育子女並非毫無風險，因為這意味著在這段期間內，這些動物會沒有食物或暴露在危險中。不過牠們所照料的子女較有機會存活並成長至成熟期。

孿生幼熊

3 個月大的幼熊躲在牠們的育哺洞穴裡。如果食物充足,熊媽媽也許能成功養育牠們兩個長大,但是要歷經超過一年的時間,牠們才會獨立。

聚焦物種

北極熊

北極熊(學名 *Ursus maritimus*)是北極圈的頂級掠食者;當地氣候酷寒,溫度能下降至攝氏負50度(華氏負58度)以下。然而在全球暖化的現代,北極熊變得相當脆弱。為了撐過冬季,幼熊必須仰賴為牠們付出的媽媽、育哺洞穴,以及大量能帶來熱量的奶水。

北極熊是體型最大的一種熊。基因證據暗示牠們只花了20萬年,就從棕熊祖先演化成更大、更白的全肉食動物,以更加適應北極圈的季節變化。北極熊在整個夏季會大吃富含脂肪的海豹,因而能產生較多體熱。牠們的厚毛皮是由半透明的毛所構成;這些毛因缺乏色素而中空,能困住皮膚周遭格外溫暖的空氣。這種絕佳的隔熱效果對牠們來說相當重要,因為即使在最冷的月份裡,大多數的北極熊也會持續活動——只有懷孕的雌熊會冬眠。

在冰上生存

對北極熊和牠的幼熊而言,破裂的浮冰是最佳的狩獵場,因為在牠們腳下有充裕的食物來源——海豹肉。熊媽媽能趁海豹浮出水面、在海冰的裂縫中呼吸空氣時突襲牠們。

夏季的交配活動會刺激排卵,但就如同其他的熊,北極熊的受精卵要到秋季才會在子宮內著床;屆時,懷孕的北極熊已在即將作為育哺洞穴的雪窟或地下泥炭堆中安頓好,準備迎接冬季的到來。嬌小的幼熊(通常會有兩隻,每一隻都和天竺鼠差不多大)在11月和1月間誕生;牠們會一直待到氣候惡劣的月份結束,才從育哺洞穴中出來。

熊媽媽用來哺養幼熊的乳汁富含前一個夏季所攝取的海豹脂肪,但在哺乳期間,牠完全不會進食。等到這一家在春季離開洞穴時,熊媽媽可能已經8個月沒吃東西了,因此必須靠海豹的肉來補充熱量。隨著冰層在夏季的烈日下逐漸向後消退,北極熊也會在較靠近海岸處狩獵,或是向北方遷徙。然而每一年攀升的氣溫使牠們賴以生存的海冰平台不斷縮小,導致北極熊面對的未來充滿了不確定性。

有殼卵

在超過 3 億 5 千萬年前，最早的脊椎動物就已在陸地上演化形成，但其中有許多動物至今仍侷限在潮濕的棲息地上活動，因為牠們柔軟的卵在空氣中會脫水，而且通常會孵化成會游泳的幼體。爬蟲類與鳥類藉由產下有硬殼的卵，擺脫了這樣的限制。在卵殼內，胚胎會從周圍的液體中汲取養分，直到它準備要孵化為止；屆時，它會孵化成父母的縮小版，變得跟牠們一樣會呼吸空氣。

卵殼隨著短吻鱷用力擠出卵膜而裂開

破殼而出

在逐漸腐壞的植物所構成的溫暖巢中孵化2個月後，一隻美國短吻鱷（學名*Alligator mississippiensis*）準備要破殼而出。仍在卵內的牠發出叫聲，使正在等候的鱷魚媽媽注意到牠；之後，鱷魚媽媽會用嘴巴將這隻新生的幼鱷從巢內帶到水中。

卵齒（上顎前端的一塊角質硬皮）能用來刺穿殼底下的卵膜

卵內的生命

一系列與卵膜接壤的囊袋為胚胎提供了維生系統：羊膜為胚胎的身體緩衝，卵黃囊供應養分，尿囊則負責吸收滲入卵內的氧氣與儲存廢物。

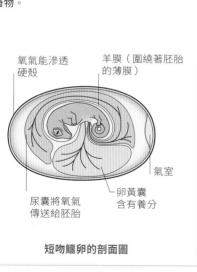

氧氣能滲透硬殼

羊膜（圍繞著胚胎的薄膜）

氣室

尿囊將氧氣傳送給胚胎

卵黃囊含有養分

短吻鱷卵的剖面圖

剛孵化的短吻鱷身長可達 20 公分（8 英吋）

幼小的**短吻鱷**可能會待在殼內數小時,直到媽媽用聲帶振動的聲音鼓勵牠掙脫出來

比起大多數爬蟲類的皮革狀卵殼,**堅硬易碎的卵殼**具有較高的礦物質含量

皮膚最初因卵液而濕潤,但很快就會乾掉

鳥蛋

不論大小或形狀，鳥蛋皆由薄膜包覆的胚胎所組成，並且由碳酸鈣構成的外殼提供保護。蛋殼顏色的豐富變化（也許能用來掩飾鳥蛋以免掠食者察覺）僅源自兩種色素：原比咯紫質（紅棕色）與膽綠質（藍綠色）。

白色的蛋
下蛋在隱蔽巢中（例如樹洞或地洞等洞穴，或是碗形巢）的鳥類通常會產出白色或淡色的蛋。

極小的蛋顏色樸素，藏匿於杯形巢中

棕煌蜂鳥
學名*Selasphorus rufus*

光滑白色的蛋產於地洞巢中

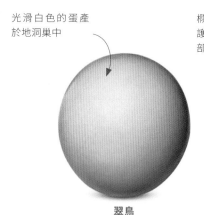

翠鳥
學名*Alcedo atthis*

橢圓形的蛋不具保護色，產於樹幹內部深處

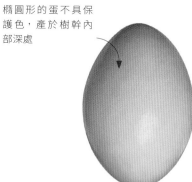

黑啄木鳥
學名*Dryocopus martius*

藍色與綠色的蛋
在喬木或灌木上築巢的鳥通常會產出藍色或綠色的蛋。這樣的顏色可能具有防曬作用，花紋則通常反映出築巢材料，因此能提供掩護。

樸素的藍色，略具光澤

林岩鷚
學名*Prunella modularis*

藍色，帶有白色斑點

綠林戴勝
學名*Phoeniculus purpureus*

白色外層在孵化期間會剝落，因而產生大理石花紋

圭拉鵑
學名*Guira guira*

大地色的蛋
在地面上築巢的鳥類需要靠偽裝來保護牠們的蛋。樸素的棕色或帶有斑點的蛋在多沙、灌叢繁茂或多岩石的棲息地上難以被察覺。

淺棕色，帶有光澤

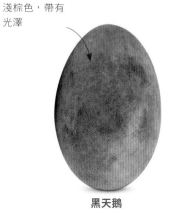

黑天鵝
學名*Cygnus atratus*

紅棕色，帶有顏色較深的斑漬

游隼
學名*Falco peregrinus*

棕色的斑點能融入地面上的築巢處

林柳鶯
Phylloscopus sibilatrix

無光澤的白色，
形狀呈卵形

倉鴞

學名*Tyto alba*

斑點稀疏，形狀呈
圓形

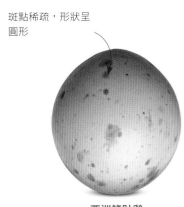

亞洲鰭趾鷉

學名*Heliopais personatus*

紅棕色的斑點可能是
模擬築巢處的顏色

大山雀

學名*Parus major*

圓錐形可能有助於
防止蛋從懸崖岩石
架上的築巢處滾落

白翅斑海鴿

學名*Cepphus grylle*

膽綠質造成的
藍色會在下蛋
過程中沉澱

旅鶇

學名*Turdus migratorius*

汙漬般的花紋

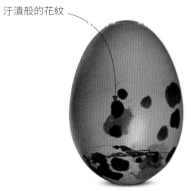

褐頭鷦鶯

學名*Prinia inornata*

光滑，帶有斑點，
形狀呈卵形

巨嘴鴉

學名*Corvus macrorhynchos*

斑紋和顏色能融入
築巢材料

褐領雀

學名*Zonotrichia capensis*

棕色是模擬岩
石架上築巢處
的顏色

白兀鷲

學名*Neophron percnopterus*

顏色和形狀能融
入海濱的鵝卵石

環頸鴴

學名*Charadrius hiaticula*

鵝卵石形狀能掩飾
海岸棲息地中的蛋

蠣鴴

學名*Haematopus ostralegus*

幾近黑色；剛產
下的蛋是綠色

鴯鶓

學名*Dromaius novaehollandiae*

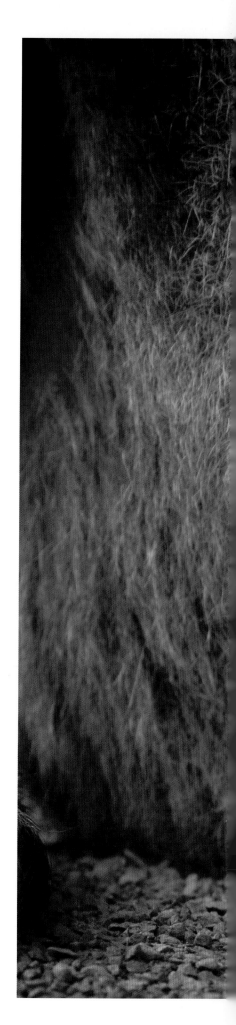

孕育於子宮中

胎盤是在母體的子宮內膜中發育形成的器官,作用是將血流中的養分與氧氣傳送到胚胎內,使它能夠生長。這說明了為何相較於有袋類,胎盤哺乳類(例如猴子)的新生兒體型大上許多,發育也較成熟。

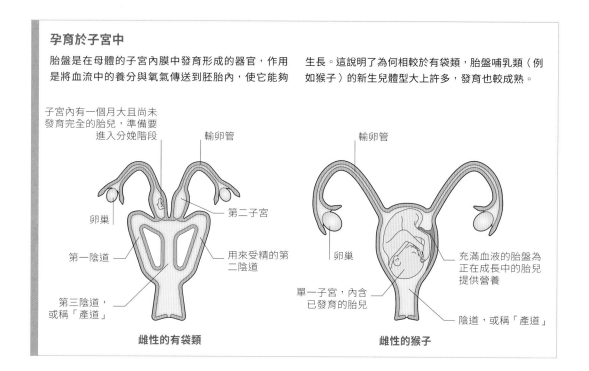

子宮內有一個月大且尚未發育完全的胎兒,準備要進入分娩階段

輸卵管

卵巢

第二子宮

第一陰道

用來受精的第二陰道

第三陰道,或稱「產道」

雌性的有袋類

輸卵管

卵巢

單一子宮,內含已發育的胎兒

充滿血液的胎盤為正在成長中的胎兒提供營養

陰道,或稱「產道」

雌性的猴子

育兒袋

就大多數的哺乳類而言,在長期的懷孕過程中,尚未出生的胎兒會在母親的子宮中,藉由充滿血液的胎盤獲得孕育。但有袋類的繁殖策略卻大不相同;牠們的懷孕期短,而且新生兒是在母體外完成大部分的發育。母親的育兒袋會提供溫暖的庇護,而奶水則和其他哺乳類的一樣,都是胎兒賴以為生的生命線。

離開育兒袋

在 8 個月大時,由於已大到無法繼續待在育兒袋內,於是這隻年幼的黑尾袋鼠為保護自己而躲在植被中。牠仍會返回母親身邊吸奶,這樣的行為會再持續 6 個月。

有袋的保護

這隻黑尾袋鼠(學名 *Wallabia bicolor*)寶寶在母親的育兒袋裡待了約8個月。在這段期間,新的胚胎可能已經在發育——準備在輪到它時佔據育兒袋。

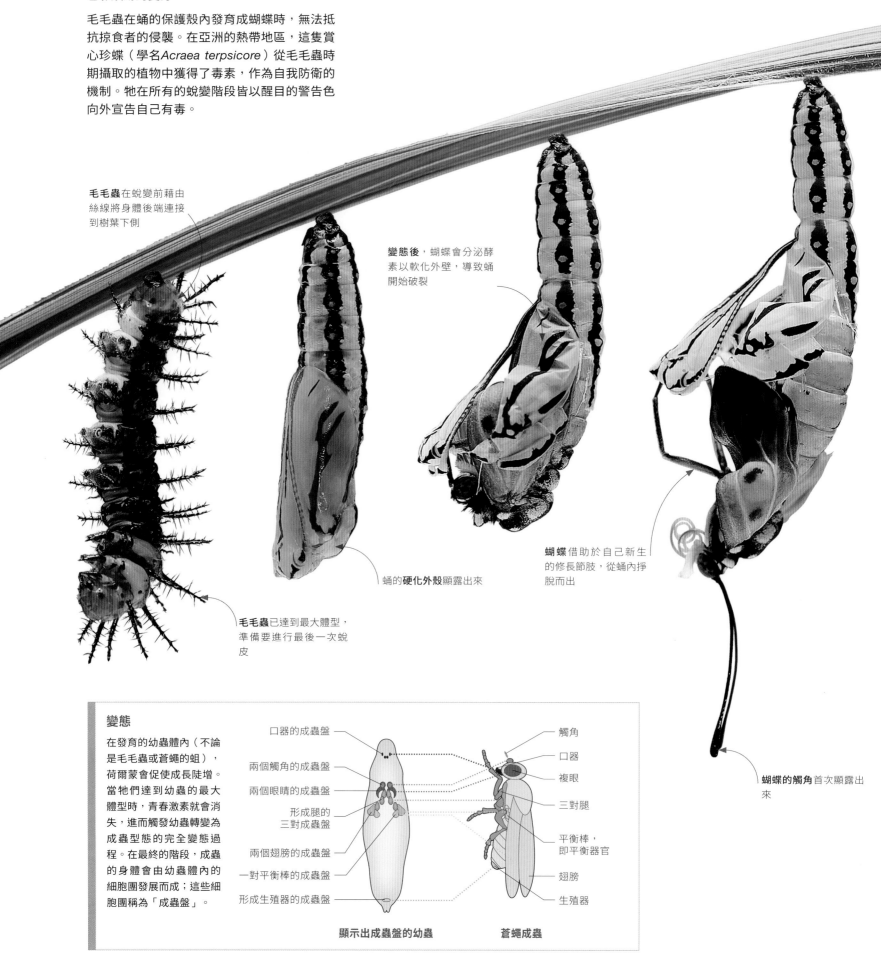

色彩繽紛的變身

毛毛蟲在蛹的保護殼內發育成蝴蝶時,無法抵抗掠食者的侵襲。在亞洲的熱帶地區,這隻賞心珍蝶(學名*Acraea terpsicore*)從毛毛蟲時期攝取的植物中獲得了毒素,作為自我防衛的機制。牠在所有的蛻變階段皆以醒目的警告色向外宣告自己有毒。

毛毛蟲在蛻變前藉由絲線將身體後端連接到樹葉下側

變態後,蝴蝶會分泌酵素以軟化外壁,導致蛹開始破裂

蛹的硬化外殼顯露出來

毛毛蟲已達到最大體型,準備要進行最後一次蛻皮

蝴蝶借助於自己新生的修長節肢,從蛹內掙脫而出

蝴蝶的觸角首次顯露出來

變態

在發育的幼蟲體內(不論是毛毛蟲或蒼蠅的蛆),荷爾蒙會促使成長陡增。當牠們達到幼蟲的最大體型時,青春激素就會消失,進而觸發幼蟲轉變為成蟲型態的完全變態過程。在最終的階段,成蟲的身體會由幼蟲體內的細胞團發展而成;這些細胞團稱為「成蟲盤」。

口器的成蟲盤

兩個觸角的成蟲盤

兩個眼睛的成蟲盤

形成腿的三對成蟲盤

兩個翅膀的成蟲盤

一對平衡棒的成蟲盤

形成生殖器的成蟲盤

觸角

口器

複眼

三對腿

平衡棒,即平衡器官

翅膀

生殖器

顯示出成蟲盤的幼蟲　　**蒼蠅成蟲**

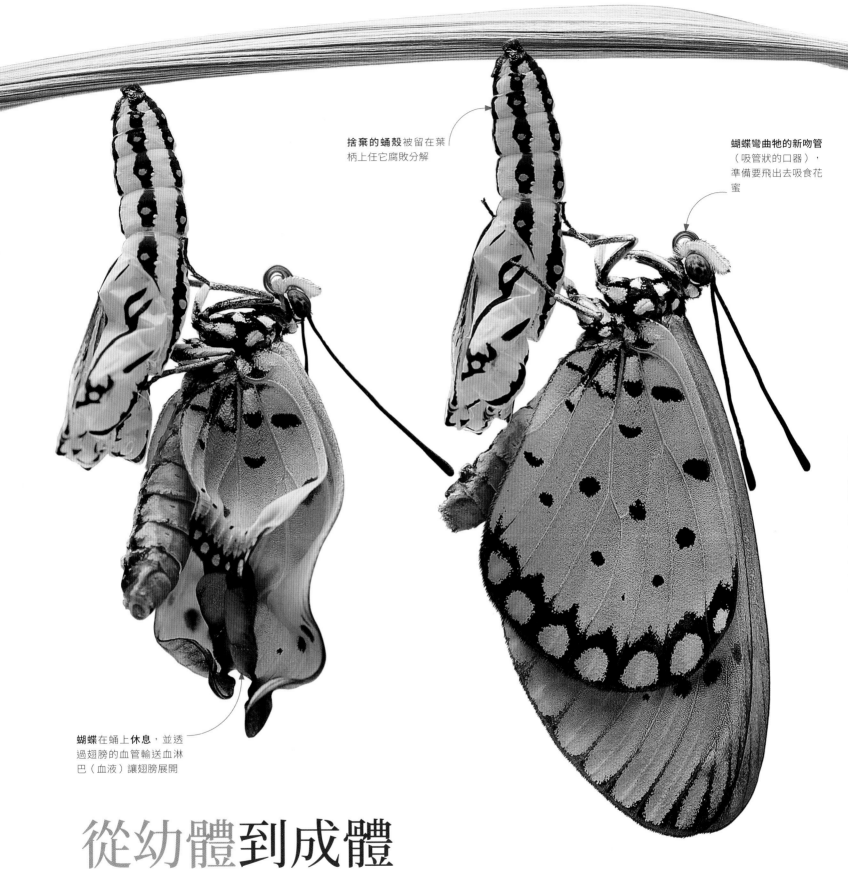

捨棄的蛹殼被留在葉柄上任它腐敗分解

蝴蝶彎曲牠的新吻管（吸管狀的口器），準備要飛出去吸食花蜜

蝴蝶在蛹上**休息**，並透過翅膀的血管輸送血淋巴（血液）讓翅膀展開

從幼體到成體

隨著從幼體發展成性成熟的成體，所有的動物都會有所改變，但是就昆蟲而言，這樣的轉變可能十分劇烈。有些昆蟲（例如蟑螂與蚱蜢）的幼蟲是不會飛的縮小版成蟲，但其他昆蟲（例如蝴蝶）從毛毛蟲開始的變態過程則需要經歷身體結構的徹底改變。

兩棲類變態

當動物透過變態過程發育時，牠們的幼體與成體型態可能會以對比強烈的方式採用不同的棲息地與資源。以青蛙為例，在水中游泳的幼體會轉變成能在乾燥陸地上走動的成體。這樣的過程需要以腿代替鰭，並且以呼吸空氣的肺代替鰓。牠們的整體行為從如何移動到能吃什麼，就和變換外形的身體一樣經歷了大幅改變。

完全水生的蝌蚪

歐洲林蛙（學名 *Rana temporaria*）的幼體（或蝌蚪）為適應水中生活而有所演化。肌肉發達的尾巴佔了體長的超過一半，被安置在腫大腔室內的鰓則負責汲取水中的氧氣。具有角質邊緣的顎一開始用來吃水藻，後來則用來攻擊動物獵物。

如同魚類，蝌蚪會藉由肌肉塊的收縮左右擺動尾巴

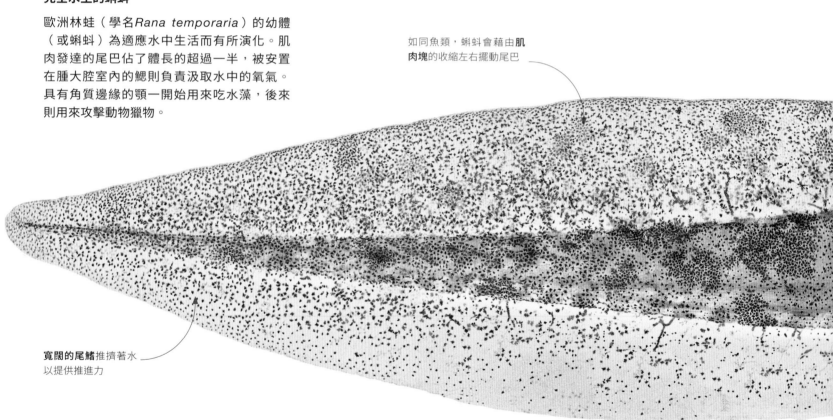

寬闊的尾鰭推擠著水以提供推進力

漸進的變身過程

變態必須仰賴甲狀腺激素，和人類體內加速代謝與控制生長的同一種激素。就歐洲林蛙而言，甲狀腺激素會觸發那些啟動蛻變的基因，促使牠的四肢生長出來以及尾部萎縮。這種變身過程發生的速度會依據溫度、食物與氧氣而有所不同，但是到了夏季，大多數在春季孵化的蝌蚪皆已蛻變成幼蛙。

成群的蛙卵由數千個具有果凍狀外層的受精卵所組成，5天後會孵化

具保護作用的鰓蓋在充滿血液的外鰓周圍形成

黑色的腿正在發育，如今蝌蚪需要從飲食中攝取更多動物性蛋白

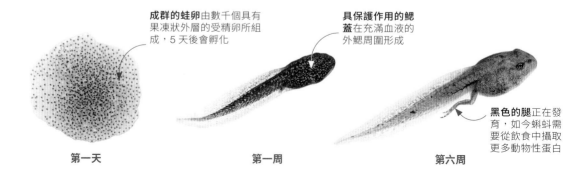

第一天　　　　　　　第一周　　　　　　　第六周

親代撫育行為

大多數的兩棲類會放任卵和幼體自然發展，不過還是有些物種的親代會比較照顧牠們的子代。少數蛙類會將蝌蚪放在鳴囊內加以保護，其他蛙類則會將卵產在背上。就負子蟾（學名 *Pipa* sp.）而言，剛受精的卵會在交配過程中滾到母體背上，然後這些受精卵會下沉並嵌入牠的皮膚內，形成小小的囊袋。依據物種的不同，它們接下來會孵化成會游泳的蝌蚪或幼蟾。接著母體會慢慢蛻去用來產出幼體的那層薄皮。

從雌蛙背上孵化的負子蟾幼蟾

雄性岳蛙（學名 *Oreophryne*）會抱緊牠的卵，守護它們直到幼蛙孵化為止

卵內的變態過程

許多兩棲類物種會在卵中完成發育。這使牠們能夠在離開水面的潮濕地點（例如熱帶雨林的地面上）產卵。

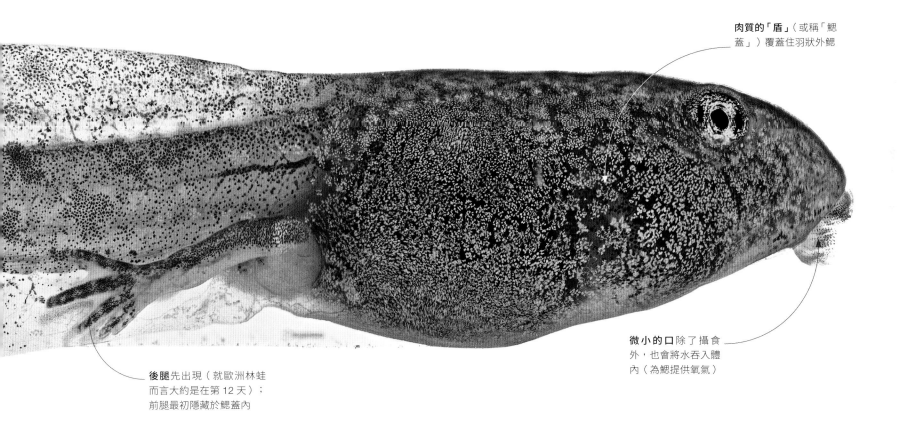

肉質的「盾」（或稱「鰓蓋」）覆蓋住羽狀外鰓

微小的口除了攝食外，也會將水吞入體內（為鰓提供氧氣）

後腿先出現（就歐洲林蛙而言大約是在第 12 天）；前腿最初隱藏於鰓蓋內

尾巴依身體比例而言變得較短

第十周

前肢的肢芽開始形成

第十二周

前肢發育

尾巴粗短的嬌小幼蛙準備要爬上陸地

第十四周

以無脊椎動物為食促使生長快速

第十六周

達到成熟狀態

動物需要時間以發展到能夠繁殖的階段。牠們的性器官必須要達到成熟，才能藉由外觀或行為讓其他同類知道牠們能製造卵子或精子，準備好要進行交配。某些動物（例如哺乳類與鳥類）的個體性別是靠遺傳編寫在基因裡；其他動物則是由某種環境觸發因子（例如溫度）所決定。不過有少數動物甚至到了成熟階段還會轉換性別，條紋蓋刺魚（學名 *Pomacanthus imperator*）就是其中一例。

深藍底色與白色圓圈有助於保護年幼的條紋蓋刺魚，使牠免於受到領域性強的成魚攻擊

條紋蓋刺魚的幼魚期

成長的花紋

不同年齡的條紋蓋刺魚之間的差異十分顯著：相較於黃色條紋的大型成魚，身上有白圈的微小幼魚可能會被誤認為是不同物種。

當條紋蓋刺魚長到成魚最大體積的四分之一時，牠的**花紋與顏色**就會開始**改變**

白色圓圈開始轉變成黃色條紋

條紋蓋刺魚的亞成魚期

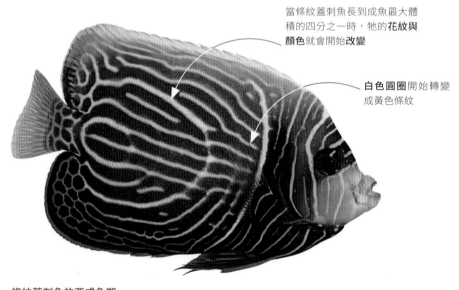

黃色條紋表示條紋蓋刺魚已達成熟狀態

如眼罩般的深色色帶隱藏住眼睛；這可能有助於混淆掠食者

從圓圈到條紋

就許多珊瑚礁魚類而言，達到成熟狀態必須要經歷顏色與花紋的轉變。這有可能是為了要讓成魚不將幼魚視為競爭者，進而容許牠們待在熱鬧的珊瑚礁上。條紋蓋刺魚的成魚也能從雌性轉為雄性。若佔有主導地位的雄魚死去，另一隻魚抓住機會要取代牠時，這種情況就有可能發生。

條紋蓋刺魚的成魚期

詞彙表

腹部（abdomen）：身體的後部；哺乳動物的腹部位於肋骨架下方，節肢動物的腹部則位於胸部後面。

反口的（aboral）：離口最遠的身體區域，特別是針對那些沒有明顯上下側之分的動物，例如棘皮動物。

脂鰭（adipose fin）：在某些魚類身上位於背鰭與尾鰭間的一個小鰭。

小翼羽（alula）：一個小型的骨質突出物，在鳥類翅膀上形成第一指（或「拇指」）。

抱接（amplexus）：青蛙與蟾蜍所採取的一種繁殖姿勢，即雄性用前腿抱住雌性。受精作用通常發生在雌性體外。

壺腹器官（ampullary organs）：由充滿膠狀物質的細長管所構成的特殊感覺器官，內含電感受器，能幫助某些魚類（特別是鯊魚、魟魚與銀鮫）偵測獵物。

觸角（antenna，複數為 antennae）：一種具感覺功能的觸鬚，位於節肢動物的頭上。觸角總是成對出現，而且可能對觸碰、聲音、熱度與味道敏感。它們的大小和形狀會根據運用方式而有所變化。

叉角（antler）：鹿頭上的一種骨質生長物。不同於洞角的是，叉角通常有分枝，而且在大多數情況下每年都會生長與脫落。其生長週期與繁殖季有關。

警戒的（aposematic）：參見「警戒色」（warning coloration）。

樹棲的（arboreal）：完全或部分時間居住在樹上的。

節肢動物（arthropod）：一個主要的無脊椎動物類群，具有節肢與堅硬的外骨骼。節肢動物包括甲殼類、昆蟲與蜘蛛。

接合構造（articulation）：例如相鄰骨頭間的關節。

無性生殖（asexual reproduction）：一種繁殖形式，過程中只牽涉單一生物。無性生殖在無脊椎動物當中最常見，是一種用來在有利環境中快速提升數量的方法。也參見「雌孤生殖」（parthenogenetic reproduction）與「有性生殖」（sexual reproduction）。

喙（beak）：一組狹窄、突出的顎，通常不具牙齒。喙在許多脊椎動物的類群中（包括海龜、陸龜與某些鯨魚）獨立演化。

鳥喙（bill）：鳥的嘴巴，即bird's beak的另一個稱呼。也參見「喙」（beak）。

雙眼視覺（binocular vision）：雙眼朝前使視野互相重疊而產生的視覺，使動物得以判斷深度。

雙足的（bipedal）：用兩腿移動的。

雙殼綱動物（bivalve）：具有兩瓣鉸接殼的軟體動物，例如蛤蜊、貽貝和牡蠣。大多數的雙殼綱動物移動緩慢或完全不動，而且以濾食方式進食。也參見「濾食動物」（filter feeder）與「軟體動物」（mollusc）。

噴氣孔（blowhole）：鯨魚與其親戚的鼻孔，位置在頭頂。噴氣孔有可能單獨一個或成對。

臂躍行動（brachiation）：靈長類（例如長臂猿）用來穿梭樹木間的臂擺動運動。

生殖群（breeding colony）：築巢鳥類的大型群聚。

巢寄生（brood parasite）：某一動物（通常是鳥類）欺騙其他物種替牠養育幼子。在許多情況下，年幼的巢寄生動物會殺死所有在巢中的同伴，以獨吞養父母所供應的所有食物。

食嫩植性（browsing）：以喬木與灌木的樹葉為食，而不是草。也參見「食草」（grazing）。

鈣質的（calcareous）：含有鈣的。許多動物所形成的鈣質結構（例如殼、骨頭與外骨骼）具有支撐或保護作用。

保護色（camouflage）：使動物得以融入背景的顏色或花紋。保護色在動物界相當普遍（特別是在無脊椎動物當中），並且同時具有防禦掠食者與隱藏自己以接近獵物的作用。也參見「擬態」（mimicry）與「隱蔽色」（cryptic coloration）。

犬齒（canine tooth）：在哺乳類身上具單一尖端的牙齒，適用於穿刺與緊咬。犬齒靠近顎的前側，在食肉動物身上高度發達。

背甲（carapace）：動物背上的堅硬護甲。

裂齒（carnassial tooth）：食肉哺乳類的刀片狀頰齒，適用於切割肉。

食肉動物（carnivore）：任何一種吃肉的動物。carnivore一字也能用來較狹義地代表食肉目動物。

腐屍（carrion）：死去動物的屍體。

軟骨（cartilage）：形成脊椎動物部分骨骼的橡膠狀物質。在多數脊椎動物上，軟骨沿著關節排列，但是在軟骨魚（例如鯊魚）身上，全部的骨骼都是由軟骨所構成。

頭冠（casque）：動物頭上的骨質生長物。

尾部的（caudal）：與動物的尾巴有關的。

纖維素（cellulose）：一種存在於植物內的複合碳水化合物。纖維質是植物的建構材料；其化學結構具有彈性，使動物難以造成破壞。以植物為食的動物（例如反芻動物）需要靠微生物幫助消化纖維素。

頭胸部（cephalothorax）：某些節肢動物身上結合頭部與胸部的部位。具有頭胸部的動物包括甲殼動物與蛛形綱動物。

頰齒（cheek tooth）：見「裂齒」（carnassial tooth）、「臼齒」（molar tooth）與「前臼齒」（premolar tooth）。

螯肢（chelicera，複數為 chelicerae）：蛛形綱動物的第一對附肢，位置在身體前側。螯肢通常末端呈鉗狀。蜘蛛的螯肢能注射毒液；蟎的螯肢頂端尖銳，能用來刺穿食物。

螯足（chelipeds）：具鉗爪的甲殼類所擁有的任一肢體。

幾丁質（chitin）：構成節肢動物外骨骼（包括螃蟹的殼）的一種堅韌纖維狀物質，以及某些珊瑚的共有骨骼。也參見「外骨骼」（exoskeleton）。

脊索動物（chordate）：脊索動物門的動物，包括所有的脊椎動物。脊索動物的主要特徵在於牠們具有縱貫全身的脊索，能強化身體結構，同時又使身體得以彎曲移動。

蛹（chrysalis）：堅硬且通常具有光澤的外殼，用來保護蛹期的昆蟲。蛹

通常附著在植物上，或是被埋在接近土壤表面處。

鰭足（claspers）：某些雄性無脊椎動物身上用來在交配時抱住雌性的一種構造，或是某些雄魚（例如鯊魚）身上的一對特化腹鰭，作用是將精子導入雌魚的生殖道。也參見「腹鰭」（pelvic fin）。

綱（class）：一種生物分類層級。在分類層級的順序中，綱是門的構成部分，而綱本身又能細分成一或多個目。

泄殖腔（cloaca）：朝向身體後部的開口，由數種身體系統共用。在某些脊椎動物（例如硬骨魚和兩棲類）身上，腸道、腎臟與生殖系統都會使用這個單一開口。

複製生物（clone）：以無性生殖的方式產生的動物，在基因上與親代完全相同。

偶蹄的（cloven-hoofed）：具有看起來像裂成兩趾的蹄。大多數的偶蹄哺乳類（例如鹿和羚羊）事實上在腳的兩半各有兩個蹄。

繭（cocoon）：以絲結成的外殼，具有開口。許多昆蟲會在開始蛹化前結繭，而許多蜘蛛也會結繭以包覆住牠們的卵。

群體（colony）：屬於相同物種的一群動物；牠們生活在一起，並且會靠分工的方式維生。就某些群體物種而言（特別是水生無脊椎動物），群體中的成員會永久連繫在一起。至於其他的群體物種（例如膜翅目的蟻類與蜂類），牠們的成員會獨自尋找食物，但會居住在同一巢穴中。

複眼（compound eye）：被劃分成獨立區室的一隻眼睛；每一個區室都有自己的一組水晶體。複眼是節肢動物的普遍特徵，其區室數量各有不同，有可能數十個，也可能數千個。

反蔭蔽（countershading）：一種保護色樣式；反蔭庇的動物一般身體上側顏色較深，下側顏色較淺。這種保護色有助於抵銷陰影的效果，使動物較難被察覺。

覆羽（covert）：覆蓋住鳥類飛羽基部的羽毛。

隱蔽色（cryptic coloration）：使動物在背景下難以被察覺的顏色與斑紋。

指節（dactylus）：昆蟲身上在第一個特化跗關節之後的一或多個跗關節。甲殼類鉗爪上的可動手指，向上旋轉能打開鉗爪，向下旋轉能閉合鉗爪。也參見「鉗爪」（pincer）。

肉垂（dewlap）：從動物的喉部垂掛下來的鬆弛皮褶。

牙間隙（diastema）：分隔成排牙齒的寬縫隙。在食植哺乳類身上，牙間隙隔開了顎前側用來啃咬的牙齒，以及後側用來咀嚼的牙齒。許多齧齒動物的臉頰能被摺疊塞入牙間隙中，使牠們在啃咬食物時能關閉口腔後部。

指、趾（digit）：手指或腳趾。

趾行（digitigrade）：一種僅以手指或腳趾碰觸地面的步態。也參見「蹠行」（plantigrade）與蹄行（unguligrade）。

雙體節（diplosegment）：某些節肢動物（例如馬陸）身上融合在一起的成對體節。

背側的（dorsal）：在動物背上或靠近動物背部的。

棘皮動物（echinoderms）：一個主要的海洋無脊椎動物類群，其中包括海星、海膽、海參、陽隧足與海百合。棘皮動物的身體呈輻射對稱。牠們在皮膚底下有如白堊般具保護作用的骨板，並且會利用靠液壓操縱的「管足」移動和捕捉獵物。

回聲定位（echolocation）：一種利用高頻聲脈波偵測鄰近物體的方式。回聲會從障礙與其他動物那裡反彈回來，使發送聲音的動物能建構周遭事物的「圖像」。數個動物類群會使用回聲定位，包括哺乳類與少數穴居鳥類。

翅鞘（elytron，複數為elytra）：甲蟲、蠼螋和其他某些昆蟲的硬化前翅。這兩片翅鞘通常會合併在一起，如外殼般保護底下較脆弱的後翅。

胚胎（embryo）：處於早期發育階段的幼小動物或植物。

內寄生蟲（endoparasite）：寄生在另一動物（宿主）體內的動物，維生方式不是直接攝食宿主的細胞組織，就是偷取宿主的部分食物。內寄生蟲經常具有複雜的生命週期，過程中寄生的宿主不只一個。

內骨骼（endoskeleton）：身體內部的骨骼，通常由硬骨組成。不同於外骨骼的是，這種骨骼能和身體的其餘部分同步生長。

上皮（epithelium）：動物體內的覆蓋或襯裡組織，會在許多器官或其他組織的周圍與內部形成薄片與薄層。

演化（evolution）：一個生物族群的一般基因組成在世代之間產生的任何改變。在各種證據的支持下，「演化理論」的基礎概念在於這種基因變化主要是由自然選擇所致，並非隨機發生；而隨著時間的進展，這類演化過程的運作可用來說明地球上的物種為何如此豐富多變。

外骨骼（exoskeleton）：支撐與保護動物身體的外部骨骼。節肢動物的外骨骼形式最為複雜，是由堅硬的骨板所構成，骨板間有靈活的關節。這種骨骼無法成長，每隔一段時間就必須要脫落與替換（蛻皮）。也參見「內骨骼」（endoskeleton）。

科（family）：一種生物分類層級。在分類層級的順序中，科是目的構成部分，而科本身又能細分成一或多個屬。

股骨（femur，複數為femora）：四足脊椎動物的大腿骨。在昆蟲身上則是指「腿節」，也就是第三個肢節，緊接於脛節之上。

受精（fertilization）：卵細胞與精子的結合，藉以創造出能發展成新個體的細胞。就體外受精而言，此一過程會發生在體外（通常在水中），但就體內受精而言，此一過程會發生在雌性的生殖系統中。

腓骨（fibula，複數為fibulae）：兩根小腿骨或後肢骨最外側的骨頭。也參見「脛骨」（tibia）。

濾食動物（filter feeder）：過濾水中微小食物以進食的動物。許多無脊椎的濾食動物（例如海鞘與雙殼軟體動物）都是定居動物，會利用抽水的方式使水通過或橫越身體，藉以收集食物。有脊椎的濾食動物（例如鬚鯨）則會在移動的過程中困住食物。

鞭毛（flagellum，複數為flagella）：從細胞延伸出去的長毛狀突出物。鞭毛能左右輕彈使細胞向前移動。精細胞會利用鞭毛游動。

飛羽（flight feathers）：鳥類翅膀與尾部用於飛行的羽毛。

鰭肢（flipper）：水生哺乳類的槳狀肢。也參見「鯨豚類的尾鰭」（fluke）。

鯨豚類的尾鰭（fluke）：鯨魚與其親戚的橡膠狀尾部鰭肢。不同於魚類尾

鰭的地方是，鯨豚類的尾鰭呈水平狀，而且會上下拍動，而不是左右擺動。

食物鏈（food chain）：連結兩個或更多不同物種的食物路徑，其中每一個物種都會形成下一個較高階物種的食物。在陸生食物鏈中，第一個環節通常是植物。在水生食物鏈中，第一個環節則通常是水藻或其他形態的單細胞生物。

毒爪（forcipule）：蜈蚣的第一對特化鉗狀肢，用來注射毒液。也參見「鉗爪」（pincer）。

彈器（furcula）：分岔的彈簧狀器官，連接在彈尾目昆蟲的腹部。

腹足動物（gastropods）：包含蝸牛與蛞蝓的軟體動物類群。也參見「軟體動物」（molluscs）。

屬（genus，複數為genera）：一種生物分類層級。在分類層級的順序中，屬是科的構成部分，而屬本身又能細分成一或多個種。

鰓（gill）：用於從水中汲取氧氣的器官。鰓通常位在頭上或頭附近，在水生昆蟲身上則是接近腹部末端。

食草（grazing）：以草為食。

護毛（guard hair）：哺乳類毛皮上的長毛，從底毛後方伸出，能保護底毛，並且幫助動物保持乾燥。

草食動物（herbivore）：以植物或植物狀浮游生物為食的動物。

冬眠（hibernation）：在冬季的一段休眠時期。動物在冬眠期間身體機能會降低。

洞角（horn）：哺乳類的頭部生長物，具尖頂。真正的洞角是由角蛋白所形成的中空外鞘，包覆在骨質核心之外。

宿主（host）：體表或體內供寄生生物攝食的動物。

門齒（incisor tooth）：哺乳類身上位於顎前側的牙齒，用來咬斷、切割和啃嚙。

孵化（incubation）：鳥類親代坐在卵上使它們變暖而得以發育的時期。孵化時期的範圍從少於十四天到數個月都有。

體內受精（internal fertilization）：就生殖而言發生在雌性體內的一種受精形式。體內受精是許多陸生動物（包括昆蟲與脊椎動物)的特徵。也參見「有性生殖」(sexual reproduction)。

彩虹色素細胞（iridophore）：一種特化的皮膚細胞，內含會反射光的鳥嘌呤晶體。某些甲殼類、頭足類、魚類、兩棲類與爬蟲類物種(例如變色龍)具有這種細胞。

犁鼻器（Jacobson's organ）：一種位於口腔頂部的器官，對空中傳播的氣味很敏感。蛇通常會利用這種器官偵測獵物，有些雄性哺乳類則會靠它尋找準備好要交配的雌性。

龍骨突（keel）：鳥類胸骨上的擴增部分，供飛行用的肌肉附著於上。

角蛋白（keratin）：一種堅韌的結構蛋白質，存在於毛髮、爪子與洞角內。

界（kingdom）：在分類系統中，自然界的六大基本類別之一。

體側線系統（lateral line system）：魚類用來偵測水下運動、振動與壓力的身體機制。分布於皮膚底下的管道會輸送水流，使感覺細胞來回移動，進而觸發它們傳送神經衝動到大腦。

幼體（larva，複數為larvae）：未成熟但獨立的動物，外表與成熟時截然不同。幼體會透過變態的過程發展成成體；在許多昆蟲身上，這種改變會發生在稱為「蛹期」的靜止階段。也參見「繭」（cocoon）、「變態」（metamorphosis)與「若蟲」（nymph）。

求偶場（lek）：雄性動物(特別是鳥類)求偶用的集體展示區域。牠們經常會在許多年間重返同一地點。

大顎、下頜骨（mandible）：節肢動物身上成對的顎，或是脊椎動物身上構成全部或部份下顎的骨頭。

外套膜（mantle）：軟體動物身上覆蓋住外套腔的外部皮褶。

額隆（melon）：許多齒鯨和海豚頭部的球狀隆起物。額隆裡面充滿油脂，據信能用來在回聲定位時集中聲音。

代謝（metabolism）：動物體內發生的所有化學過程的總稱。其中有些過程會藉由分解食物來釋放能量，有些則會透過使肌肉收縮來利用能量。

掌骨（metacarpal）：在四足動物的前腿或前臂中形成關節與末端手指（足趾)的一組骨頭。大多數靈長類的掌骨會形成手掌。

變態（metamorphosis）：許多動物（特別是無脊椎動物)從幼體發育成成體時顯現的體型變化。就昆蟲而言，變態可分為完全和不完全的。在完全變態中，昆蟲會在稱為「蛹期」的靜止階段徹底重組。不完全變態則包含一系列較不劇烈的變化；每當幼小的昆蟲蛻皮時就會產生變化。也參見「蛹」（chrysalis）、「繭」（cocoon）、「幼體」（larva)與「若蟲」（nymph）。

擬態（mimicry）：一種動物模擬另一種動物或無生命物體（例如小樹枝或樹葉)的偽裝形式。擬態在昆蟲當

中相當普遍，其中有許多無害的物種會擬態成具螯咬能力的危險動物。

臼齒（molar tooth）：哺乳類身上位於顎後側的牙齒。臼齒有可能具有用來咀嚼植物的平坦或脊狀表面。食肉動物的臼齒較尖銳，能割開獸皮和肉。

軟體動物（molluscs）：一個主要的無脊椎動物類群，其中包括腹足綱動物（蝸牛與蛞蝓）、雙殼綱動物（蛤蜊與其親戚)以及頭足綱動物（魷魚、章魚、烏賊與鸚鵡螺）。軟體動物的身體柔軟，通常具有硬殼，不過有些子群在演化過程中外殼已消失。

單眼視覺（monocular vision）：每一隻眼睛獨立使用所產生的視覺，變色龍的視覺是其中一例。單眼視覺帶來的視野遼闊，但深度知覺有限。

換毛／換羽（moult）：蛻去毛皮、羽毛或皮膚以替換成新的。哺乳類和鳥類會藉由脫落毛皮和羽毛，以維持其良好狀態、調整其隔熱效果，或是使自己能為繁殖做好準備。節肢動物（例如昆蟲)則是為了生長而蛻皮。

刺絲胞（nematocyst）：水母或其他刺胞動物的刺細胞所含有的渦卷狀結構，會透過飛鏢狀的尖端發射與注射毒素。

神經丘（neuromast）：一種感覺細胞，是魚類體側線系統的構成部分。神經丘會受到水流運動的刺激，進而幫助魚類偵測水中動靜。也參見「體側線系統」（lateral line system）。

鼻葉（nose leaf）：某些蝙蝠物種所擁有的一種臉部結構，能用來集中透過鼻孔發射的聲脈波。

棲位（niche）：一個動物在其棲息地中的地位與角色。雖然兩個物種可能會共享同一棲息地，但牠們絕對不會有相同的棲位。

夜行性（nocturnal）：形容夜間活躍、日間睡覺的動物，與「晝行性」（日間活躍）相反。

脊索（notochord）：縱貫身體的桿狀構造，具強化作用。脊索是脊索動物獨有的特徵，不過某些物種只有在生命的早期階段才具有脊索。就脊椎動物而言，脊索在胚胎發育的過程中會逐漸與脊椎融為一體。

若蟲（nymph）：未成熟的昆蟲，外表與親代相似，但不具能發揮作用的翅膀或生殖器官。若蟲藉由變態發展出成蟲的外形，每次蛻皮都會有些微變化。

嗅葉（olfactory lobe）：特定的大腦區域，負責接收與處理來自嗅覺神經的氣味訊息。大多數脊椎動物的嗅葉位於大腦前側。

小眼（ommatidia）：感光細胞上的微小平面；複眼的水晶體就是由感光細胞所組成。許多節肢動物都有複眼。也參見「複眼」（compound eye）與「光受體」（photoreceptor）。

雜食動物（omnivore）：以植物和動物為食的動物。

口蓋、鰓蓋（operculum）：一種遮蔽或蓋狀結構。某些腹足綱動物具有口蓋，用來在動物縮回殼內時封住殼的洞口。硬骨魚則具有鰓蓋，位置在身體兩側，用來保護內含鰓的腔室。

後體部（opisthosoma）：節肢動物（包括蜘蛛與蠍等蛛形綱動物）的腹部或身體後半部，位置在前體部的後面。也參見「前體部」（prosoma）。

目（order）：一種生物分類層級。在分類層級的順序中，目是綱的構成部分，而目本身又能細分成一或多個科。

器官（organ）：一種由數種組織構成的身體結構，負責執行特定任務。

聽小骨（ossicle）：一種微小的骨頭。哺乳類的聽小骨是全身最小的骨頭，作用是將聲音從鼓膜傳送到內耳。

觸鬚（palps）：具感覺的成對修長附肢，生長於節肢動物的口附近。觸鬚與觸角類似，不僅擁有觸覺感受器，也能發揮各式各樣的功能，包括觸覺與味覺；有些觸鬚甚至具有掠食作用。也參見「觸肢」（pedipalps）。

乳突（papilla，複數為papillae）：動物身體上的小型肉質隆起物。乳突通常具有感覺功能，例如能偵測化學物質，以助於準確找出食物的位置。

疣足（parapodium，複數為parapodia）：某些蠕蟲狀動物身上類似足或槳的肉質突出物。疣足能用來移動，或是加壓使水從身體流過。

寄生蟲（parasite）：居住在另一種動物（宿主）身上或體內的動物，不是以宿主為食，就是攝取宿主所吞下的食物。寄生蟲大多比宿主要小許多，而且許多都有複雜的生命週期，其中包括產出大量的卵。寄生蟲通常會使宿主變得衰弱，但一般而言不會導致宿主死亡。也參見「內寄生蟲」（endoparasite）。

腮腺（parotid gland）：兩棲動物所擁有的一種腺體，位於眼睛後方，會分泌毒液到皮膚表面。

孤雌生殖的（parthenogenetic）：與未受精的卵發育成後代的生殖方式有關。某些無脊椎動物（例如蚜蟲）的雌性只在食物充裕的夏季月份，才會行孤雌生殖。少數物種始終以此一方式繁殖，因而形成了全為雌性的族群。未受精的孤雌卵通常已具備每一染色體的兩個副本。也參見「無性生殖」（asexual reproduction）。

皮膜（patagium）：蝙蝠身上形成翅膀的雙面皮褶。此一詞彙也用來指稱鼯猴與其他滑翔哺乳類的降落傘狀皮褶。

胸鰭（pectoral fin）：位置在靠近魚身體前部的偶鰭，通常就在頭的後方。胸鰭通常高度靈活，一般用來操控方向，但有時也用來推進。

胸帶（pectoral girdle）：在四足脊椎動物身上，用來將上肢固定在骨幹上的一連串骨頭。大多數哺乳類的胸帶包含兩塊鎖骨與兩塊肩胛骨。

角基（pedicel）：生長出叉角以及在交配季末叉角脫落的顱骨部位。也參見「叉角」（antler）。

觸肢（pedipalps）：蛛形綱動物的第二對附肢，位置靠近身體前部。觸肢會依據物種的不同，而具有行走、傳送精子或攻擊獵物的功能。也參見「鰭足」（claspers）與「觸鬚」（palps）。

腹鰭（pelvic fins）：通常位置在接近魚身體下側的偶鰭，有時在頭部附近，但比較常見的情況是靠近尾巴。腹鰭通常用來穩定身體。某些物種（例如鯊魚）也會利用腹鰭傳送精子。也參見「鰭足」（claspers）。

骨盆帶（pelvic girdle）：在四足脊椎動物身上，用來將後肢固定在骨幹上的一連串骨頭。骨盆帶的骨頭通常會融合形成承受重量的環形結構，稱為「骨盆」。

五趾（指）的（pentadactyl）：擁有五根腳趾或手指的；許多脊椎動物都具有此一普遍特徵，或是由此發展出不同的變化。

費洛蒙（pheromone）：某一動物所產生的化學物質，對其他同一物種的成員會造成影響。費洛蒙通常屬於易揮發物質，會透過空氣散播，促使一段距離外的動物產生反應。

光受體（photoreceptor）：一種特化的光感覺細胞，是動物眼睛後方的視網膜層的構成部分。許多動物的光受體細胞含有不同色素，使動物得以擁有彩色視覺。也參見「小眼」（ommatidia）與「視網膜」（retina）。

光合作用（photosynthesis）：使植物能從陽光中獲取能量並將之轉換成化學型態的一系列化學過程。

門（phylum，複數為phyla）：一種生物分類層級。在分類層級的順序中，門是界的構成部分，而門本身又能細分成一或多個綱。

鉗爪（pincer）：節肢動物所擁有的一種尖銳鉸接器官，用來攝食或防禦，例如昆蟲的大顎，或是甲殼類的螯。也參見「指節」（dactylus）。

耳廓（pinna，複數為pinnae）：哺乳類耳朵外部的皮瓣。

咽腔（pharynx）：咽喉。

胎盤（placenta）：胎兒時期的哺乳類所發展形成的器官，使該動物在出生前能從母體的血流中吸收養分與氧氣。以此方式生長而成的幼體稱為「胎盤哺乳類」。

胎盤哺乳類（placental mammal）：參見「胎盤」（placenta）。

浮游生物（plankton）：在開放水域中漂流的生物（其中有許多都是微生物）——尤其是會漂浮在接近海面處。浮游生物能經常移動，但大多都過於微小，以致在面對強流的情況下完全無法前進。浮游性質的動物統稱為「浮游動物」（zooplankton）。

蹠行（plantigrade）：一種以足底接觸地面的步態。也參見「趾行」（digitigrade）與「蹄行」（unguligrade）。

腹甲（plastron）：海龜與陸龜的龜

殼下部。

水螅體（polyp）：一種刺胞動物的身體型態，具有中空的圓柱形軀幹，末端則是置中的口與環繞在外的一圈觸手。水螅體經常以基部附著在堅固的物體上。

掠食者（predator）：捕捉與殺死其他動物（也就是牠的獵物）的動物。有些掠食者會以埋伏的方式捕捉獵物，但大多數的掠食者會主動追捕與攻擊其他動物。也參見「獵物」（prey）。

捲纏的（prehensile）：能夠捲纏與抓住物體的。

前臼齒（premolar tooth）：一種哺乳類的牙齒，位置在顎的中間，介於犬齒與臼齒之間。也參見「犬齒」（canine tooth）與「臼齒」（molar tooth）。

獵物（prey）：任何一種被掠食者吃掉的動物。也參見「掠食者」（predator）。

吻管（proboscis）：一種動物的鼻子，或一組鼻狀的口器。攝食液體的昆蟲通常具有細長的吻管，而且不用時能收起來。

前節（propodus）：鉗爪的固定部分，無法移動。前節是由肌肉發達的寬闊掌部所構成。也參見「指節」（dactylus）與「鉗爪」（pincers）。

前體部（prosoma）：節肢動物（例如蛛形綱動物與鱟）的身體前部，位於後體部之前。也參見「頭胸部」（cephalothorax）與「後體部」（opisthosoma）。

翅痣（pterostigma）：一種有顏色且負重的長方形斑紋，位於某些昆蟲（例如蜻蜓）的翅膀前緣附近。

瞳孔（pupil）：眼球中央的小圓孔，

使光線能由此進入。

輻射對稱（radial symmetry）：身體部位呈輪狀排列的一種對稱形式，口通常位於中間。

齒舌（radula）：許多軟體動物用來刮取食物的一種口器。齒舌通常呈帶狀，上面附有許多微小的齒狀突起。

呼吸作用（respiration）：同時用來表示呼吸的動作本身以及細胞呼吸；後者是一種發生在細胞內的生化過程，能分解食物分子——通常會藉由將食物分子與氧氣結合的方式，為生物提供能量。

視網膜（retina）：位於眼球後部形成內裡的一層感光細胞，能將光學影像轉化成神經衝動；神經衝動會透過視神經到達大腦。也參見「光受體」（photoreceptor）。

嘴鬚（rictal bristles）：某些鳥類（例如夜鷹與鵂鶹）所擁有的一種特化羽毛，從鳥喙的基部伸出。這些羽毛的羽軸硬挺且不具羽枝。它們的作用可能就像鬍鬚，能在狩獵時幫助偵測獵物。

齧齒動物（rodent）：一個龐大且適應力強的動物類群，主要由小型的四足哺乳類所組成；牠們具有修長的尾巴、有爪的足，以及長鬍鬚和長牙——大大的門牙長得特別長。牠們的顎為適應環境而演變成適於嚙咬。齧齒動物存在於世界各地（只有南極洲除外），而且佔哺乳類物種的四成以上。

吻突（rostrum）：在半翅目昆蟲和某些其他的昆蟲身上，樣子像喙的一組吸食用口器。

反芻動物（ruminant）：屬於有蹄哺乳類，具有特化的消化系統，內含數個胃室。其中一個胃室——瘤胃——含有大量微生物，能幫助分解植物細

胞壁中的纖維素。為了加速分解程序，反芻動物通常會將胃裡的食物吐出來重複咀嚼，此一過程稱為「反芻」。

發情期（rutting season）：在繁殖季節的其中一段時期，雄鹿會用角互相撞擊以爭奪交配權。

唾液（saliva）：唾液腺在口腔內分泌的一種稀薄液體，用於協助咀嚼、品嚐與消化。

唾液腺（salivary gland）：口腔內數組成對的腺體，用於產生唾液。也參見「唾液」（saliva）。

鱗片（scales）：覆蓋與保護魚類以及爬蟲類皮膚的角質或骨質薄板。鱗片通常以部分重疊的方式排列。

觸角根（scape）：昆蟲觸角的第一節，位置最靠近頭部。

盾片（scute）：在某些動物身上形成骨質覆蓋層的盾狀骨板或鱗片。

皮脂腺（sebaceous gland）：哺乳類所擁有的一種皮膚腺體，通常開口位於毛根附近。皮脂腺分泌的物質能使皮膚與毛髮維持在良好的狀態。

性細胞（sex cells）：所有動物的生殖細胞（雄性的精子與雌性的卵子），也稱為「配子」。也參見「有性生殖」（sexual reproduction）。

雌雄異型（sexual dimorphism）：雄性與雌性展現出生理上的差異。具不同性別的動物在雄性與雌性間一定存有差異，但就高度二型的物種（例如象鼻海豹）而言，兩性的外觀不同，體型大小通常也不對等。

有性生殖（sexual reproduction）：一種繁殖形式，過程中雄性細胞（或精子）會使雌性細胞（卵子）受精。這是最常見的動物繁殖形式，通常需要

由不同性別的兩個親代參與，但某些物種的親代為雌雄同體。也參見「無性生殖」（asexual reproduction）。

外殼（shell）：具保護作用的堅硬外罩；許多軟體動物、甲殼動物以及某些爬蟲類（海龜與陸龜）的身上都有外殼。

絲（silk）：蜘蛛與某些昆蟲所製造的一種纖維狀材料，其基本構成要素為蛋白質。絲被擠出絲疣時是液體的狀態，不過被拉長與接觸到空氣後就變成有彈性的纖維。絲有各式各樣的用途。某些動物會運用絲保護自己或卵、捕捉獵物、乘著氣流滑翔，或是在空中讓自己下降。

管水母（siphonophore）：一群刺胞動物，由相互連結的水螅體個體集結而成（可形成非常長的條帶），營漂浮的群體生活。管水母物種包括僧帽水母。也參見「水螅體」（polyp）。

產卵（spawn）：水生動物（包括魚類、甲殼動物、軟體動物與兩棲動物）排放或安置卵的行為。

精子（sperm）：雄性的生殖細胞。也參見「性細胞」（sex cell）與「有性生殖」（sexual reproduction）。

物種（species）：一群相似的動物，能在野生環境中互相雜交，也能產下具生殖力且長相與牠們類似的子代。物種是生物分類中的基本構成單位。某些物種內存在著相互不同的獨特族群；這些族群之間的差異相當顯著，在生物學上彼此獨立，被歸類為「亞種」。

骨刺（spicule）：在海綿動物身上形成部分內骨骼的針狀薄片，由矽或碳酸鈣所構成。骨刺有各式各樣的形狀。

氣門（spiracle）：在魟魚和某些其他魚類身上位於眼睛後方的開口，使

水由此流進鰓內。在昆蟲身上位於胸部或腹部的開口，使空氣由此進入氣管系統中。

立體視覺（stereoscopic vision）：運用朝前雙眼極其相似又略有不同的個別視角觀看事物，使動物得以準確地感知深度。也參見「雙眼視覺」（binocular vision）。

胸骨、腹板（sternum）：四足脊椎動物的胸骨，或是節肢動物增厚的體節下側。鳥類的胸骨具有狹窄的片狀突起。

吸盤（sucker）：魷魚與章魚觸手上的圓形凹面吸盤。每一個吸盤都高度靈活，而且具有一圈能緊緊擠壓的肌肉。吸盤上還附有味覺感受器。也參見「觸手」（tentacle）。

鰾（swim bladder）：多數硬骨魚用來調節浮力的充氣囊狀物，一隻魚能藉由調整鰾內的氣壓，來達到浮力平衡的狀態，也就是說牠在水層中既不會上升也不會下沉。

體軀分部（tagma，複數為tagmata）：節肢動物與其他環節動物的不同身體區段，由數個連結的部分所構成，例如昆蟲的頭部、胸部與腹部。

跗節（tarsus，複數為tarsi）：腿的一部分。在昆蟲身上，跗節就等於足部，而在無脊椎動物身上，跗節則形成了腿或腳踝的下部。

尾節、尾劍（telson）：節肢動物的腹部末節或末端附肢，例如鱟的尾劍。

肌腱（tendon）：一種強壯的帶狀構造，由堅韌的膠原纖維所構成，通常用於連接肌肉與骨頭，並且傳送由肌肉收縮所形成的拉力，使骨骼得以活動。

觸手（tentacle）：魷魚和烏賊身上最長的兩個靈活附肢，或是水母身上會螫人的附肢。

陸生的（terrestrial）：完全或主要生活在陸地上的。

領域（territory）：受到一隻或一群動物捍衛的區域，以防止同物種的其他成員入侵。領域通常含有一些能幫助雄性吸引配偶的有用資源。

殼體（test）：在棘皮動物身上由小塊鈣質骨板所組成的骨骼。

四足類（tetrapod）：一個動物類群的成員，由四足脊椎動物所組成，或是從四足脊椎動物演化而來，例如蛇。

胸部（thorax）：節肢動物身體的中間區域。胸部含有強而有力的肌肉，並且長有腿和翅膀（如果該動物有腿和翅膀的話）。在四足脊椎動物身上，thorax指的就是chest（胸部）。也參見「頭胸部」（cephalothorax）與「前體部」（prosoma）。

脛骨、脛節（tibia，複數為tibiae）：四足脊椎動物的脛骨或昆蟲的脛節；後者指的是緊接在跗節（或足）上方的腿節。也參見「腓骨」（fibula）。

鹿角尖（tine）：從叉角的主幹分歧出來的尖端。也參見「叉角」（antler）。

組織（tissue）：動物體內的細胞層。同一組織內的細胞皆屬於相同的種類，而且會執行一樣的工作。也參見「器官」（organ）。

蟄伏（torpor）：一種類似睡眠的狀態。蟄伏時身體運作會比正常的速度要緩慢許多。動物通常會變得遲鈍，以致難以在艱難的條件下（例如寒冷或缺乏食物）生存。

氣管（trachea，複數為tracheae）：一種用來呼吸的管道，屬於呼吸系統的一部分；在脊椎動物身上稱為windpipe。

獠牙（tusk）：哺乳類所擁有的一種特化牙齒，通常會伸到口外。獠牙具有多種用途，包括防禦和挖掘食物。就某些物種而言，只有雄性具有獠牙——在這種情況下，獠牙通常會用於求偶展示或競爭。

鼓膜（tympanum）：青蛙與昆蟲的外耳膜。

四足類（tetrapod）

底毛（underfur）：哺乳類毛皮最內部的濃密絨毛。底毛通常很柔軟，具有良好的隔熱效果。也參見「護毛」（guard hair）。

蹄行（unguligrade）：一種僅以蹄碰觸地面的步態。也參見「趾行」（digitigrade）與「蹠行」（plantigrade）。

尾脂腺（uropygial gland）：也稱作「潤羽腺」（preening gland）或「脂腺」（oil gland），位於多數鳥類的尾巴基部。鳥類會用喙將尾脂腺製造的皮脂擦在羽毛上，使羽毛防水。也參見「皮脂腺」（sebaceous gland）。

子宮（uterus）：雌性哺乳類體內供幼體發育的場所。就胎盤哺乳類而言，幼體會透過胎盤與子宮壁連結。

腹側的（ventral）：在身體底面上或靠近身體底面的。

椎骨（vertebra）：在脊椎動物體內構成脊柱（骨幹或脊椎）的骨頭。

脊椎動物（vertebrate）：具有骨幹的動物。脊椎動物包括魚類、鳥類、兩棲類、爬蟲類與哺乳類。

觸鬚（vibrissa）：參見「鬍鬚」（whiskers）。

警戒色（warning coloration）：動物身上的對比色組合，用來向外警示牠具有危險性。黑黃色帶是典型的警戒色，可見於會螫人的昆蟲身上。警戒色也稱為aposematic coloration。

鬍鬚（whisker）：生長在許多哺乳類臉上的硬挺長毛，特別是在吻部附近。鬍鬚不僅使動物能偵測水中或空氣中的振動，也能作為觸覺器官，是「觸鬚」的一種。也參見「嘴鬚」（rictal bristles）。

卵黃（yolk）：卵的一部分，負責為發育中的胚胎提供養分。

個蟲（zooid）：無脊椎動物群體中的個別動物。個蟲通常彼此直接相連，可像單一動物那樣運作。

浮游動物（zooplankton）：參見「浮游生物」（plankton）。

索引

謝詞

DK（Dorling Kindersley）出版社要感謝倫敦自然史博物館的館長與館員，包括 Trudy Brannan 與 Colin Ziegler。謝謝他們閱讀與校正本書較早的版本，並且提供攝影方面的協助與支援。其中特別要感謝負責哺乳動物的資深研究員 Roberto Portelo Miguez。

DK 出版社也要感謝其他提供攝影協助與支援的人士——Barry Allday、Ping Low、牛津的 The Goldfish Bowl 水族館店員，以及赫特福德郡（Hertfordshire）博文登（Bovington）的 Ameyzoo 非犬貓寵物店老闆 Mark Amey 與店員。

DK 出版社要向下列人員致謝：
資深編輯：
Hugo Wilkinson
資深美術編輯：
Duncan Turner
資深 DTP 設計師：
Harish Aggarwal
DTP 設計師：
Mohammad Rizwan、Anita Yadav
資深書衣設計師：
Suhita Dharamjit
書衣責任編輯：
Saloni Singh
書衣統籌編輯：
Priyanka Sharma
圖片後製師：
Steve Crozier
插畫師：
Phil Gamble
額外插畫：
Shahid Mahmood
索引員：
Elizabeth Wise

DK 出版社要感謝下列單位同意複印其攝影作品：

（索引：a 代表上方；b 代表下方／最下方；c 代表中間；f 代表遠處；l 代表左邊；r 代表右邊；t 代表最上方）

1 Getty Images: Tim Flach / Stone / Getty Images Plus. 2-3 Getty Images: Tim Flach / Stone / Getty Images Plus. 4-5 Getty Images: Barcroft Media. 6-7 Brad Wilson Photography. 8-9 Alamy Stock Photo: Biosphoto / Alejandro Prieto. 10-11 Dreamstime.com: Andrii Oliinyk. 12-13 Alexander Semenov. 12 Alamy Stock Photo: Blickwinkel. 14-15 Getty Images: Eric Van Den Brulle / Oxford Scientific / Getty Images Plus. 16 Getty Images: David Liittschwager / National Geographic Image Collection Magazines. 17 Alamy Stock Photo: Roberto Nistri (tr). Getty Images: David Liittschwager / National Geographic Image Collection (cl); Nature / Universal Images Group / Getty Images Plus (tl). naturepl.com: Piotr Naskrecki (cr). 18 Dorling Kindersley: Maxim Koval (Turbosquid) (bc); Jerry Young (tr). naturepl.com: MYN / Javier Aznar (tl); Kim Taylor (c). 19 Philippe Bourdon / www.coleoptera-atlas.com: (r). Dorling Kindersley: Natural History Museum, London (tl); Jerry Young (bl). 20 Alamy Stock Photo: RGB Ventures / SuperStock. 21 naturepl.com: MYN / Piotr Naskrecki. 22 Brad Wilson Photography. 23 Brad Wilson Photography. 24 Brad Wilson Photography. 25 Dreamstime.com: Abeselom Zerit. 26 Alamy Stock Photo: Heritage Image Partnership Ltd. 26-27 Bridgeman Images: Rock painting of a bull and horses, c.17000 BC (cave painting), Prehistoric / Caves of Lascaux, Dordogne, France. 28-29 Alamy Stock Photo: 19th era 2. 31 Alamy Stock Photo: SeaTops (br). Getty Images: Auscape / Universal Images Group (bl). NOAA: NOAA Office of Ocean Exploration and Research, 2017 American Samoa. (bc). 33 Alamy Stock Photo: Science History Images (br). 34 Alamy Stock Photo: Science History Images (cra). 36 iStockphoto.com: GlobalP / Getty Images Plus (bl, c, crb). Kunstformen der Natur by Ernst Haeckel: (cr). 36-37 iStockphoto.com: GlobalP / Getty Images Plus. 37 iStockphoto.com: GlobalP / Getty Images Plus (tc, tr, cra, bc). 38 Kunstformen der Natur by Ernst Haeckel. 39 Alamy Stock Photo: Chronicle (tr); The Natural History Museum (clb). 40-41 Alexander Semenov. 41 Alexander Semenov. 42-43 Alexander Semenov. 42 naturepl.com: Jurgen Freund (br). 44-45 Getty Images: Gert Lavsen / 500Px Plus. 45 Carlsberg Foundation: (crb). Getty Images: GP232 / E+ (cra). 46 Getty Images: Heritage Images / Hulton Archive. 47 Alamy Stock Photo: Heritage Image Partnership Ltd (tr). Photo Scala, Florence: (cl). 50-51 Dreamstime.com: Dream69. 51 Science Photo Library: Science Stock Photography. 52 Dorling Kindersley: Jerry Young (cl). Dreamstime.com: Verastuchelova (tr). iStockphoto.com: Farinosa / Getty Images Plus (bl). naturepl.com: MYN / JP Lawrence (tl). 53 Getty Images: Design Pics / Corey Hochachka (c). naturepl.com: MYN / Alfonso Lario (bl); Piotr Naskrecki (cl). 54 Alamy Stock Photo: Biosphoto (cra, crb, clb, cla). 55 Alamy Stock Photo: Biosphoto. 56 naturepl.com: Daniel Heuclin (cla). Science Photo Library: Ted Kinsman (crb). 56-57 Brad Wilson Photography. 58-59 Alamy Stock Photo: Granger Historical Picture Archive. 59 Bridgeman Images: British Library, London, UK / © British Library Board (tr). 60-61 Alamy Stock Photo: Denis-Huot / Nature Picture Library. 61 Getty Images: Mik Peach / 500Px Plus (crb). 62-63 Getty Images: Nastasic / DigitalVision Vectors. 65 Dreamstime.com: Erin Donalson (br). 66-67 Alexander Semenov. 67 Alexander Semenov. 69 Alamy Stock Photo: The Natural History Museum (bc). 70-71 Igor Siwanowicz. 72 Image courtesy of Derek Dunlop: (bl). 74-75 Igor Siwanowicz. 76 Getty Images: Education Images / Universal Images Group (l). 77 Alamy Stock Photo: Age Fotostock (t). Getty Images: Werner Forman / Universal Images Group (bl). 78-79 All images © Iori Tomita / http://www.shinsekai-th.com/. 81 Alamy Stock Photo: Blickwinkel (br); Florilegius (bc). 82-83 Science Photo Library: Arie Van 'T Riet. 84-85 Thomas Vijayan. 86 Image from the Biodiversity Heritage Library: The great and small game of India, Burma, & Tibet (tl). 88-89 Getty Images: Jim Cumming / Moment Open. 90-91 Dreamstime.com: Channarong Pherngjanda. 92-93 Getty Images: Matthieu Berroneau / 500Px Plus. 92 National Geographic Creative: Joel Sartore, National Geographic Photo Ark (tl). 94-95 National Geographic Creative: David Liittschwager. 94 Getty Images: David Doubilet / National Geographic Image Collection (br). naturepl.com: MYN / Sheri Mandel (crb). 96 FLPA: Piotr Naskrecki / Minden Pictures (tr). Image from the Biodiversity Heritage Library: Proceedings of the Zoological Society of

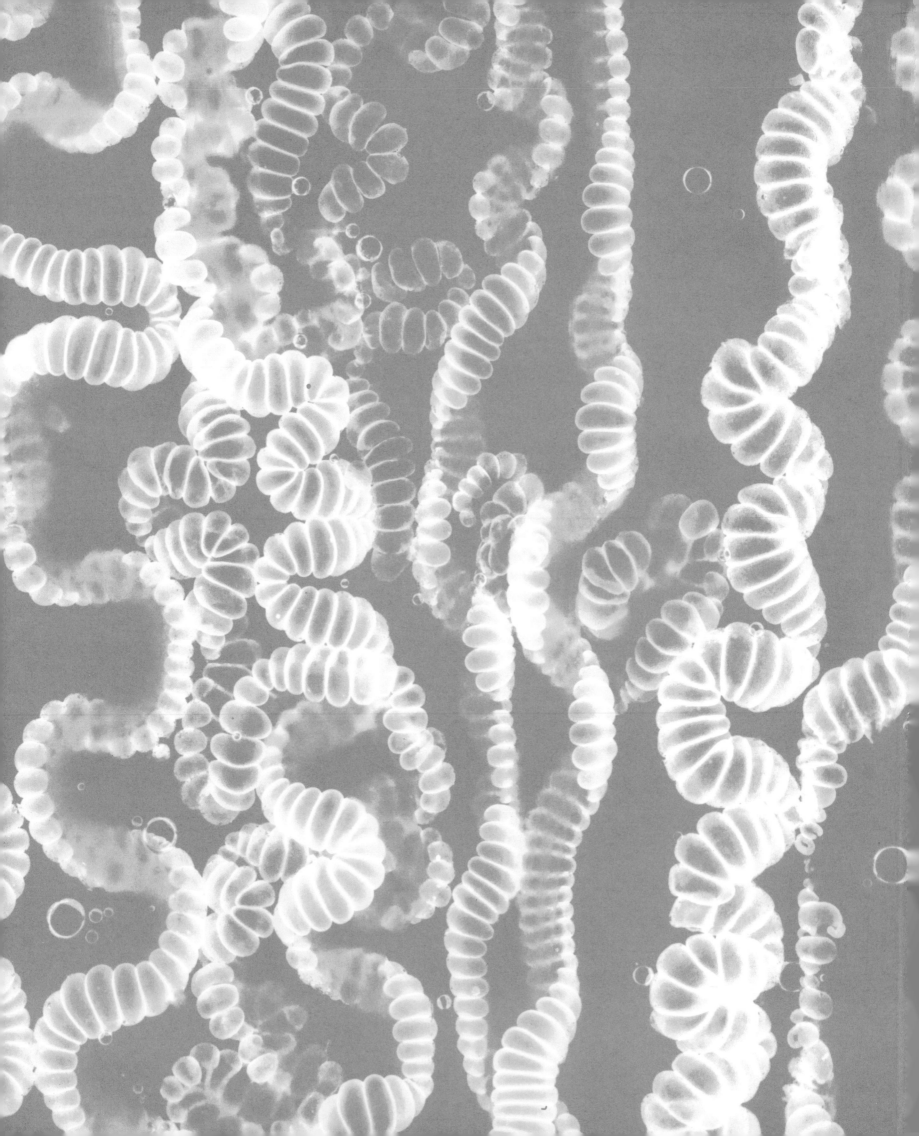